传感器技术应用

◎主　编　周小平
◎副主编　黄志敏
◎参　编　周婷霆　张　磊　何明源　包　鑫

电子工业出版社
Publishing House of Electronics Industry
北京·BEIJING

内 容 简 介

本书旨在帮助学生掌握传感器技术的应用。全书共分为四个项目，分别介绍传感器基础及常用驱动电路搭建、传感器数据采集及传输终端搭建、传感器综合应用系统搭建、物联网系统集成及工程实施。四个项目共包含 14 个任务，每个任务都紧密结合实际应用，让学生在实践中掌握传感器技术。通过学习本书内容，学生将具备一定的传感器技术应用能力，为从事相关领域工作奠定基础。

本书可作为职业院校电子信息类专业、自动化类专业的教学用书，也可作为相关技术人员的参考用书。

未经许可，不得以任何方式复制或抄袭本书之部分或全部内容。
版权所有，侵权必究。

图书在版编目（CIP）数据

传感器技术应用 / 周小平主编. -- 北京：电子工业出版社, 2025. 2. -- ISBN 978-7-121-49799-5
Ⅰ. TP212
中国国家版本馆 CIP 数据核字第 2025CG4247 号

责任编辑：胡乙凡
印　　刷：三河市良远印务有限公司
装　　订：三河市良远印务有限公司
出版发行：电子工业出版社
　　　　　北京市海淀区万寿路 173 信箱　　邮编　100036
开　　本：880×1230　　1/16　　印张：17.25　　字数：419.52 千字
版　　次：2025 年 2 月第 1 版
印　　次：2025 年 2 月第 1 次印刷
定　　价：55.00 元

凡所购买电子工业出版社图书有缺损问题，请向购买书店调换。若书店售缺，请与本社发行部联系，联系及邮购电话：（010）88254888，88258888。
质量投诉请发邮件至 zlts@phei.com.cn，盗版侵权举报请发邮件至 dbqq@phei.com.cn。
本书咨询联系方式：（010）88254085，huyf@phei.com.cn。

前　言

随着科技的飞速发展，传感器技术作为获取信息的重要手段，在工业生产、农业监测、环境保护、医疗诊断等领域发挥着越来越重要的作用。职业院校作为技能型人才培养的重要基地，对学生掌握传感器技术的基本原理和应用技能提出了更高的要求。本书旨在帮助职业院校学生系统地学习传感器技术知识，提高工程实践能力。

一、编写背景

1．社会需求：随着我国经济的快速发展，自动化、智能化技术在各行各业中的应用日益广泛。传感器技术作为基础性技术，其应用领域不断扩大，对传感器技术领域人才的需求也日益增加。

2．教育改革：为适应新时代职业教育的发展需求，我国正在积极推进职业教育改革，强调面向实践，注重培养学生的实践能力和创新精神。

3．技术进步：传感器技术不断更新换代，新型传感器不断涌现，为职业教育提供了丰富的教学资源。

二、编写特色

1．理论与实践相结合：本书在讲解传感器技术的基本原理和特性时，注重结合实际应用案例，帮助学生更好地理解和掌握传感器技术。

2．项目驱动：本书采用项目教学形式，以实际应用项目为主线，引导学生逐步完成项目任务，提高学生的实践操作能力。

3．案例丰富：本书选取了大量具有代表性的传感器应用案例，旨在帮助学生了解传感器技术在各个领域的应用，拓宽视野。

4．结构清晰：本书分为若干个项目，每个项目包含若干个子任务，内容层次分明，便于教师教学和学生学习。

5．适应性强：本书既适合职业院校电子信息类专业、自动化类专业学生学习使用，又可供相关技术人员学习参考。

本书的编写团队由周小平、黄志敏、周婷霆、张磊、何明源、包鑫等一线教师组成，他们具有丰富的教学和实践经验，对传感器技术有深入的研究。在编写过程中，团队成员充分发挥各自专长，共同探讨、交流，确保了教材的质量。

在编写本书的过程中，我们得到了有关专家和同行的关心与支持，在此表示衷心的感谢。

由于时间仓促，书中可能存在不足之处，敬请广大读者批评指正。我们相信，在广大师生的共同努力下，本书将不断完善，为培养更多优秀的传感器技术人才做出贡献。

编　者

目 录

项目一 传感器基础及常用驱动电路搭建 1

    任务一 传感器的认知 2

    任务二 电桥电路设计 10

    任务三 温度计设计 14

    任务四 电子秤设计 20

    任务五 探测器设计 24

项目二 传感器数据采集及传输终端搭建 31

    任务一 数据通信的认知 32

    任务二 基于 BLE 的防入侵监测终端搭建 41

    任务三 基于 LoRa 的消防监测终端搭建 52

    任务四 基于 Wi-Fi 的光照监测终端搭建 63

    任务五 基于 ZigBee 的测温终端搭建 71

    任务六 基于 Modbus 协议的传感器数据采集系统搭建 83

项目三 传感器综合应用系统搭建 93

    任务一 安防报警系统搭建 94

    任务二 物流系统之试验箱管理 107

项目四 物联网系统集成及工程实施 177

    任务   智慧教室系统集成与实施 178

项目一

传感器基础及常用驱动电路搭建

在现代科技迅猛发展的背景下，传感器作为连接物理与数字世界的桥梁，其重要性日益凸显。传感器通过捕捉并转换各种物理量，为数据处理、自动化控制等领域提供了不可或缺的信息源。例如，光电传感器以其独特的优势，如高响应速度、高精度等，在工业自动化、机器人导航、医疗诊断等领域得到了广泛应用。

然而，传感器的性能优化离不开精心设计的驱动电路。驱动电路作为传感器与外部系统之间的接口，负责为传感器提供稳定的工作环境和精确的信号控制，确保其能够准确、可靠地捕捉目标信息。本项目旨在深入探讨传感器的基本原理，并详细阐述三种常用驱动电路的搭建方法，为学生和技术人员提供实用的参考和指导，推动传感器技术在更广泛领域的应用与发展。

📓 知识目标

1. 掌握传感器的基本原理、分类和特性。
2. 掌握常用传感器（如温度传感器、压力传感器、光敏传感器等）的工作原理和应用。
3. 熟悉常用驱动电路的设计方法、工作原理及实际应用。
4. 了解传感器与驱动电路的接口技术。

✏️ 能力目标

1. 能够根据实际需求选择合适的传感器。
2. 能够设计并搭建简单的传感器驱动电路。
3. 能够对传感器驱动电路进行调试和优化。
4. 具备一定的故障分析和排除能力。

➡️ 素养目标

1. 培养具有创新精神和团队协作能力的优秀人才，树立正确的价值观，为我国传感器行业的发展贡献力量。

2. 注重实践操作能力的培养，提高学生的职业技能和综合素质，为我国传感器行业输送高素质的技术人才。

3. 培养学生精益求精、追求卓越的精神，及其注重细节的态度。

4. 培养学生热爱劳动、尊重劳动的观念，养成良好的劳动习惯。

5. 加强学生安全意识，提高学生在实践操作中的安全防护能力。

项目描述

本项目旨在让学生了解传感器的基础知识，掌握常用传感器的工作原理和应用，学习驱动电路的设计方法，培养学生实际操作能力和创新精神。通过对本项目的学习，学生能够根据实际需求选择合适的传感器，设计并搭建简单的传感器驱动电路，对电路进行调试和优化，提高传感器质量。

任务一 传感器的认知

传感器作为现代科技的重要组成部分，正日益深入到人们生活的各个领域。它们能够感知和检测各种物理、化学和生物信息，从而为科学研究提供准确的数据支持。随着物联网和大数据技术的发展，传感器的应用范围不断扩大，对它的认知和理解也显得尤为重要。

任务分析

本任务旨在让学生理解传感器的定义，掌握传感器的分类方法，学习传感器的工作原理，并了解传感器在工业、医疗、家居、交通等领域的具体应用，从而提高学生对传感器技术的认识和实际应用能力。

任务实施

一、传感器的定义与分类

（一）传感器的定义

传感器是一种接收和响应某种信号或激励的装置，它既能把非电量转换为电量，也能实现电量之间或非电量之间的互相转换。本任务主要研究传感器将被测量信号（非电信号）转换成电信号输出。传感器通常由敏感元件、转换元件和基本转换电路三部分组成，它能感受到被测量信号，并按照一定规律将其转换成为电信号或其他所需形式的信号输出。传感器的组成如图 1-1-1 所示。

图 1-1-1　传感器的组成

1. 敏感元件

敏感元件是一种能够将被测量信号转换成便于测量的物理量的预变换装置，其输入、输出间具有确定的数学关系。如弹性敏感元件将力信号转换为位移量或应变量输出。

2. 转换元件

转换元件是将敏感元件输出的非电信号转换成电信号的元件，如将温度量转换成电阻信号、位移量转换为电感或电容信号等。

3. 基本转换电路

基本转换电路将电信号转换成便于测量的电信号。

上述三个元件只有敏感元件是传感器必须具备的，如有些传感器（如热电偶）只有敏感元件，直接输出感应电动势；有些传感器由敏感元件和转换元件组成，无须基本转换电路，如压电式加速度传感器；还有些传感器由敏感元件和基本转换电路组成，如电容式位移传感器。有些传感器的转换元件不止一个，要经过若干次转换才能输出电信号。

在现实使用过程中，很多参数往往需要一同采集，这就出现了一种特殊类型的传感器——复合传感器。复合传感器集成了两个或两个以上用于检测不同物理量的传感器单元，能同时检测多种输入信号，如温湿度传感器、加速度和温度复合型传感器、温湿压复合传感器等。

（二）传感器的分类

传感器是检测和感知环境或机械系统中特定物理量（如温度、湿度、光敏、压力、声音、振动、位置、速度等），并将其转化为电信号的装置。在设计和应用传感器时，需要对不同类型的传感器进行器件识别。同一被测量信号可由不同的转换原理进行转换，同样同一种物理法则、化学反应或生物效应可设计制作出用来检测不同被测量信号的传感器。同一类传感器的功能也略有不同，可用于不同的技术领域，故传感器有不同的分类方法。本小节主要介绍以下三种分类方法。

1. 按外界输入的信号变换为电信号采用的效应分类

按外界输入的信号变换为电信号采用的效应分类，传感器可分为物理量传感器、化学量传感器和生物量传感器三大类，如图1-1-2所示。

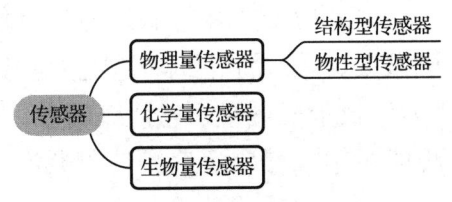

图1-1-2 传感器的分类

（1）物理量传感器。

利用物理效应进行信号变换的传感器称为物理量传感器。它利用某些敏感元件的物理性质或某些功能材料的特殊物理性能对被测量信号进行转换，如利用金属材料在被测量作用引起的电阻值变化的应变效应制成的应变式传感器、利用压电材料在被测量作用产生的压电效应制成的压电式传感器等。本教材将重点讨论物理量传感器。

物理量传感器又可以分为结构型传感器和物性型传感器。结构型传感器是以结构（如形状、尺寸等）为基础，利用某些物理规律来检测被测量信号，并将其转换为电信号来实现测量。例如，电容式压力传感器，必须配备按规定参数设计制成的电容式敏感元件，当被测量的压力作用在电容式敏感元件的动极板上时，会引起电容器间隙变化，导致电容值变化，从而实现对压力的测量。物性型传感器是利用某些功能材料本身所具有的内在特性及效应检测

（敏感）被测量信号，并将其转换成电信号的传感器。例如，利用具有压电特性的石英晶体材料制成的压电式压力传感器，就是利用石英晶体材料本身具有的正压电效应来实现对压力的测量。

（2）化学量传感器。

化学量传感器是利用电化学反应原理，把无机或有机的物质成分、浓度等被测量信号转换为电信号的传感器，如气敏传感器、湿敏传感器。化学量传感器广泛应用于化学分析、化学工业的在线检测和环保检测中。

（3）生物量传感器。

生物量传感器是一种利用生物活性物质的选择性来识别和测定生物化学物质的传感器。生物活性物质对特定物质具有选择性亲和力，可利用这种单一的识别能力来判定某种物质是否存在，其浓度是多少，进而利用电化学的方法进行信号的转换。特定功能识别物有酶、抗原、抗体、微生物及细胞等。生物量传感器近年来发展很快，不仅在化学工业的监测方面，而且在医学诊断、环保监测等方面都有着广泛的应用前景。

表1-1-1给出了与感官对应的传感器。

表1-1-1　与感官对应的传感器

感官	传感器	效应
视觉	光敏传感器	物理效应
听觉	声敏传感器	物理效应
触觉	热敏传感器	物理效应
嗅觉	气敏传感器	化学效应、生物效应
味觉	味敏传感器	化学效应、生物效应

2. 按工作原理分类

按工作原理（即按传感器对被测量信号转换的工作原理）分类，传感器可分为应变式传感器、电容式传感器、压电式传感器、热电式传感器、电感式传感器、霍尔式传感器等。

（1）应变式传感器是力学量传感器。当"力"作用时，承受该力的机械体（如容器底部、机械梁、受力面等）就会发生位移性机械形变，应变式传感器根据其机械体形变测量出"力"。"力"属于机械量，包括机械力、牵引力、重力、液（气）压力、张力、风力等，在航空航天、舰船桥梁、楼宇厂房、气象潮汐、称量吊装、动力、基建等领域应用广泛。

（2）电容式传感器是将非电信号的变化转换为电容变化的一种装置。它具有结构简单、体积小、动态响应快、温度稳定性好、易实现非接触测量等优点。其主要缺点是易受外界干扰和分布电容影响，随着电子技术的发展，其缺点不断得以克服。电容式传感器广泛用于位移、振动、角度、加速度，以及压力、压差、液位、成分含量等参数的测量中。

（3）压电式传感器是以具有压电效应的压电器件为核心的传感器。当材料表面受力的作用变形时，会有电荷产生，从而实现对非电信号的测量，是典型的有源传感器。压电式传感器具有工作频带宽、灵敏度高、信噪比大、结构简单、工作可靠、体积小、质量轻等优点。近年来，电子技术飞速发展，随着与之配套的二次仪表以及低噪声、小电容、高绝缘电阻电缆的出现，压电传感器的使用更为方便。因此，压电式传感器已广泛应用于工程力学、电声学、生物医学、动态力、石油勘探、振动测量、航空航天等许多技术领域。

（4）热电式传感器是一种将温度变化转换为电量变化的装置。在各种热电式传感器中，把温度量转换为电势和电阻的方法最为普遍。其中将温度量转换为电势的热电式传感器叫热电偶；将温度量转换为电阻的热电式传感器叫热电阻。这两种传感器目前在工业生产中得到了广泛的应用，并且可以选用定型的显示仪表和记录仪进行显示和记录。

（5）电感式传感器是利用电磁感应原理，将被测非电信号转换成线圈自感或互感变化的一种装置。常用来测量位移、振动、压力、加速度等物理量。其优点是结构简单可靠、输出功率大、灵敏度和分辨率高、重复性好、线性度优良等；缺点是频率响应低，不宜用于快速测量。电感式传感器按工作原理不同可分为自感式、互感式和电涡流式三种。

（6）霍尔式传感器也是一种磁电式传感器，它是利用霍尔元件基于霍尔效应原理将被测量信号转换成电动势输出的一种传感器。由于霍尔元件在静止状态下具有感受磁场的独特能力，并且具有结构简单、体积小、噪声小、频率范围宽（从直流到微波）、动态范围大、寿命长等优点，因此这种传感器获得了广泛应用。例如，在测量中用于将位移、力、加速度等被测量信号转换为电信号的传感器；在计算技术中用于进行加、减、乘、除、开方、乘方以及微积分等运算的运算器等。

这种分类方法较清楚地反映出了传感器的工作原理，有利于对传感器进行深入分析。本教材后面各项目就是按传感器的工作原理分类编写的。

3. 按被测量对象分类

按被测量对象（即被测量信号）分类，传感器可分为温度、压力、流量、物位、加速度、速度、位移、转速、力矩、湿度、浓度等传感器。这种分类方法能够便捷地表示出传感器的功能，也便于用户选用。同时，这种分类方法还将种类繁多的物理量分为两大类，即基本量和派生量。例如，将"力"视为基本物理量，可得到质量、应力、力矩等派生物理量，当需要测量这些派生物理量时，只要采用基本物理量传感器就可以了。常用的基本物理量和派生物理量如表 1-1-2 所示。

表 1-1-2　基本物理量和派生物理量

基本物理量		派生物理量
位移	线位移	长度、厚度、应变、振幅等
	角位移	旋转角、偏振角、角振幅等
速度	线速度	速度、动量、振动等
	角速度	速度、角振动等
加速度	线加速度	振动、冲击、质量等
	角加速度	角振动、扭矩、转动惯量等
力	压力	重力、应力、力矩等
时间	频率	计数、统计分布等
温度		热容量、气体速度等
光		光通量与密度、光谱分布等

由于敏感材料和传感器的数量特别多，类别十分繁复，相互之间又有着交叉和重叠，故这里不再赘述。

二、传感器识别方法

（1）外观特征：通过外形、尺寸、引脚数目、封装形式等外观特点进行初步判断。

（2）标识符识别：查阅传感器表面打印的型号、规格、制造商标志等信息。

（3）电气参数测量：使用万用表、示波器等仪器测量传感器在不同条件下的电阻、电压、电流等电气参数，对照器件手册进行比对。

（4）功能测试：将传感器置于特定环境中，观察其响应变化或通过读取其输出信号的变化，以验证其功能是否正常。

（5）通信协议检测：对于智能传感器，通过连接设备并发送特定命令，检查其是否能正确响应和进行数据交换。例如，Modbus 协议的传感器，可以通过 Modbus 工具进行通信测试。

三、应用环境匹配

传感器作为现代社会发展中必不可少的器件，尤其在当今信息化的时代，更是不可或缺。因此，要了解传感器的工作温度范围、精度、响应时间、灵敏度等参数，确保其适用于目标应用场景；要注意传感器的防护等级、封装材料等属性，以适应不同环境下对防尘、防水、防腐蚀等性能要求。在基于 Modbus 协议设计传感器数据采集系统时，要确保传感器输出的信号可以被系统兼容并能通过 Modbus 协议进行传输。这就要求传感器要么本身就支持 Modbus 协议，要么可以通过中间转换电路将其原始信号转换为 Modbus 通信格式。例如，某些传感器可能会输出模拟信号，这时就需要模数转换器（ADC）将模拟信号转换为数字信号，并通过 Modbus 工具从网站模块将数据打包成 Modbus 协议格式进行通信。

传感器的应用领域也非常广泛，包括智能家居、家用电器、汽车、医疗等。

（一）传感器在家用电器中的应用

全自动洗衣机通过水位开关与电磁进水阀配合控制进水、排水以及电动机通断，从而实现自动控制。电磁进水阀起着通、断水源的作用。脱水时采用压电传感器。当脱水桶高速旋转时，从脱水桶喷射出来的水作用于压电传感器上，压电传感器根据作用的压力变化，自动停止脱水运转。衣物的脏污程度是通过水的透明度来判断的。在洗衣桶的排水口处加一个红外光电传感器，使红外光通过水进入另一侧的接收管。若水的透明度低，则接收管获得的光能小，说明衣物较脏，如图 1-1-3 所示。

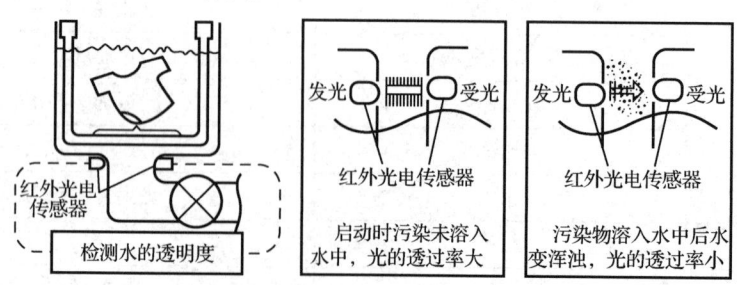

图 1-1-3　洗衣机中水透明度检测示意图

吸尘器中使用了风压传感器与硅压力传感器。风压传感器由风压板和可变电阻器等构成，可用于检测吸尘风量，适用于清扫床、薄垫和地毯等不同场合。通过检测值跟基准设计值比较，经相位控制电路将电动机转速控制在能获得各自所需的最佳风量挡位上，以达到最佳清扫效果。除此以外，传感器在电磁炉、自动电饭锅、空调器、电子热水器、热风取暖器、风干器、报警器、电风扇、游戏机、电子驱蚊器、洗碗机、照相机、电冰箱、电视机、录像机、录音机、收音机、影碟机等家用电器方面得到了广泛的应用。

（二）传感器在智能家居系统中的应用

智能家居系统采用先进的计算机、通信和控制技术，建立了一个以住宅为平台，兼备建筑、网络通信、信息家电、设备自动化，集系统、结构、服务、管理为一体的高效、舒适、安全、便利、环保的居住环境。诸如温度传感器、湿度传感器、烟感探测传感器等各种类型的传感器已广泛应用于智能家居系统中，使智能家居系统集成了家电控制、居住环境监测、防盗报警等多种功能，从而实现了全面的安全防护、便利的通信网络以及舒适的居住环境。在科技高速发展的今天，智能家居系统已经逐渐走进大众的生活，为家居生活带来了极大的便利。传感器在智能家居系统中的应用如图 1-1-4 所示。

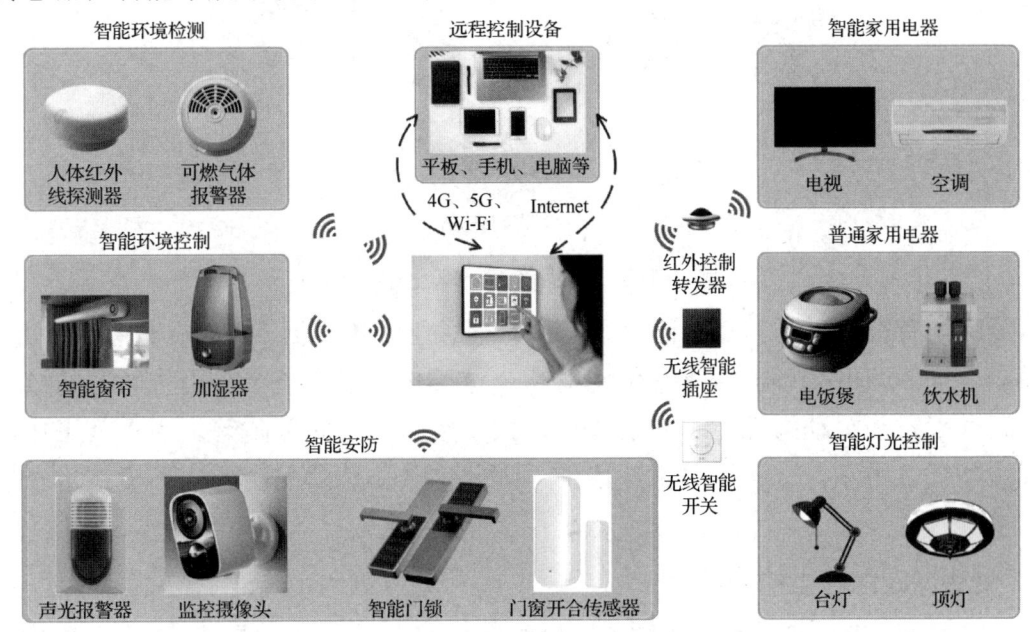

图 1-1-4　传感器在智能家居系统中的应用

温度传感器可以探测室内温度，还可以联动空调实现室内温度自动调节，保证室内温度恒定。湿度传感器可以探测室内湿度，还可以联动加湿器或除湿机实现室内湿度自动调节。水浸传感器可以感知室内是否有漏水情况，通过联动电控阀门可以实现漏水自动关闭水阀的功能。烟雾和气体传感器都属于气体探测器，通过联动电控阀门和开窗器，可以实现燃气泄漏时自动关闭燃气气阀并开窗通风的功能。红外传感器可以侦测人的移动，配合监控使用可以实现对非法闯入者进行自动抓拍并报警等功能。门窗磁性传感器一般用在门或窗上，它们可以感应门、窗的开关，配合安防系统使用，可以防止非法入侵。智能家居系统中的传感器就像是智能家居的感官系统，有了它们的帮助，才能实现家居智能化。

（三）传感器在汽车上的应用

随着汽车制造技术的不断发展，汽车电子化程度也不断提高，传感器作为汽车电子控制系统的关键部件，其优劣程度直接影响到汽车电子控制系统的性能。目前，普通汽车上大约装有几十只到近百只传感器，豪华轿车上则更多，这些传感器主要分布在发动机控制系统、底盘控制系统和车身控制系统中。传感器在汽车上的应用如图 1-1-5 所示。

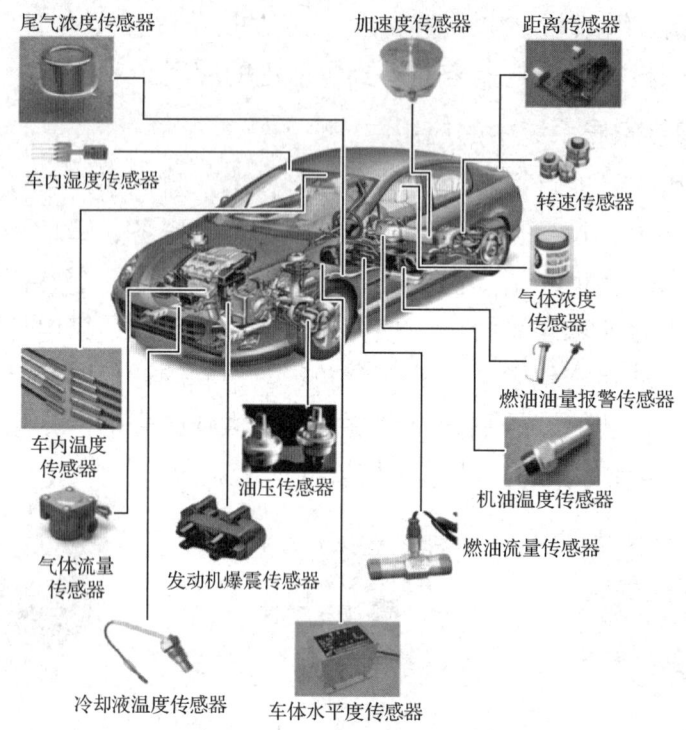

图 1-1-5 传感器在汽车上的应用

车用传感器有很多种类，其中包括温度传感器、压力传感器、旋转传感器、流量传感器、位置传感器、气体浓度传感器、爆燃传感器等。这类传感器是整个车用传感器的核心，利用它们可提高汽车发动机动力性能、降低油耗、减少废气、反映故障等。由于其工作在发动机振动、汽油蒸气、污泥、水花等恶劣环境中，因此这类传感器的耐恶劣环境技术指标要高于一般的传感器。

（四）传感器在医疗上的应用

随着医用电子学的发展，医用传感器可以对人体的表面和内部温度、血压及腔内压力、血液及呼吸流量、肿瘤、血液成分、脉搏及心音、心电图、脑电波等进行高难度的检测。传感器对促进医疗技术的发展起着非常重要的作用。传感器在医疗上的应用如图 1-1-6 所示。

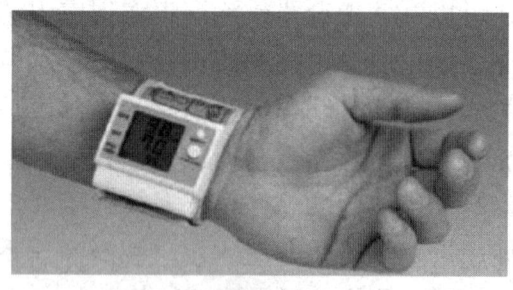
（a）电子血压计

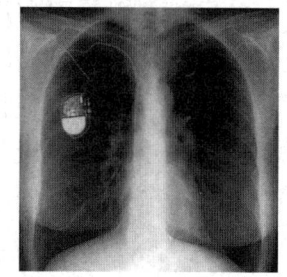
（b）植入式传感器

图 1-1-6 传感器在医疗上的应用

（五）传感器在机器人上的应用

目前，在劳动强度大或危险作业的场景，已逐步使用机器人代替人工。一些高速度、高精度的工作，由机器人来完成非常合适，但这些机器人多数都用来进行加工、组装、检验等工作,属于生产性自动机械式智能机器人。在这些机器人身上仅采用了检测机械手的位置和角度的传感器。传感器在机器人上的应用如图1-1-7所示。

要使机器人和人类更为接近,以便从事更高级的工作,这就要求机器人具有判断能力,这就需要给机器人安装物体检测传感器,特别是视觉传感器和触觉传感器,这些传感器使机器人可以通过视觉对物体进行识别和检测,通过触觉对物体产生压觉、力觉、滑动感觉和重力感觉。为了使机器人的机械手能有触觉,在手掌和手指上都安装了带有弹性触点的触敏元件(传感器),当触及物体时,触敏元件会发出接触信号,如果要感知冷暖,还可以装上热敏元件。在各指节的连接轴上装有精巧的电位器,它就能把手指的弯曲角度转换成外形弯曲信号。把外形弯曲信号和各指节产生的接触信号一起输入计算机,再通过计算就能迅速判断机械手所抓物体的形状和大小。机器人手指触感如图1-1-8所示。

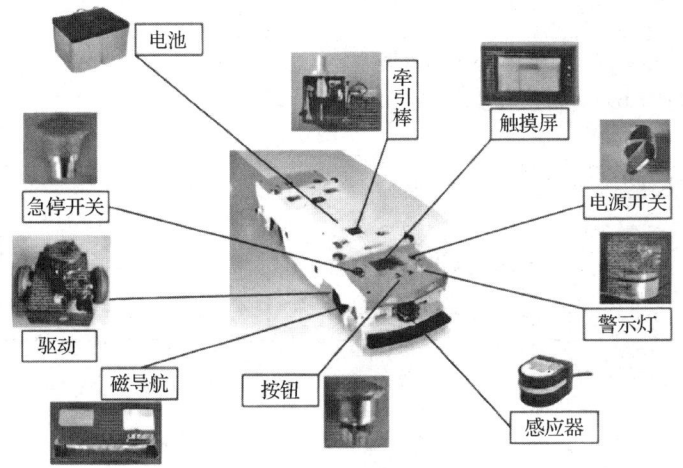

图1-1-7 传感器在机器人上的应用

图1-1-8 机器人手指触感

(六)传感器在军事领域的应用

传感器在军事领域的应用极为广泛。从导弹、飞机、舰船、坦克、火炮等装备到单兵作战武器;从武器系统到后勤保障;从军事科学试验到军事装备工程;从战略、战术指挥到战场作战;从战争准备、战略决策到战争实施,传感器遍布整个作战系统及战争的全过程,而且必将在未来的高科技战争中起到促使作战的时域、空域和频域扩大,影响和改变作战的方式和效率,大幅度提高武器的威力和作战指挥及战场管理能力的作用。

任务评价

传感器的认知任务评价表

评价项目	评价指标	评价标准	自评	互评	教师评价
过程性评价	学习能力	1. 学习过程中对新知识的接受与理解能力 2. 对所遇问题的解决策略 3. 学习方法的运用			
	协作能力	1. 在小组中的沟通与交流 2. 分享知识与经验 3. 团队协作完成任务的情况			

续表

评价项目	评价指标	评价标准	自评	互评	教师评价
过程性评价	工作态度	1. 对任务的认真程度 2. 参与活动的积极性 3. 遵守实验室规则与安全操作			
终结性评价	知识掌握程度	能够准确描述传感器的基本原理、分类及用途；能够识别并正确命名常见传感器			
	实践操作能力	能够正确连接传感器电路；能够使用传感器进行基本的数据采集和处理			
	问题解决能力	能够针对特定问题选择合适的传感器并设计简单应用方案；能够分析传感器数据并解决实际问题			
	团队协作与沟通	在小组活动中能够有效沟通，共同完成传感器应用项目；能够清晰表达自己的设计思路和实验结果			
	创新思维与拓展	能够提出创新性的传感器应用方案；能够对传感器技术进行拓展学习和研究			
综合评价	综合表现	1. 综合考虑学生在整个任务过程中的表现 2. 学生对评价反馈的接受与改进情况			

评价等级：

- A：优秀
- B：良好
- C：一般
- D：需要改进

评价说明：

- 自评：学生根据自身完成任务的情况进行自我评价。
- 互评：学生之间相互评价，促进互相学习与提高。
- 教师评价：教师根据学生的表现给予客观、公正的评价。

任务二 电桥电路设计

电桥电路是一种经典的测量电路，广泛应用于对电阻、电容、电感等参数的精确测量。本任务旨在设计一款实用的电桥电路，通过深入分析电桥的工作原理和电路构成，探讨不同类型电桥的特点与应用。电桥电路的设计不仅要求学生理解电路基本理论，还需掌握实际操作技能，对提高职业院校学生实践能力和创新思维具有重要意义。

任务分析

本任务旨在通过对电桥电路的设计,加深学生对电气原理的理解。任务首先要求学生认识电桥电路的基本原理,包括其工作原理和在不同条件下的性能表现。其次,学生需要搭建一个典型的电桥电路,通过实际操作掌握电路组件的连接和调试方法。最后,学生将对搭建的电桥进行测试与调整,以验证电路的准确性和稳定性,从而提高学生对电桥电路应用的认识和操作能力。

任务实施

一、电桥原理认识

电桥电路是一种用于精确测量物理量,尤其是阻抗(包括电阻、电容、电感等)的电路结构。最初由英国科学家兼数学家塞缪尔·亨特·克里斯蒂(Samuel Hunter Christie)在1833年提出,并由查尔斯·惠斯通(Charles Wheatstone)在1843年推广使用,因此,通常被称为惠斯通电桥(Wheatstone bridge)。电桥电路的基本构造包含四个两端元件(通常是电阻),它们首尾相连形成一个四边形,这样的元件称为桥臂。

(一)直流电桥工作原理

直流电桥的桥臂全为电阻,如图1-2-1所示。

(1)电阻 R_1、R_2、R_3、R_4 作为四个桥臂,在输入端(电源端)接入直流电源,在输出端输出电压。

(2)测量时常用等臂电桥,即 $R_1=R_2=R_3=R_4$ 或电源端对称电桥,即 $R_1=R_2$,$R_3=R_4$ 根据电桥的四个电阻是否可变,可以将直流电桥分为三种,分别是单臂电桥、差动半桥、差动全桥。

(二)交流电桥工作原理

交流电桥是测量各种交流阻抗的基本仪器,如电容的电容量、电感的电感量等。此外,还可利用交流电桥平衡条件与频率的相关性来测量与电容、电感有关的其他物理量,如互感、磁性材料的磁导率、电容的介质损耗、介电常数和电源频率等,其测量精准度和灵敏度都很高,在电磁测量中应用极为广泛。

常用的交流电桥电路有电感电桥、麦克斯韦(Maxwell)电桥、海氏(Hays)电桥、电容电桥。交流电桥因测量任务的不同而有各种不同的形式,但只要掌握了它的基本原理和测量方法,那么对于各种形式的交流电桥就都比较容易理解了。交流电桥电路如图1-2-2所示。

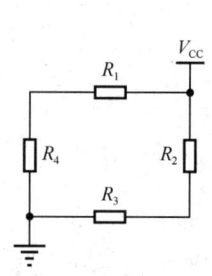

图 1-2-1 直流电桥电路

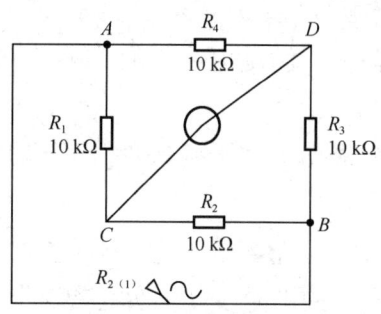

图 1-2-2 交流电桥电路

（三）其他类型电桥工作原理

（1）谐振电桥：在特定频率下，当电桥处于谐振状态时，可以精准测量电感量或电容量。

（2）应变电桥：在传感器领域，如硅应变片组成的惠斯通电桥，当受到应力作用时，桥臂电阻会发生变化，通过检测桥路输出电压的变化来测定机械应力或应变。

电桥电路利用比较法，通过调整已知参数使得整个电路达到平衡状态，根据平衡条件，就可以间接或者直接测量出待测物理量的值。在实际应用中，电桥常与放大电路配合使用，以便提高测量灵敏度和精准度。

二、典型电桥电路搭建

电桥电路是电子测量中常用的电路形式，通过精确搭建典型电桥电路，可以实现对电阻、电容等参数的精度测量，为电子技术研究和工程应用提供重要数据。

搭建一个典型电桥电路（直流电桥）以测量未知电阻 R_x 的过程如下。

（一）所需元件

（1）固定电阻 R_1 和 R_3（已知精确阻值）。

（2）可调电阻 R_{V1}（或精密电阻箱）。

（3）未知电阻 R_x。

（4）直流电源（提供恒定电压 U_{in}）。

（5）检流计或毫伏表（用于测量电桥的输出电压 U_b）。

（二）步骤

1. 电路连接

将四个电阻按以下方式连接：

（1）R_1 和 R_{V1} 连接形成第一对桥臂，R_3 和 R_x 连接形成第二对桥臂。

（2）R_1 和 R_x 的未连接端点连接到直流电源的正极（+）。

（3）R_{V1} 和 R_3 的未连接端点连接在一起，并作为电桥的负极（-）。电阻电路连接如图 1-2-3 所示。

其中，（-）代表地线或电源负极；（+）代表电源或电源正极。

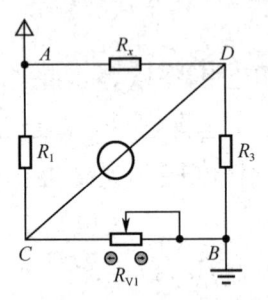

图 1-2-3　电阻电路连接

2. 电桥平衡调节

（1）接通电源后，调整可调电阻 R_{V1} 的阻值，直到检流计指示为零或毫伏表显示电压 U_b 接近零。

（2）在平衡状态下，满足电桥平衡方程：$R_1/R_{V1}=R_x/R_3$。

3. 测量未知电阻 R_x

当电桥平衡时，根据上述平衡条件计算未知电阻 R_x。

4. 注意事项

（1）实际操作时，可能需要考虑到电阻的实际误差以及温度系数等因素。

（2）对于非常微小的电阻变化（如应变片），可能会使用更复杂的电桥配置，并结合放大器以提高测量精度。

5. 应用拓展

如果要测量非电阻性物理量，比如应变或温度，可以使用特殊的电阻传感器（如应变片或热敏电阻）替换 R_x，通过测量电桥的不平衡电压来推算对应的物理量。

三、电桥测试与调整

电桥测试是一种精确测量电阻、电容、电感等参数的方法，通过调整电桥平衡状态，实现对被测元件的高精度测量。其中，调整电桥平衡是关键步骤，能确保测试结果的准确性和可靠性。

（一）测试前准备

确保所有元器件完好无损，特别是可调电阻（如果使用的是精密电阻箱，需确保其读数准确）和检流计或毫伏表功能正常。

（二）电路搭建与初步检查

按照图 1-2-3 正确搭建典型电桥电路，将固定电阻、未知电阻、可调电阻和检流计或毫伏表正确连接。

（三）电桥平衡测试与调整

（1）接通直流电源，设置合适的电压值 U_{in}（不宜过高，以免损坏检流计或毫伏表）。

（2）调整可调电阻 R_3 的阻值，观察检流计或毫伏表的读数。若使用的是检流计，则应该调整至指针指向零位；若使用的是毫伏表，则应调整至电压读数最小或接近于零（理论上为零，但实际操作中可能存在一些微小的不平衡电压）。

（四）计算未知电阻 R_x

当电桥达到平衡（即检流计无电流或毫伏表读数为零）时，根据电桥平衡公式计算未知电阻 R_x：$R_1/R_2=R_x/R_3$。

（五）精确测量与误差分析

（1）若有需要，可以多次调整电桥平衡并重复测量，以减小偶然误差，最后得到 R_x 的精确阻值。

（2）不仅要考虑电阻的制造误差、温度影响以及其他可能导致误差的因素，还要对测量结果进行必要的修正和误差分析。

（六）特殊情况下的测试与调整

对于测量非电阻性的物理量（如应变、温度等），可将对应传感器（如应变片、热敏电阻等）接入 R_x 位置，并根据电桥的不平衡电压来计算这些物理量。

（七）安全注意事项

（1）操作过程中务必注意安全，避免触电。

（2）不得随意更改电源电压，以防设备损坏。

（3）使用完毕后，断开电源，整理好线路，确保实验室安全。

任务评价

电桥电路设计任务评价表

评价项目	评价指标	评价标准	自评	互评	教师评价
过程性评价	学习能力	1. 学习过程中对新知识的接受与理解能力 2. 对所遇问题的解决策略 3. 学习方法的运用			
	协作能力	1. 在小组中的沟通与交流 2. 分享知识与经验 3. 团队协作完成任务的情况			
	工作态度	1. 对任务的认真程度 2. 参与活动的积极性 3. 遵守实验室规则与安全操作			
终结性评价	工具使用	1. 是否正确选择和使用工具 2. 工具使用的熟练程度			
	布线合理性	1. 布线是否整齐、合理 2. 是否考虑了电路的优化			
	检测方法	1. 是否采用了正确的检测方法 2. 检测结果的准确性			
	操作顺序	1. 操作步骤是否合理 2. 是否遵循了操作规范			
	预期效果达成	1. 是否达到学习目标 2. 实际操作效果与预期的一致性			
综合评价	综合表现	1. 综合考虑学生在整个任务过程中的表现 2. 学生对评价反馈的接受与改进情况			

评价等级：
- A：优秀
- B：良好
- C：一般
- D：需要改进

评价说明：
- 自评：学生根据自身完成任务的情况进行自我评价。
- 互评：学生之间相互评价，促进互相学习与提高。
- 教师评价：教师根据学生的表现给予客观、公正的评价。

任务三 温度计设计

温度计设计是指利用温度传感器作为核心部件，结合电子电路和软件算法，设计出能够测量和显示环境或物体温度的仪器。这种温度计通常由温度传感器、信号调理电路、数据处理模块、显示界面和电源等部分组成。

任务分析

本任务旨在设计一款温度计，主要包括四个步骤：首先，搭建一个四臂单变测量电桥电路以实现温度测量；其次，构建差分放大电路以增强信号并提高测量精度；再次，设计 AD 采集电路将模拟信号转换为数字信号；最后，进行温度计功能的调试，确保测量精准可靠。整个任务要求综合运用电子技术和信号处理知识。

任务实施

一、测量电桥电路搭建（四臂单变）

测量电桥电路（四臂单变）是指采用惠斯通电桥进行电阻测量的一种常见测量形式，其中只有一个桥臂是可调电阻（单变量臂）。以下是搭建这种电路的具体步骤。

（一）所需元件

（1）已知固定电阻 R_1 和 R_2。

（2）可调电阻 R_p（单变量臂）。

（3）待测未知电阻 R_x。

（4）直流电源（提供恒定电压 U_{in}）。

（5）检流计或数字万用表（DMM）的电流挡（用于检测电桥是否平衡）。

（二）电路搭建步骤

（1）将电阻 R_1、R_p、R_x 和 R_2 依次串联起来，形成一个四边形，即构成惠斯通电桥。如图 1-3-1 所示。

（2）其中 N_1 和 N_2 分别为两个桥臂交汇的节点。

（3）接入电源与检测设备。

（4）电源的正极（+）连接到 R_1 的一端，负极（−）连接到 R_x 的另一端。

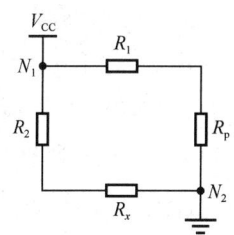

图 1-3-1　惠斯通电桥

（5）将检流计或 DMM 的电流挡并联接入节点 N_1 和 N_2 之间，用于检测电桥支路上的电流。

（三）平衡调整与测量

（1）接通电源后，缓慢调整 R_p 的阻值，同时观察检流计或 DMM 的读数。

（2）当电桥平衡时，即检流计的电流读数接近于零（理想状态为零），表明桥路两端的电压差几乎为零。

（3）根据电桥平衡条件计算未知电阻 R_x 的阻值：$R_1/R_p = R_x/R_2$。

注意事项：

① 在实际操作中，由于电阻的实际误差、温度漂移等因素影响，可能无法完全达到零电流，但要尽量调至最小值。

② 若使用 DMM 测量电压差而不是电流，只需将电流挡改为电压挡，并连接到 N_1 和 N_2 两点之间，这时平衡条件下的电压差应为零或非常接近零。

③ 操作过程中注意电源电压选择应适当，防止电流过大损坏设备或造成人员伤害。
④ 操作结束后应及时切断电源，整理好实验器材。

二、差分放大电路搭建

搭建基础差分放大电路，亦称为差动放大器，其主要目的是减小共模信号干扰，同时实现对差模信号的放大。本文将以双极结型晶体管（BJT）为基础，阐述长尾式差动放大器的基本搭建方法。

（一）所需元件列表

（1）两个性能一致的 NPN 型双极结型晶体管，例如 2N3904 型号。
（2）四个电阻，分别标记为 R_1、R_2、R_3、R_4。
（3）直流电源，记作 V_{CC}。
（4）基极偏置电阻，视需求而定。
（5）共射极负载电阻，记作 R_L。
（6）输入信号源，分别标记为 V_{in}^+ 和 V_{in}^-。
（7）输出耦合电容，根据需要配置。

（二）电路搭建步骤

1. 晶体管布局
将两个 NPN 型双极结型晶体管水平放置，确保它们的发射极均接地（GND）。

2. 基极偏置电阻
为保持静态工作点的稳定性，可在每个晶体管的基极与电源 V_{CC} 之间接入适宜的偏置电阻。

3. 输入网络
电路图 1-3-2 中有两个输入端 input$_1$ 和 input$_2$，以及两个输出端 u_{1out} 和 u_{2out}。input$_1$ 连接到晶体管 Q_1 的基极，input$_2$ 连接到晶体管 Q_2 的基极。Q_1 和 Q_2 的发射极都连接到一个共射极电阻，因此两个输出信号 u_{1out} 和 u_{2out} 会根据输入信号的变化而变化。电路使用 V_{CC} 和 V_{EE} 作为电源电压，即使只使用单个电压电源，电路也能正常工作。电路图 1-3-2 中未显示接地端子，可以理解为正负电压电源的相反点都连接到地。

4. 差分运算原理
（1）第一种情况，首先在晶体管 Q_1 的基极施加一个信号，保持晶体管 Q_2 的基极无信号施加，如图 1-3-3 所示。

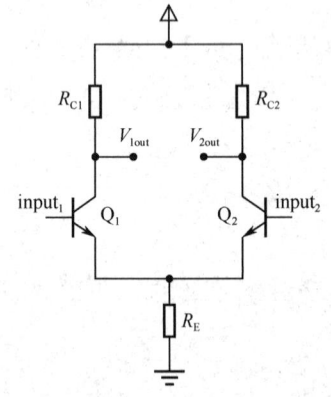

图 1-3-2　电路图

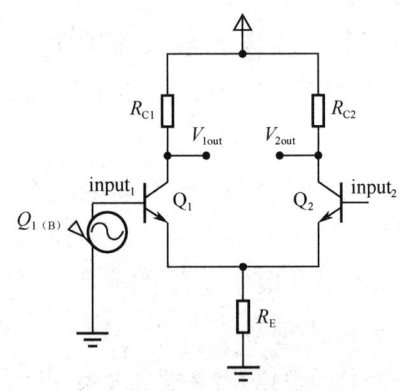

图 1-3-3　晶体管 Q_1 的基极施加信号电路图

在这里，Q_1 以两种方式起作用：首先，作为共射极放大器，Q_1 处的应用输入将在 V_{1out} 处提供放大的反相信号。其次，作为共射极放大器，信号出现在 Q_1 的发射极，与输入同相，且略小。因此，Q_1 基极的输入信号驱动晶体管，即 Q_1 由正输入信号导通。R_{C1} 上的电压降将更大，导致 Q_1 的集电极的正负更小。当输入信号为负时，晶体管 Q_1 将关闭，从而导致 R_{C1} 上的电压降较小，进而导致 Q_1 的集电极更正。这样，通过在 input$_1$ 处施加信号，在 Q_1 的集电极上出现反相输出。当 Q_1 通过输入的正半部分变为 ON 时，通过 R_E 的电流将增加，已知 $I_C \approx I_E$，因此 R_E 处的电压降将更大，从而导致两个晶体管的发射极都向正方向移动。Q_2 发射极为正将导致 Q_2 的基极为负。这个负半部分将导致 Q_2 中的电流减少。最后 R_{C2} 处的电压降也将更小，因此集电极向正方向移动。这样，在 Q_2 的集电极处有一个非反相输出，用于 Q_1 的基极处的正输入。

（2）第二种情况，将信号施加到晶体管 Q_2 的基极，同时晶体管 Q_1 接地，此时电路的导通状态和电流流向将发生变化。如图 1-3-4 所示。

注意事项：

① 负载电阻。

V_O 点可以进一步通过一个负载电阻 R_L 接地，以获取输出信号。

② 电源。

V_{CC} 连接到 R_{C1} 和 R_{C2} 的共同节点，提供晶体管的工作电压。

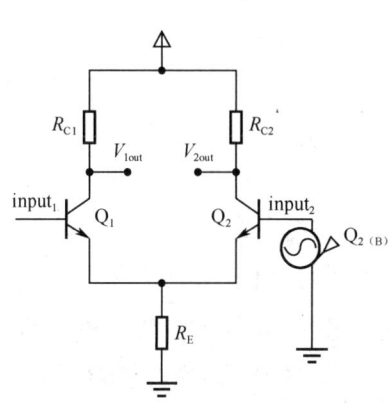

图 1-3-4　信号施加到晶体管 Q_2 的基极同时晶体管 Q_1 接地电路图

③ 输出耦合。

在实际应用中，为了隔绝直流成分，u_o 处常常会接一个电容耦合（C_{out}）到后续电路。

④ 选用特性相近的晶体管是为了减小失配带来的增益误差。

⑤ 电阻 R_{C1}、R_{C2}、R_E 的选择直接影响到差分放大器的共模抑制比（CMRR）、差模增益和输入阻抗等性能指标。

三、AD 采集电路搭建

搭建一个模拟信号转换为数字信号的采集电路（即 AD 采集电路），主要包括以下步骤。

（一）所需元件

（1）ADC 芯片（如 XPT2046、HX711、ADC 集成在微控制器内部的模数转换器等）。

（2）待采集的模拟信号源（如电压信号、电流信号、传感器信号等）。

（3）转换所需的外围电路（如信号调理电路、滤波电路、基准电压、缓冲器等）。

（4）微控制器（MCU，用于接收和处理 ADC 转换后的数字信号）。

（5）连接导线、电源及去耦电容器等辅助元件。

（二）搭建电路

1. 信号调理电路

（1）如果信号源不是适合 ADC 输入范围的标准信号，需要先进行信号调理。例如，如果信号是温度传感器的毫伏级信号，可能需要经过运算放大器组成的放大电路将其放大到ADC的输入范围之内。

（2）对于高压信号，可能需要衰减器来降低电压到适中的水平。

（3）对于噪声较大的信号，可加入低通滤波器或其他类型滤波器去除高频干扰。

2. 基准电压电路

ADC转换需要一个参考电压（基准电压），确保ADC能够准确地量化输入信号。这通常是一个精准稳定的电压，比如内置的基准源或者外部独立的基准芯片。

3. 连接ADC输入

（1）将经过调理的模拟信号连接到ADC的输入通道。

（2）如果是多通道ADC，应选择合适的通道。

4. 电源供应与去耦

给ADC芯片和微控制器提供干净稳定的电源（如3.3 V或5 V），并在电源引脚附近添加适当地去耦电容器以减少电源噪声。

5. 与微控制器接口

连接ADC的控制和数据线到微控制器的相应I/O引脚。对于SPI接口的ADC，需要SCLK（时钟）、MISO（主设备输入从设备输出）、MOSI（主设备输出从设备输入）和CS（片选）等引脚；对于I^2C接口的ADC，则需要SCL和SDA（数据）引脚。

6. 软件配置与读取

（1）在微控制器代码中初始化ADC，并配置相关参数，如转换速率、分辨率等。

（2）发起ADC转换请求，并读取转换完成后的数字信号。

电路图如图1-3-5所示。

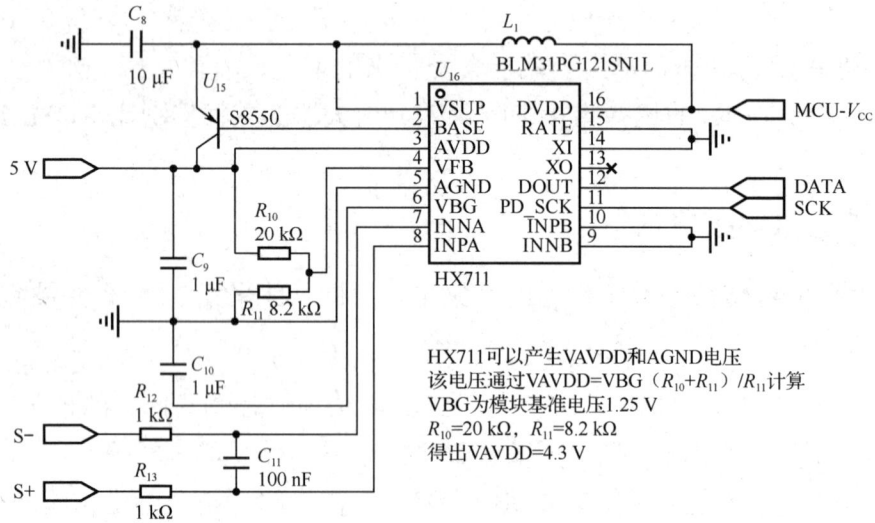

图1-3-5　电路图

四、温度计功能调试

温度计功能调试旨在验证其测量温度的精确度，主要包括以下步骤。

（一）零点校准

将温度计置于已知的固定温度环境。例如，冰水混合物（0 ℃）或沸水（100 ℃），以检验温度计能否准确显示相应温度。若显示结果不准确，则需对温度计进行调整。

（二）量程校准

在多个已知温度点进行校准，除了 0 ℃ 和 100 ℃ 外，可选择其他中间温度点，如室温等，以核对温度计读数与实际温度的一致性。

（三）灵敏度测试

监测温度计在温度变化时的响应速度，以评估其能否迅速且准确地反映温度变化。

（四）稳定性测试

将温度计置于恒定温度环境中一段时间，检查其读数是否稳定，是否存在漂移现象。

（五）精度验证

依据温度计的精度等级，使用更高精度的标准温度源对比其测量结果，确保其满足精度要求。

注意事项：

① 对于电子温度计或带有软件系统的温度监测设备，可能还需对电路系统、传感器响应及软件算法等进行调试。

② 不同的温度计类型（如水银温度计、酒精温度计、热电偶、热电阻、红外线辐射温度计、半导体温度传感器等）调试方法可能有所不同，具体调试方法应参照相应产品的使用说明书或由专业人员执行调试。

任务评价

传感器温度计设计任务的评分表

评价项目	评价指标	评价标准	自评	互评	教师评价
过程性评价	学习能力	1. 学习过程中对新知识的接受与理解能力 2. 对所遇问题的解决策略 3. 学习方法的运用			
	协作能力	1. 在小组中的沟通与交流 2. 分享知识与经验 3. 团队协作完成任务的情况			
	工作态度	1. 对任务的认真程度 2. 参与活动的积极性 3. 遵守实验室规则与安全操作			
终结性评价	工具使用	1. 是否正确选择和使用工具 2. 工具使用的熟练程度			
	布线合理性	1. 布线是否整齐、合理 2. 是否考虑了电路的优化			
	检测方法	1. 是否采用了正确的检测方法 2. 检测结果的准确性			
	操作顺序	1. 操作步骤是否合理 2. 是否遵循了操作规范			

续表

评价项目	评价指标	评价标准	自评	互评	教师评价
终结性评价	预期效果达成	1. 是否达到学习目标 2. 实际操作效果与预期的一致性			
综合评价	综合表现	1. 综合考虑学生在整个任务过程中的表现 2. 学生对评价反馈的接受与改进情况			

评价等级：

- A：优秀
- B：良好
- C：一般
- D：需要改进

评价说明：

- 自评：学生根据自身完成任务的情况进行自我评价。
- 互评：学生之间相互评价，促进互相学习与提高。
- 教师评价：教师根据学生的表现给予客观、公正的评价。

任务四 电子秤设计

电子秤是一种利用传感器技术进行精确称重的电子设备。它主要由电阻应变片式传感器、单片机、ADC 及显示模块组成，通过将物体的质量转换为电信号，再经单片机处理，最终在显示屏上显示该物体质量。该设计具有称重准确、操作简便、显示直观等特点，电子秤也被广泛应用于商业、工业等领域。

任务分析

本任务涉及电子秤的设计与实现，主要包括测量电桥电路的搭建，以实现精准的质量测量；专用集成电路的搭建，用于信号处理和放大；SPI（串行外设接口）采集电路的搭建，以实现数据的快速传输；以及电子秤功能的调试，确保测量准确性和系统稳定性。整个任务要求综合运用电子技术和计算机技术，实现电子秤的高效、准确运行。

任务实施

一、测量电桥电路搭建（四臂四变）

四臂四变电桥电路也叫全桥电路，意味着惠斯通电桥电路中的四个电阻都要发生变化，且电阻之间存在相关性，如图 1-4-1 所示。

在全桥电路中，电阻需要满足的关系如下：

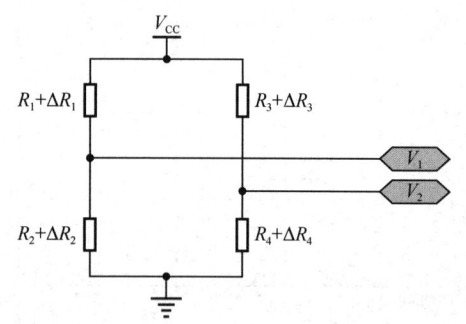

图 1-4-1 惠斯通电桥电阻关系图

$R_1=R_2=R_3=R_4$，且 $\Delta R_1=-\Delta R_2=\Delta R_4=-\Delta R_3$

相比单臂式电路和双臂式电路而言，全桥电路对电阻的变化要求更高。同理可以推导出数学关系式为：

$$\Delta_V=|V_{CC}*\Delta R_1/R_1|$$

全臂式电路相对双臂式电路电压相差 2 倍，和单臂式电路电压相差 4 倍，因此全臂式电路灵敏度会更高。

二、专用集成电路搭建

电子秤的专用集成电路（ASIC）设计、搭建涉及硬件电路设计、传感器接口、信号处理、模数转换等多个环节，以下是一种基于称重传感器（如应变片）和 ADC 集成芯片的基本构建方案。

（一）硬件组件准备

（1）称重传感器（如电阻应变片组成的惠斯通电桥）：用于将物体质量转化为电信号。

（2）ASIC：内含激励源、信号放大、滤波以及模数转换等功能模块。

（3）微控制器（MCU）或其他数据处理单元：用于接收 ASIC 处理后的数字信号并进一步处理以显示质量数值。

（4）功率供应模块：为整个系统供电。

（二）电路搭建步骤

将称重传感器的四个桥臂分别接入 ASIC 的惠斯通电桥电路输入接口，ASIC 内部的激励源会给电桥施加恒定电流。

ASIC 中的运算放大器作为仪表放大器工作，将电桥不平衡产生的微弱电压信号进行放大。

放大后的模拟信号经过低通滤波器去除高频噪声，提高信号质量。

ASIC 内部的 ADC 将模拟信号转换成数字信号。

数字信号通过 SPI、I²C 或 UART 等接口传输给微控制器。

MCU 接收到数据后，按照预设的算法进行处理，计算出实际质量，并通过显示屏或其他输出设备显示出来。

惠斯通电桥电路输入接口电路图如图 1-4-2（仅供参考）。

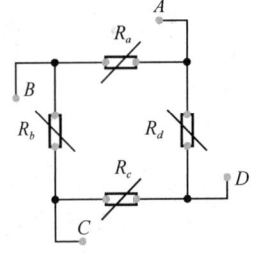

图 1-4-2　惠斯通电桥电路输入接口电路图

（三）调试与优化

（1）校准：通过加载已知质量对电子秤进行校准，确保测量结果准确。

（2）系统稳定性与抗干扰能力测试：检查系统在各种环境条件下的性能表现，如有必要，优化滤波参数或增加防护措施。

注意：具体的电路设计和搭建需要根据所选的 ASIC 芯片型号及其数据手册来进行，同时结合实际应用需求进行调整和优化。

三、SPI 采集电路搭建

电子秤设计中的 SPI 采集电路搭建，是指利用 SPI 技术实现单片机与 HX711 称重传感器模块之间的数据通信。通过搭建电路，单片机作为主设备，通过 MOSI、MISO、SCLK 和 SS 四根线与 HX711 称重传感器模块连接，实现高精度称重数据的高速、稳定传输，确保电子秤的准确性和可靠性。

（一）电子秤通过 SPI 采集数据主要涉及的部分

（1）传感器部分：使用称重传感器（如应变片、压阻式传感器等），将其组成惠斯通电桥电路结构，当负载作用于称重传感器上时，会产生与质量成比例的电压信号。

（2）信号调理电路：该电压信号往往较微弱且含有噪声，因此需要通过信号调理电路对其进行放大和滤波。这通常包括一个或多个运算放大器组成的仪表放大器电路，用来放大电桥的输出电压，并且可能会加入低通滤波器，去除不需要的高频噪声。

（3）ADC：SPI 通常与具有 SPI 通信协议的 ADC 相连。ADC 的作用是将放大滤波后的模拟信号转换为数字信号。配置 ADC 的工作模式、采样速率、分辨率等参数，使其能够准确地量化传感器信号。

（二）SPI 电路

（1）主设备（通常是微控制器）与 ADC 之间的连接需遵循 SPI 协议。主设备提供 SCLK、MOSI、MISO 和 CS 信号线。CS 信号用于选定要通信的 ADC 设备，SCLK 提供同步时钟，MOSI 用于发送命令或配置信息给 ADC，而 MISO 则接收来自 ADC 的转换结果数据。

（2）微控制器编程。编写微控制器程序，初始化 SPI，设置相关寄存器，并编写 SPI 通信协议的读取函数，以便定时或触发事件时向 ADC 发送读取请求，接收并处理 ADC 返回的数字质量数据。

（三）示例电路搭建步骤

（1）将称重传感器的输出接到 ADC 的模拟输入端口。

（2）连接微控制器的 SPI 至 ADC 的 SPI。

（3）在微控制器中配置 SPI 总线，并设置相关的中断或轮询机制以定期读取 ADC 数据。

（4）对获取的数据进行处理，如去偏置、标定等，最终计算出质量值并显示在显示屏上。

（5）务必参照具体使用的 ADC 和微控制器的数据手册进行电路设计和编程实现。

四、电子秤功能调试

电子秤需调试的功能主要包括线性度和灵敏度两项指标。通过在秤盘上依次放置已知标准质量的物体，检测电子秤的测量计算能力，确保其线性度符合要求。同时，调整电子秤的电路参数，使其灵敏度达到最佳状态，确保称重结果的准确性和稳定性。调试过程中需注意预热、校准和故障排查等环节。

电子秤的功能调试主要包括以下几个方面。

（一）硬件调试

1. 称重传感器检测

确保称重传感器安装正确，无机械损坏，连接线路可靠，无开路或短路现象。

2. 信号调理电路测试

检查信号放大电路、滤波电路能否正常工作，将传感器的微弱信号有效放大并滤除噪声。

3. ADC 测试

确认 ADC 能否准确地将模拟信号转换为数字信号，可通过加载已知质量进行初步校准。

（二）软件调试

1. 通信接口调试

如果采用 SPI、I²C 或 UART 等接口与微处理器通信，需确保通信协议正确无误，数据传输稳定。

2. 数据处理算法调试

根据称重传感器特性及 ADC 输出数据，调试数字滤波算法、非线性补偿算法、温度补偿算法等，确保得到准确的质量数值。

3. 显示及控制功能调试

检查显示屏显示是否正常，按键操作反馈是否灵敏，零点校准、单位切换、去皮、预设质量等功能是否能正常运作。

（三）系统级调试

1. 整体性能校准

通过加载不同已知质量的物体，对电子秤进行多点校准，确保在整个量程范围内测量准确。

2. 稳定性测试

长时间运行电子秤，观察电子秤在各种工况下（如开机、关机、连续测量、瞬态冲击等）的稳定性和重复性。

3. 抗干扰性测试

检查电子秤在电磁干扰、温度变化等环境因素影响下的性能表现。

（四）安全及合规性测试

检查电子秤是否有过载保护、低电压提示等安全保护功能，以及其是否符合相应的国家标准或国际标准。

最后，在完成以上所有调试后，还需进行全面的系统性能评估和用户友好性测试，确保电子秤在实际使用中能够满足各项技术指标和用户体验要求。

任务评价

电子秤设计任务的评分表

评价项目	评价指标	评价标准	自评	互评	教师评价
过程性评价	学习能力	1. 学习过程中对新知识的接受与理解能力 2. 对所遇问题的解决策略 3. 学习方法的运用			
	协作能力	1. 在小组中的沟通与交流 2. 分享知识与经验 3. 团队协作完成任务的情况			

续表

评价项目	评价指标	评价标准	自评	互评	教师评价
过程性评价	工作态度	1. 对任务的认真程度 2. 参与活动的积极性 3. 遵守实验室规则与安全操作			
终结性评价	工具使用	1. 是否正确选择和使用工具 2. 工具使用的熟练程度			
	布线合理性	1. 布线是否整齐、合理 2. 是否考虑了电路的优化			
	检测方法	1. 是否采用了正确的检测方法 2. 检测结果的准确性			
	操作顺序	1. 操作步骤是否合理 2. 是否遵循了操作规范			
	预期效果达成	1. 是否达到学习目标 2. 实际操作效果与预期的一致性			
综合评价	综合表现	1. 综合考虑学生在整个任务过程中的表现 2. 学生对评价反馈的接受与改进情况			

评价等级：

- A：优秀
- B：良好
- C：一般
- D：需要改进

评价说明：

- 自评：学生根据自身完成任务的情况进行自我评价。
- 互评：学生之间相互评价，促进互相学习与提高。
- 教师评价：教师根据学生的表现给予客观、公正的评价。

任务五 探测器设计

探测器设计是指根据特定应用需求，结合传感器原理和电子技术，设计出能够准确检测和转换物理量（如温度、湿度、光敏、压力等）的装置。它通常包括传感器、信号处理模块、数据传输接口等部分，旨在实现高效、精确的数据采集与监测。

任务分析

本任务涉及探测器设计与实现，核心在于比较器、电平转换及 I/O 采集电路的搭建。需精准设计电路以满足探测器功能需求，确保信号准确处理与传输。随后，通过细致的功能调试，验证电路性能与探测器工作稳定性，确保探测器能够高效、准确地完成任务。

任务实施

一、比较器电路搭建

探测器设计中的比较器电路主要用于检测某个阈值以上的信号或变化,并将其转化为二进制形式的结果(高电平或低电平)。以下是一个简单的比较器电路设计步骤。

(一)确定探测器输出信号

首先明确探测器输出的是何种类型的信号。例如,光电探测器可能输出的是与光强度相关的电压信号,温度探测器可能是输出随温度变化的电阻信号等。

(二)信号调理

如果探测器输出的是微弱的模拟信号,可能需要前置放大电路进行信号放大。

若输出信号不是电压形式,则需要通过分压器或惠斯通电桥电路等电路将其转化为电压信号。例如,热敏电阻或光敏电阻。

(三)比较器电路设计

选择合适的比较器集成电路,如 LM393、LM339 等通用型比较器集成电路。

在比较器的一个输入端(同相输入端或反相输入端)接入经探测器调理后的信号。另一输入端设定参考电压(阈值电压),可以通过可调电阻分压网络生成,也可以是固定的基准电压源。当探测器输出信号超过设定的阈值电压时,比较器输出状态翻转,输出高电平或低电平。

(四)外部电路

可添加施密特触发器以增强比较器电路对噪声的免疫力,确保阈值处的翻转更加陡峭清晰。

输出端可以连接指示器(如发光二极管 LED、蜂鸣器)、逻辑电路或微控制器等后续处理单元。

二、电平转换电路搭建

在探测器设计中,有时需要进行电平转换,以便不同系统间能够有效地传递信号。例如,从探测器输出的信号可能不适合直接驱动下一个阶段的电路,或者两个系统的逻辑电平标准不兼容(如 TTL 电平与 CMOS 电平、3.3 V 电平与 5 V 电平之间的转换)。以下是搭建一个基本电平转换电路的步骤。

(一)识别需求

确定当前探测器的输出电平范围和目标系统所需的电平范围。

(二)选择转换芯片

根据需求选择合适的电平转换芯片。例如:对于简单的电平匹配,可以使用晶体管作为缓冲器来提升驱动能力或降低电平;对于逻辑电平兼容性问题,可以选用专用的逻辑电平转换器 IC,如 MAX 系列(如 MAX3388E)、TXS 系列(如 TXS0108E)或其他类似器件。

(三)电路设计

如果是从低电平到高电平的转换(提升电平),可以使用 NPN 或 N 型金属-氧化物-半导体（NMOS）晶体管作为射极跟随器来实现。如果是从高电平到低电平的转换（降低电平），可以使用 PNP 或 PMOS 晶体管。对于双向电平转换，采用专门的双向电平转换芯片，按照数据手册提供的应用电路图进行设计。

示例电路（单向 TTL/CMOS 电平升压至 5 V CMOS 电平）如图 1-5-1 所示。

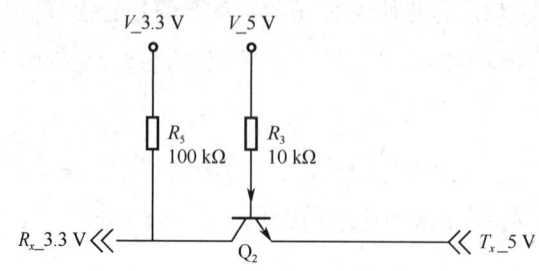

图 1-5-1 示例电路图

参数调整：调整限流电阻和其他外围元器件的参数，确保电平在负载范围内能正确转换且满足速度要求。

验证与测试：在搭建好电路后，进行功能性和电气特性测试，确保电平转换正确无误且性能稳定。

注意：在设计过程中，务必遵循所选芯片的数据手册建议，确保工作条件符合规范，避免损坏元器件或导致不可靠的工作表现。

三、I/O 采集电路搭建

在探测器设计中，I/O 采集电路的主要任务是将探测器输出的模拟或数字信号转换并适配到微控制器或计算机等处理系统的 I/O 接口。以下是搭建一个基本的 I/O 采集电路的过程。

（一）模拟信号探测器

1. 信号调理

如果模拟信号探测器输出的是微弱的模拟信号，首先需要通过前置放大器进行信号放大。

对于温度、湿度等传感器，可能需要信号调理电路（如电桥、运算放大器）将其转换为电压信号。

2. 模数转换

选择合适的 ADC，将其模拟输入端与信号调理电路的输出端相连接。

ADC 的选择要考虑分辨率、采样率、输入范围等因素，确保与探测器输出信号匹配。

3. 微控制器接口

将 ADC 的数字输出端与微控制器的 ADC 输入引脚相连，根据 ADC 和微控制器的接口协议（如 SPI、I^2C、并行接口）进行通信设置。

（二）数字信号探测器

1. 电平匹配

如果探测器输出的是数字信号，但电平与微控制器不匹配（如 3.3 V 与 5 V 系统间的电平转换），需要使用电平转换芯片（如电平转换器）进行匹配。

2. 微控制器接口

将探测器的数字输出信号直接连接到微控制器的 GPIO（通用输入/输出）引脚上。

设置微控制器的 GPIO 工作模式为输入，并根据探测器的信号类型（如 TTL、CMOS）设置上下拉电阻。

具体搭建步骤如图 1-5-2 所示。

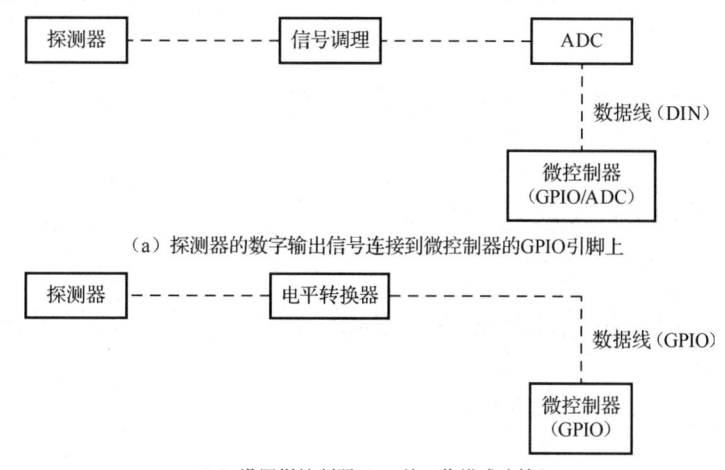

（a）探测器的数字输出信号连接到微控制器的GPIO引脚上

（b）设置微控制器GPIO的工作模式为输入

图 1-5-2　具体搭建步骤

注意：在实际设计过程中，需要仔细阅读各元器件的技术手册，合理选择元器件参数，并进行严格的电路设计与仿真验证，最后进行实物制作和功能测试。

四、探测器功能调试

探测器是一种检测设备，能感受到被测量的信息，并将其转换成电信号输出。其主要功能包括监测环境变化、检测异常情况、提供安全保护等，广泛应用于各种领域。探测器功能调试内容如下。

（一）初始检查

检查探测器是否外观完整，连接线缆无破损，安装位置正确，固定牢靠。

（二）静态特性测试

1. 零点测试

在无输入信号或已知最小输入信号的情况下，检查探测器输出是否为预设的零点或最小值。

2. 灵敏度测试

使用已知的小幅度输入信号，检测探测器输出是否与输入呈线性关系，以及灵敏度是否符合规格书要求。

（三）动态特性测试

1. 响应时间测试

快速改变输入信号，测定探测器从输入变化开始到输出稳定所需的时间。

2. 频率响应测试

对于频率敏感的探测器（如振动或声波探测器），测试其在不同频率下的增益和相位响应是否符合设计要求。

（四）量程测试

分别在探测器量程的低端、中端和高端施加已知的模拟信号，检查其输出是否与理论值相符，以验证全量程内的精度和线性度。

（五）噪声测试

记录在无输入信号时探测器输出的随机噪声，确保噪声低于规格书中规定的噪声极限。

（六）稳定性测试

长时间观测探测器输出，验证其在不同环境条件（如温度变化、电源波动）下的稳定性。

（七）校准测试

使用标准仪器（如高精度的温度源、压力源或已知强度的光源）对探测器进行校准，确保其输出值与标准值吻合。

（八）防护功能测试

测试探测器的过载保护、欠压保护、反接保护等安全性功能。

（九）接口功能测试

如果探测器配有模拟信号输出（如电流、电压信号），通过示波器或数据采集系统检查其输出信号的质量，确保与后续采集系统兼容。

（十）总结

模拟信号探测器的功能测试是一个全面的过程，涵盖从基本性能到复杂动态响应的各个方面的验证，可确保探测器在实际应用中能准确、可靠地检测和转换模拟信号。

任务评价

探测器设计任务的评分表

评价项目	评价指标	评价标准	自评	互评	教师评价
过程性评价	学习能力	1. 学习过程中对新知识的接受与理解能力 2. 对所遇问题的解决策略 3. 学习方法的运用			
	协作能力	1. 在小组中的沟通与交流 2. 分享知识与经验 3. 团队协作完成任务的情况			
	工作态度	1. 对任务的认真程度 2. 参与活动的积极性 3. 遵守实验室规则与安全操作			
终结性评价	工具使用	1. 是否正确选择和使用工具 2. 工具使用的熟练程度			
	布线合理性	1. 布线是否整齐、合理 2. 是否考虑了电路的优化			
	检测方法	1. 是否采用了正确的检测方法 2. 检测结果的准确性			

续表

评价项目	评价指标	评价标准	自评	互评	教师评价
终结性评价	操作顺序	1. 操作步骤是否合理 2. 是否遵循了操作规范			
	预期效果达成	1. 是否达到学习目标 2. 实际操作效果与预期的一致性			
综合评价	综合表现	1. 综合考虑学生在整个任务过程中的表现 2. 学生对评价反馈的接受与改进情况			

评价等级：

- A：优秀
- B：良好
- C：一般
- D：需要改进

评价说明：

- 自评：学生根据自身完成任务的情况进行自我评价。
- 互评：学生之间相互评价，促进互相学习与提高。
- 教师评价：教师根据学生的表现给予客观、公正的评价。

项目总结

本项目包含了传感器的认知、电桥电路设计、温度计设计、电子秤设计、探测器设计五个任务。在本项目中，同学们深入学习了传感器基础及器件识别，成功完成了利用惠斯通电桥电路对温度计、电子秤和探测器的设计与搭建。通过实践，掌握了各类传感器的原理与应用，熟悉了常用驱动电路的搭建方法，有效提升了电路设计与问题解决能力。本项目不仅锻炼了同学们的动手实践技能，也加深了对传感器在现代测量技术中重要性的理解。

思考与练习题

一、单选题

1. 传感器按照被测物理量的不同可以分为（　　）。

    A．热敏传感器、光敏传感器、压力传感器

    B．电压传感器、电流传感器、功率传感器

    C．振动传感器、湿度传感器、温度传感器

    D．磁敏传感器、热敏传感器、湿度传感器

2. 在下列温度传感器中，具有线性度较好、精度高的特点的传感器是（　　）。

    A．热电偶　　　　B．热敏电阻　　　　C．铂电阻　　　　D．热电偶和热敏电阻

3. 电子秤中，常用的传感器是（　　）。
   A．压力传感器　　B．温度传感器　　C．光敏传感器　　D．磁敏传感器
4. 在探测器设计中，红外探测器的主要作用是（　　）。
   A．检测温度　　B．检测湿度　　C．检测压力　　D．检测光敏
5. 在下列驱动电路中，适用于驱动发光二极管LED的是（　　）。
   A．晶体管驱动　　　　　　　　B．运放驱动
   C．比较器驱动　　　　　　　　D．晶体管驱动和运放驱动

二、填空题

1. 传感器是一种能够检测物理量并将其转换为可测量信号的装置，其核心组成部分是____和转换元件。
2. 电桥电路是一种用于测量电阻、电容、电感等参数的电路，其基本组成包括四个电阻（或等效元件）和____、____。
3. 温度计的设计中，常用的测温元件有热电阻、热电偶和____等。
4. 电子秤的设计中，通常采用应变式力传感器来测量物体的质量，其工作原理是基于____效应。
5. 探测器是用于探测各种物理量的装置，如光探测器、红外探测器等，它们的核心部件是____。

三、简答题

1. 简述传感器的作用及分类。
2. 温度传感器有哪些常见的类型？请列举两种并简要说明其工作原理。
3. 电子秤的设计中，如何选择合适的传感器和驱动电路？

项目二

传感器数据采集及传输终端搭建

随着物联网技术的飞速发展，传感器数据采集及传输终端的搭建已成为智能化、自动化系统的重要组成部分。本项目将探讨如何利用先进的传感器、微控制器和无线通信技术，搭建一个高效、稳定的传感器数据采集及传输终端，以实现对环境参数的实时监测和远程控制，为智慧城市、智能农业等领域提供技术支持。

知识目标

1. 掌握传感器的基本原理和分类。
2. 学习传感器信号的采集、处理和转换方法。
3. 了解数据传输的基本概念，熟悉常见的传输协议和传输方式。
4. 学习无线通信技术，如 Wi-Fi、蓝牙、LoRa 等。
5. 掌握终端设备的搭建和调试方法。

能力目标

1. 能够根据项目需求选择合适的传感器。
2. 能够设计传感器数据采集和处理电路。
3. 能够编写数据采集和传输程序。
4. 能够搭建和调试无线传输终端设备。
5. 能够分析并解决项目实施过程中遇到的问题。

素养目标

1. 帮助学生养成独立思考和动手操作的习惯；在项目实施过程中，培养独立分析、解决问题的能力；勇于尝试，不怕失败，善于总结经验教训。
2. 培养学生的小组协调能力，学会与团队成员沟通、协作，共同完成任务；尊重他人意见，善于倾听，能够接受和采纳他人的建议。
3. 树立互相学习的精神，在项目实施过程中，与团队成员分享自己的知识和经验。学习他人的优点，取长补短，共同进步。

4. 培养学生的创新意识，鼓励团队成员提出创新性想法，勇于尝试新方法、新技术；激发团队成员的创造力，为项目注入新的活力。

5. 培养学生的责任心和敬业精神，对项目负责，认真对待每一个环节，确保项目顺利进行；养成良好的工作习惯，严谨、务实、高效地完成任务。

6. 培养学生的团队精神，在项目实施过程中，注重团队协作，共同面对挑战；建立团队荣誉感，为团队的成功共同努力。

项目描述

本项目旨在搭建一个多功能传感器数据采集及传输终端，通过集成不同类型的无线通信技术，实现对环境参数的实时监测与远程传输。通过实践操作，引导学生掌握基于BLE、LoRa、Wi-Fi、ZigBee和Modbus等无线通信技术搭建传感器数据采集及传输终端的方法，实现对入侵监测、消防监测、光照监测、温度监测等多种环境参数的实时采集与远程传输，以此提升学生物联网应用开发能力。

任务一 数据通信的认知

数据通信是现代信息技术发展的基石，它涉及数据的传输、处理和存储，对各行各业的信息交流起着至关重要的作用。随着数字化时代的到来，数据通信不仅提高了信息传递的效率，还极大地拓宽了信息共享的边界。正确理解并应用数据通信技术，对于促进社会进步和经济发展具有深远的影响。

任务分析

首先，通过学习基本概念，了解数据通信的基本原理和应用流程。其次，理解信道是信号传输的通道，包括物理信道和逻辑信道，其中物理信道包括有线信道和无线信道。最后，掌握传输技术包括模拟传输和数字传输，以及它们在数据通信中的应用。

任务实施

数据通信是利用电子信号在不同位置间传输信息的过程，涉及信源、信宿和通信介质。数据通信基础包括信号类型、传输方式、码元和传输速率等概念，而信道基础涉及信道容量、带宽和噪声等因素，二者共同保障了数据的有效传输和通信质量。

一、基本概念

（一）数据通信概述

数据通信是指通过综合运用计算机技术与通信技术，实现信息的有效传输、交换、处理及存储的过程。它是现代信息社会不可或缺的基石，支撑着互联网、移动通信、物联网等关键技术的运行。

（二）数据类型

在网络环境中，数据主要分为两大类。

（1）模拟数据：表现为连续变化的值，如声音、图像等自然信号的数字化前形态。

（2）数字数据：由离散的数值或符号组成，适合计算机内部处理及网络传输。

（三）信号的定义与分类

信号是数据的具体表现形式，通过电磁波或电编码进行传输。根据信号的形式，可分为以下两类。

（1）模拟信号：取值连续变化的信号，能够近似表示自然界中的连续变化现象。

（2）数字信号：取值离散的信号，由一系列离散的数值或状态组成，适合计算机处理及数字通信。

（四）信道的基本概念

信道是信号传输的通道，是连接信息源与接收端的物理或逻辑路径。信道可分为以下两类。

（1）物理信道：指实际的传输介质，如电缆、光纤、无线电波等。根据传输介质的不同，又可细分为有线信道和无线信道。

（2）逻辑信道：侧重于信道在逻辑层面上的定义，指在网络协议栈中用于数据传输的逻辑路径。

（五）信道性能指标

信道的性能直接影响数据传输的效率与质量。信道的主要性能指标包括以下五个。

（1）数据传输速率：通常以比特率（bit/s）来衡量，表示单位时间内传输的比特数。对于数字信号，调制后的传输速率又称波特率，单位为波特。

（2）信道容量：指信道在给定条件下所能达到的最大数据传输速率，是衡量信道传输能力的重要指标。

（3）吞吐量：反映整个网络在单位时间内能够处理的信息总量，是评估网络性能的关键参数。

（4）信道带宽：指信道能够传输的信号频率范围，带宽越大，传输速度越快。

（5）误码率：表示数据传输过程中出错数据占总传输数据的比例，是衡量数据传输可靠性的重要指标。

二、物理信道分类

（一）按传输介质分类

在通信系统中，物理信道的分类可以根据其传输介质的不同分为两大类。

1. 有线信道

有线信道是指信号通过物理介质（如导线或光纤）进行传输的信道。常见的有线信道包括以下几种。

（1）双绞线：广泛应用于局域网（LAN）中，具有成本低、安装方便等优点。

（2）同轴电缆：因其抗干扰能力强，常用于电视信号和宽带网络传输。

（3）光缆：利用光信号在光纤中传输，具有极高的传输速率和抗干扰能力，是现代通信网络的重要组成部分。

2．无线信道

无线信道是指信号通过电磁波进行传输的信道，无须物理介质连接。常见的无线信道包括以下几种。

（1）微波：波长低于 10 cm，但高于红外线波长的射频电磁波，常用于卫星通信、移动通信等领域。

（2）红外线：通过红外光波进行数据传输，常用于短距离通信，如遥控器、红外数据传输等。

（3）激光：通过激光束进行数据传输，它具有方向性好、传输速率高等优点，但成本较高且易受环境因素影响。

（二）按传输信号的形式分类

物理信道还可以根据传输信号的形式进行分类，主要分为以下两类。

1．模拟信道

模拟信道是指传输模拟信号的信道。模拟信号是随时间连续变化的物理量，如声音、图像等自然信号。在模拟信道中，信号直接以模拟形式进行传输。

2．数字信道

数字信道是指传输数字信号的信道。数字信号是离散的、不连续的，以二进制形式（0 和 1）表示。在数字信道中，模拟信号需要经过采样、量化、编码等过程转换为数字信号后进行传输。

（三）按使用方式分类

此外，物理信道还可以根据使用方式的不同进行分类，主要分为以下两类。

1．专用信道

专用信道是指专门为某一特定用户或应用预留的信道。这类信道通常具有固定的带宽和传输速率，且只允许特定用户或应用使用。

2．公用信道

公用信道则是指多个用户或应用共享使用的信道。这类信道通常采用时分复用、频分复用等技术实现多用户共享，提高了信道资源的利用率。在公用信道中，各用户或应用需要按照一定的规则（如协议）进行数据传输，以确保通信的顺利进行。

三、传输技术

（一）基带传输

基带，作为电信号的基本频带，是信号传输的原始形态。基带传输是指直接将由数字设备生成的数字信号未经任何调制处理，直接送入信道进行传输的过程。

（二）频带传输

与基带传输不同，频带传输在传输前先将数字设备产生的数字信号进行调制，将其转换为模拟信号,再通过信道进行发送和传输。在接收端处,将接收到的模拟信号进行解调,还原为原始的数字信号,以完成传输过程。

(三) 宽带传输

宽带传输是一种高效的传输方式,它能够将多路基带信号、音频信号及视频信号,三者经过调制处理后,放置在同一根电缆的不同频段上进行同步传输。这种传输系统不仅提高了传输效率,还实现了文字、声音和图像的一体化传输,极大地丰富了传输内容。

(四) 异步传输

发送字符时发送端在每个字符的首尾分别加上了一个起始位和两个停止位,以表示字符的开始和结束,一次只能收发一个字符。有数据需要发送的终端设备可以在任何时刻向信道发送信号,不管接收方是否知道,它都会开始发送操作,且由于各字符的发送时间间隔是任意的,因此各字符之间是异步的,故称之为异步传输。

(五) 同步传输

在同步传输中,发送端连续发送一串字符(或数据块),一个字符紧接在另一个字符之后,只在每个数据块的前后各附加一个字节的同步字段 SYN,接收端仅靠该字符来识别所要接收的数据。同步传输是一个接收与发送速度保持一致的过程,也就是接收端根据发送端所发送的信号频率和起止时间来接收信号,接收端校准自己的接收时间和重复频率,以求同发送端相一致的过程。异步传输与同步传输比较如表 2-1-1 所示。

表 2-1-1　异步传输与同步传输比较

传输技术	传输单位	优点	缺点
异步传输	字符	控制简单、价格低廉	效率低、速率慢
同步传输	报文或分组	传输效率高	误码率较高、控制复杂

(六) 单工、半双工、全双工通信

单工、半双工和全双工通信作为三种典型的通信模式,在数据传输的流向、通信效率及硬件需求等方面展现出了各自独有的特征。

以下是对这三种通信模式的详细对比。

1. 单工通信

(1) 数据传输方向:数据仅能以单向方式从发送端传输至接收端,不具备反向传输的能力。

(2) 通信效率:鉴于数据传输的固定方向性,其通信效率相对较低,更适用于无须即时反馈信息的场景。

(3) 硬件要求:仅需配置一条传输线路,因此硬件成本相对较低。

(4) 应用场景:常见于广播电视系统、单向数据广播系统等。

2. 半双工通信

(1) 数据传输方向:虽然支持双向数据传输,但在同一时间点上仅能进行单向传输,需通过切换传输方向实现双向传输。

(2) 通信效率:相较于单工通信有所提升,但仍受限于传输方向的频繁切换,导致效率

有限。

(3) 硬件要求：需配置两条逻辑传输线路，硬件成本适中。

(4) 应用场景：适用于对讲机、部分无线通信系统等双向通信需求不高但必要的场景。

半双工与单工及全双工通信的对比。

(1) 相较于单工通信：半双工通信实现了双向数据传输，但需在两个传输方向间交替进行，更适用于通信量不大的双向通信场景。

(2) 相较于全双工通信：半双工通信的效率较低，因需频繁切换传输方向从而无法实现同时双向传输。

3．全双工通信

(1) 数据传输方向：支持数据在两个方向上同时传输，相当于两个方向相反的单工通信模式的并行运作。

(2) 通信效率：通信效率最高，因数据可同时在两个方向上传输，适用于对通信带宽和效率要求较高的场景。

(3) 硬件要求：需配置两条独立的传输线路，硬件成本相对较高。

(4) 应用场景：广泛应用于电话通信系统、计算机网络通信等领域。

全双工与单工及半双工通信的对比。

(1) 相较于单工通信：全双工通信实现了数据的即时双向传输，显著提升了通信效率。

(2) 相较于半双工通信：全双工通信无须频繁切换传输方向，数据可同时在两个方向上传输，效率更高。

（七）多路复用技术

多路复用技术是一种在数据通信和计算机网络领域中广泛使用的技术，它的基本目的是高效地利用通信线路的带宽或容量。在许多情况下，一条通信信道的带宽或容量远远超过了单一信号传输的需求。多路复用技术允许多个信号或数据流共享同一条物理信道进行传输，这样可以节省电缆的安装和维护费用，提高资源利用率。

以下是几种常见的多路复用技术。

1．频分多路复用（FDM）

FDM 是在物理信道的总带宽内，分割出多个较小带宽的子信道，每个子信道用来传输一路信号。为了防止不同子信道之间的信号相互干扰，每个子信道的信号会被调制到不同的频率上。

2．时分多路复用（TDM）

与 FDM 不同，TDM 是在时间上对信道进行分割。多个信号在不同的时间槽中依次传输，每个信号都可使用整个信道的带宽，但在时间上与其他信号分开。

3．码分复用（CDM）

CDM 通过为每个信号分配一个唯一的代码来区分不同的信号。所有信号都可以同时占用整个频段，但由于代码的不同，接收端可以准确地区分出各个信号。

（八）I/O 多路复用技术

在计算机网络领域，I/O 多路复用技术类似于多路复用技术，它允许多个 I/O 操作并发地共享一个或多个进程或线程。

以下是几种常见的 I/O 多路复用技术。

1. select

select 是最初的 I/O 多路复用技术，它允许程序监视一组文件描述符，以发现其中的哪些信号已经准备好进行读取或写入操作。

2. poll

poll 是 select 的改进版本，解决了 select 的一些局限性，如文件描述符数量的限制，并且提供了更丰富的事件类型。

3. epoll（仅限于 Linux 系统）

epoll 是一种更高效的 I/O 多路复用技术，特别适合处理大量并发连接。epoll 通过在内核中维护一个事件列表来减少用户态和内核态之间的数据传输，从而提高了传输性能。

（九）数据交换技术

在计算机通信中，两台计算机利用通信线路，通过多个中间节点或中转节点的计算机网络进行信息传送，中间节点计算机或计算机网络在传送信息时并不关心信息的具体内容，仅负责将信息从一个节点计算机传送到另一个节点计算机上，直到信息被传送到目的地，这种由中间节点参与的通信称为"数据交换"。传统的数据交换方式可分为电路交换和存储交换，存储交换又可分为报文交换和分组交换。目前常用的帧中继、异步传输模式（ATM）均属于快速的分组交换。

1. 电路交换技术

电路交换技术是一种在通信网络中用于建立、管理和终止通信连接的技术。用这种技术进行数据传输前需要建立一个专用的物理通信路径，这条路径在通信过程中被通信双方独占。

（1）电路交换技术的工作过程。

① 建立连接。

通信双方在开始数据传输之前，需要通过交换控制信号来建立一个端到端的物理连接。这个过程类似于打电话时的拨号和接通过程。

② 数据传输。

一旦连接建立，数据就可以在这条专用的物理通信路径上传输。在整个通信过程中，这条路径保持不变，数据将按照顺序传输，不会发生乱序。

③ 连接拆除。

通信完成后，通信双方会通过发送控制信号来拆除建立的连接，释放所占用的资源。

（2）电路交换技术的特点。

① 面向连接。

在数据传输之前，需要先建立连接，连接建立后，通信双方独占这条连接。

② 物理通信路径独占。

在通信过程中，建立的物理通信路径被通信双方独占，即使通信路径空闲也不与其他连接共享。

③ 传输性能好。

由于建立了专用的物理连接，数据传输的时延小，传输性能稳定。

④ 无纠错机制。

电路交换技术通常不提供纠错机制，数据传输的可靠性依赖于物理线路的可靠性。

⑤ 建立连接的时间长。

相对于其他交换技术，电路交换建立连接的时间较长。

⑥ 线路利用率低。

在通信过程中，即使没有数据传输，线路资源也被占用，导致线路利用率低。

电路交换技术适用于需要高质量、大量数据传输且对实时性要求较高的场景，如传统的电话通信网络。然而，由于计算机数据具有突发性的特点，电路交换技术并不适用于大多数计算机通信场景，因此现代数据通信网络中更多采用分组交换技术。

2．存储交换技术

存储交换技术是一种用于在不同存储设备之间传输数据的技术。它允许数据从一个存储介质（如硬盘、固态硬盘等）高效传输到另一个存储介质（如内存、网络存储等）。这种技术广泛应用于计算机系统、网络存储系统及数据中心等。

（1）存储交换技术的特点。

① 数据块传输。

在存储交换过程中，数据通常被分割成较小的数据块进行传输。每个数据块都含有标识符、数据本身及必要的元数据。

② 请求与响应。

当一个设备需要访问另一个设备中的数据时，它会向该设备发送请求，并提供数据的标识符和元数据。接收设备根据请求查找对应的数据块，将其传输回请求设备。

③ 提高性能和可扩展性。

存储交换技术能够提高系统性能，因为它允许不同设备之间的数据传输，使传输更加迅速和方便。此外，这种技术也支持存储系统的可扩展性，随着数据量的增长，可以使其更容易地添加新的存储设备。

④ 实现数据高可用性和冗余。

通过在多个存储设备之间复制和同步数据，存储交换技术有助于实现数据的高可用性和冗余，从而提高系统的可靠性。

⑤ 支持多种存储介质。

存储交换技术可以应用于多种存储介质之间的数据传输，包括硬盘、内存、网络存储等。

（2）存储交换技术的应用场景。

① 数据中心。

在数据中心中，存储交换技术用于在不同服务器和存储设备之间传输数据。

② 网络存储系统。

在网络存储系统中，如网络附加存储（NAS）和存储区域网络（SAN），存储交换技术是实现数据传输的关键技术之一。

③ 云计算。

在云计算环境中，存储交换技术用于管理和优化存储资源。

(3) 帧中继。

帧中继是一种基于分组交换的数据通信技术。它是为了满足高速率、高可靠性和低成本的传输需求而发展起来的，是在专用通信网的传输速率显著提高和局域网（LAN）之间的数据通信量迅猛增长的背景下应运而生的。

帧中继主要是在数字光纤传输线路逐渐替代模拟线路，以及用户终端日益智能化的情况下，由 X.25 分组交换数据网发展而来的。相对于 X.25，帧中继进行了简化和改进，它以帧为单位传输数据，每个帧包含一个帧头和一个帧尾，帧头中包含了目的地址信息。

以下是帧中继技术的主要特点。

① 简化协议。

帧中继仅实现了 OSI 参考模型中的物理层和数据链路层的核心功能，去除了 X.25 中的纠错功能，从而简化了网络节点之间的协议处理。

② 高传输速率。

由于采用光纤作为传输介质，帧中继的传输速率较高，误码率相对较低。

③ 端到端通信。

帧中继将分组重发、差错控制和流量控制等功能交由端系统（智能终端设备）负责，网络中的中间节点不对数据进行误码纠错，从而降低了网络传输的时延。

④ 快速分组交换。

帧中继采用分组交换技术，但它是以比传统分组更大的帧为单位进行数据传输。

⑤ 带宽按需分配。

帧中继可以根据用户的需求动态分配带宽，提高了网络资源的利用率。

⑥ 支持多种网络协议。

帧中继兼容 X.25、SNA、DECNET、TCP/IP 等多种网络协议，为数据传输提供了灵活的网络连接方式。

⑦ 虚电路技术。

帧中继采用虚电路技术，支持包括永久虚电路（PVC）在内的多种连接方式，能够适应突发性的高速率数据传输。

帧中继技术广泛应用于局域网远程互联、局域网与广域网的连接等领域，以其高效率、低成本和易于维护的特点，成为了一种理想的网络解决方案。然而，随着万兆以太网等技术的发展，帧中继技术在某些应用场景下面临着竞争和挑战。

3. 异步传输模式

ATM 是一种面向连接的分组交换和传输技术。在 ATM 技术中，所有的数据都被组织成固定大小的数据单元，称为"信元"。每个信元包含一个头部和一个信息字段，头部用于标识信元的目的地和类型，信息字段则携带用户数据。

ATM 是在宽带综合业务数字网（BISDN）的框架下发展起来的，目的是满足不同类型通信（如语音、视频和数据）对网络传输的实时性和带宽的需求。它能够在广域网和局域网中使用，支持高速数据传输，通常速率可达 155 Mbp/s，最高理论速度可达 2.4 Gbp/s。

以下是 ATM 的一些主要特点。

① 固定长度的信元。

ATM 使用固定长度的信元（53 字节），这有助于交换也有利于路由设备高效处理数据，因为它们不需要为处理可变长度的数据包分配额外资源。

② 异步传输。

在 ATM 中，数据传输是异步的，即信元不需要周期性地出现。这种传输方式允许网络资源根据实际需要进行动态分配，适用于处理突发性强的数据传输。

③ 面向连接。

与 IP 网络不同，ATM 在数据传输前需要建立连接。一旦建立起虚电路，数据就可以在这条电路中传输，直到通信结束。

④ 支持多媒体通信。

ATM 能够同时承载语音、视频和数据，为多媒体通信提供了良好的支持。

⑤ 统计时分复用。

ATM 采用统计时分复用技术，允许不同用户的信息在不同的时间间隔内共享同一传输介质。

⑥ 无链路差错控制和流量控制。

ATM 网络不提供逐段链路的差错控制和流量控制，这不仅简化了协议，还提高了交换速度，但这也要求网络链路具有较高的质量。

⑦ 服务质量。

ATM 能够根据不同类型的数据传输需求提供不同的服务质量，如确保实时性要求高的应用（如语音和视频）能够获得必要的带宽和低延迟。

随着技术的发展，ATM 在许多应用中已被更现代的技术所取代，如以太网技术和 IP 网络。然而，ATM 的某些概念和技术，如虚电路和 QoS 保证，仍然在现代网络技术中发挥着重要作用。

任务评价

数据通信的认知任务评分表

评价项目	评价指标	评价标准	自评	互评	教师评价
过程性评价	学习能力	1. 学习过程中对新知识的接受与理解能力 2. 对所遇问题的解决策略 3. 学习方法的运用			
	协作能力	1. 在小组中的沟通与交流 2. 分享知识与经验 3. 团队协作完成任务的情况			
	工作态度	1. 对任务的认真程度 2. 参与活动的积极性 3. 遵守实验室规则与安全操作			

续表

评价项目	评价指标	评价标准	自评	互评	教师评价
终结性评价	理解程度	能够准确描述数据通信的基本概念、原理及重要性。			
	知识掌握	能够列举并解释数据通信的关键技术和常用协议。			
	应用能力	能够分析实际案例中数据通信的应用和问题解决。			
	创新思维	能够提出数据通信领域的新观点或改进建议。			
	团队协作	在小组讨论中能够有效沟通,共同完成数据通信相关任务。			
综合评价	综合表现	1. 综合考虑学生在整个任务过程中的表现 2. 学生对评价反馈的接受与改进情况			

评价等级:
- A:优秀
- B:良好
- C:一般
- D:需要改进

评价说明:
- 自评:学生根据自身完成任务的情况进行自我评价。
- 互评:学生之间相互评价,促进互相学习与提高。
- 教师评价:教师根据学生的表现给予客观、公正的评价。

任务二 基于 BLE 的防入侵监测终端搭建

BLE(Bluetooth Low Energy),也称为蓝牙低功耗,是一种专为低功耗通信而设计的蓝牙技术版本。它特别适合那些需要在电池寿命和性能之间取得平衡的设备,例如,可穿戴设备、健康监测器、智能家居设备等。这种技术的出现,使得设备制造商能够在不牺牲太多性能的前提下,延长设备的电池寿命。

BLE 的核心优势在于其低功耗的特性,它通过优化蓝牙协议栈,使得设备在待机状态下的能耗极低,从而大大延长了电池的使用寿命。此外,BLE 还支持快速连接和数据传输,虽然它的数据传输速率比经典蓝牙技术要低,但对于许多应用来说已经足够。例如,在一个健康追踪器中,BLE 可以用来定期传输用户的步数、心率等数据到智能手机,而不会对追踪器的电池寿命造成太大影响。

除了低功耗和低数据率的特点,BLE 还具有成本效益高、易于集成到各种设备中的优点。它简化了设备间的配对过程,使得用户可以轻松地将新设备添加到他们的个人网络中。这种简便性使得 BLE 成为物联网（IOT）设备的理想选择，因为这些设备通常需要在不频繁更换电池的情况下运行数月甚至数年。

任务分析

本任务涉及四个主要环节。首先，需设计防入侵终端的架构，确保系统稳定可靠。其次，搭建防入侵传感器的采集功能，以此来实时监测环境变化。再次，部署 BLE 通信网络，实现数据传输。最后，对终端功能进行测试和调试，确保系统正常运行，满足防入侵监测需求。

任务实施

一、防入侵终端架构设计任务

从图 2-2-1 中看出，右边的智能采集终端的作用是采集防入侵报警器信号，当防入侵报警器报警时，智能采集终端将报警信息通过蓝牙模组无线传输给蓝牙连接的另一端。这里采用手机来连接蓝牙节点模块，并接收查看报警信息，同时还能控制蓝牙节点模块的 LED 指示灯，实现双向通信功能。

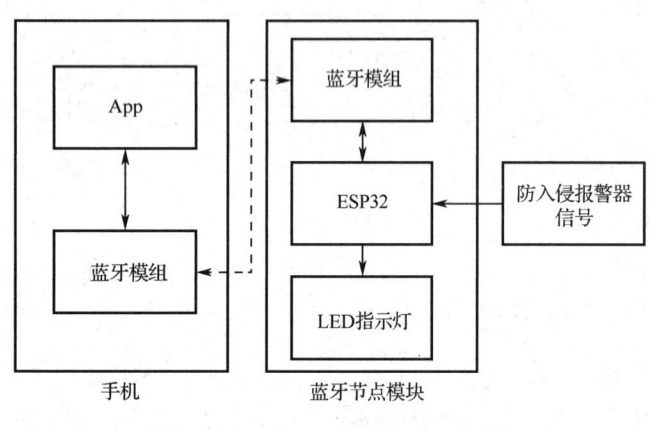

图 2-2-1 防入侵终端架构设计

在进行防入侵终端架构设计时，可以不局限于当前一模一样的设备，可在提供的设备中选取其他的信号输入模块，如红外对射灯，也可在网上进行设备选型，选择自己喜欢的设备加入到防入侵终端架构中。

二、防入侵传感器的采集功能搭建

（一）人体红外传感器模块介绍

人体拥有恒定的体温，一般在 37 ℃左右，所以会发出特定波长 10 μm 左右的红外线，被动式红外探头就是靠探测人体发射的 10 μm 左右的红外线进行工作的。人体发射的 10 μm 左右的红外线通过菲涅耳透镜进行增强后聚集到红外感应源上。红外感应源通常采用热释电元件，这种元件在接收到人体红外辐射时温度会发生变化，元件就会失去电荷平衡，向外释放电荷，后续电路经检测处理后就能产生报警信号。

下面介绍后续会用到的两个概念。

1. 热释电效应

当一些晶体受热时，在晶体两端将会产生数量相等而符号相反的电荷。这种由于热变化而产生的电极化现象称为热释电效应。

2. 菲涅耳透镜

菲涅耳透镜是根据菲涅耳原理制成的，可分为折射式和反射式两种形式，折射式的作用是聚焦,将热释的红外信号折射(反射)在 PIR 上;反射式的作用是将检测区内分为若干个明区和暗区,使进入检测区的移动物体能以温度变化的形式在 PIR 上产生并变化热释红外信号,这样 PIR 就能产生变化的电信号。

(二)PIR 数据采集操作步骤

1. 硬件连接

在此步骤中,需要准备以下硬件设备:蓝牙节点模块[如图 2-2-2(a)所示]、通用节点底板[如图 2-2-2(b)所示]、PIR[如图 2-2-2(c)所示]、Micro USB 数据线[如图 2-2-2(d)所示]及 5 V 直流电源[如图 2-2-2(e)所示]。

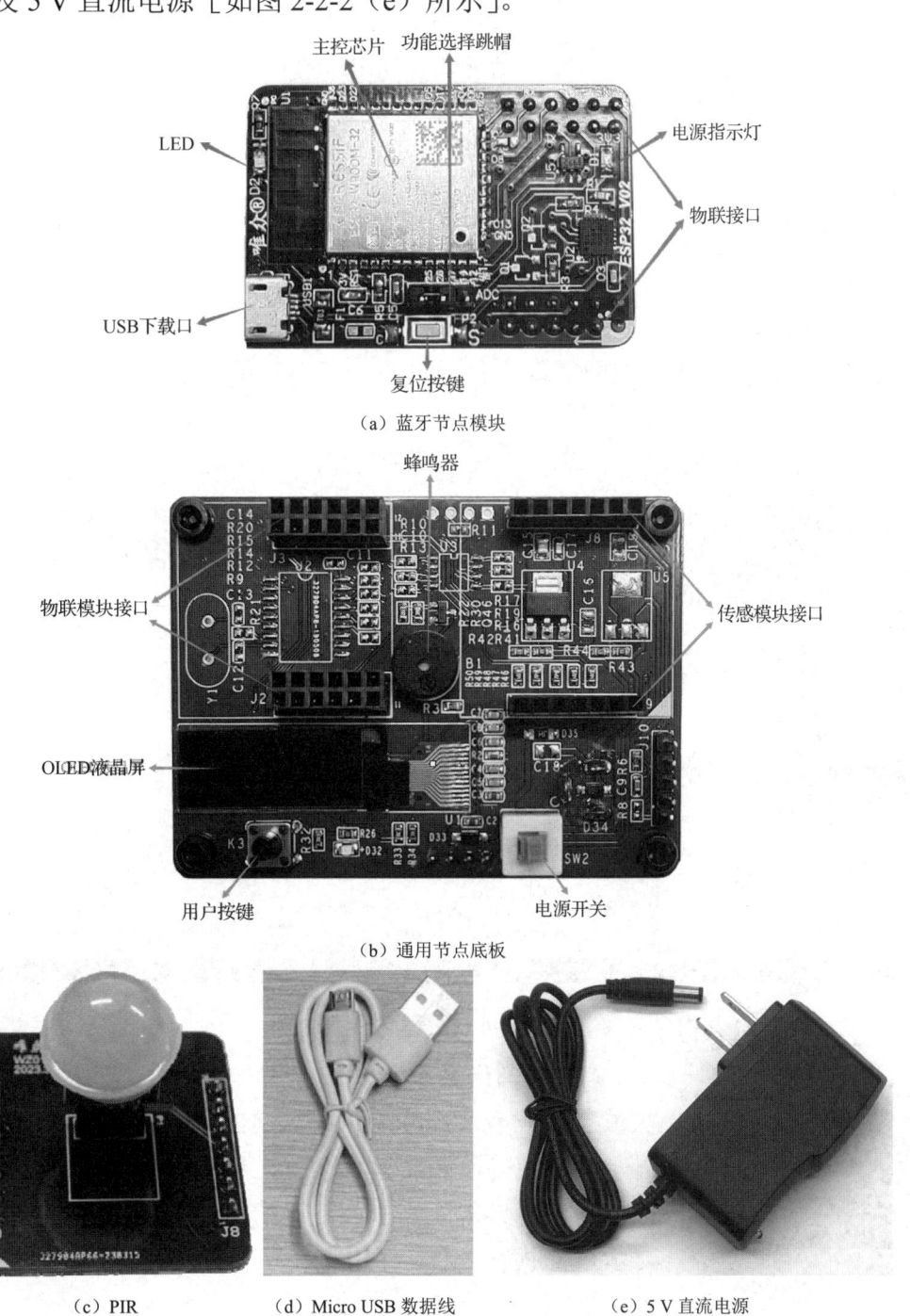

(a)蓝牙节点模块

(b)通用节点底板

(c)PIR   (d)Micro USB 数据线   (e)5 V 直流电源

图 2-2-2 硬件设备

2. 设备连接

在选定所需设备后，需执行以下操作以完成连接。首先，将蓝牙节点模块与人体红外传感器精准地插入至通用节点底板的相应插槽中。其次，将 5 V 直流电源稳固地插入通用节点底板的供电端口，以确保设备获得稳定的电力供应。最后，利用 Micro USB 线将通用节点底板与计算机进行连接，具体连接方式如图 2-2-3 所示。

1—通用节点底板；2—蓝牙节点模块；3—人体红外传感器；4—5 V 直流电源；5—Micro USB 连接线

图 2-2-3　设备连接示意图

3. 工程文件下载

（1）请将与当前任务相对应的工程文件，准确无误地下载并安装至蓝牙节点模块之中，如图 2-2-4 所示。

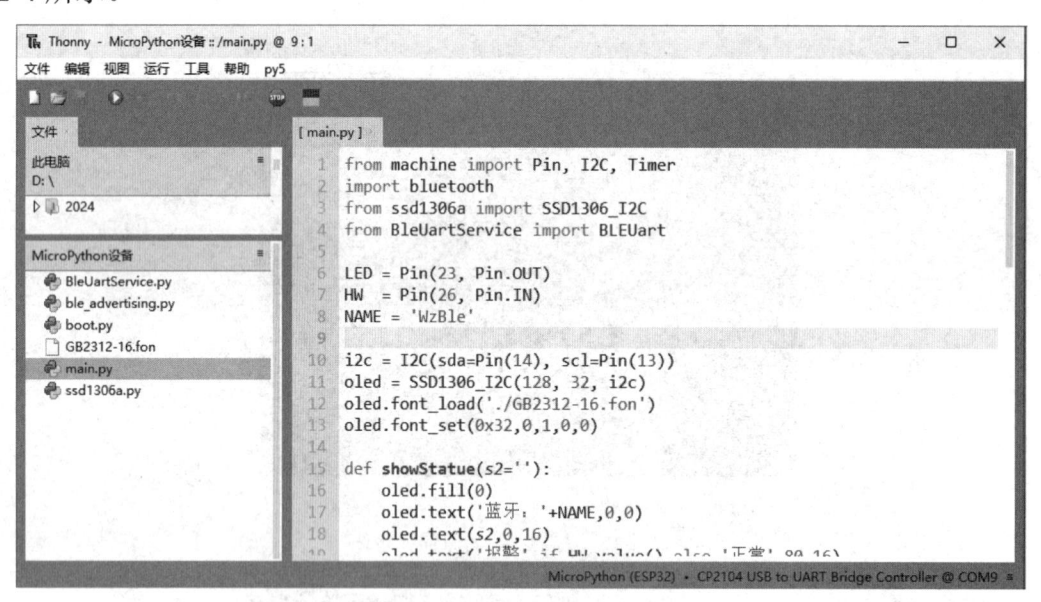

图 2-2-4　工程文件下载

（2）为确保系统稳定运行，需对蓝牙节点模块进行重启操作。在重启完成后，该模块将在其底部的有机发光二极管（OLED）显示屏上明确显示其蓝牙名称，如图 2-2-5 所示。同时，若系统检测到任何异常或需引起注意的情况，该模块将同步在显示屏上显示报警状态，以确保用户能够即时获取关键信息并采取相应的处理措施。

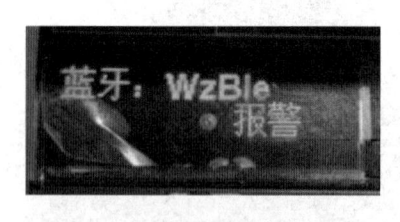

图 2-2-5　实验现象

4．数据接收与显示

（1）采用 Android 平台的 BLE 调试助手工具，验证蓝牙节点模块的运行状态是否达到正常标准。在此过程中，首先需启动手机的蓝牙功能，其次执行对周边蓝牙设备的搜索操作，如图 2-2-6 所示。

（2）可以确认，手机能够搜索到具有指定名称的蓝牙设备，随后可以选择将其配对，以便后续操作的顺利进行。不过，即便不进行配对，也依然可以打开 BEL 调试助手执行相应的操作，如图 2-2-7 所示。

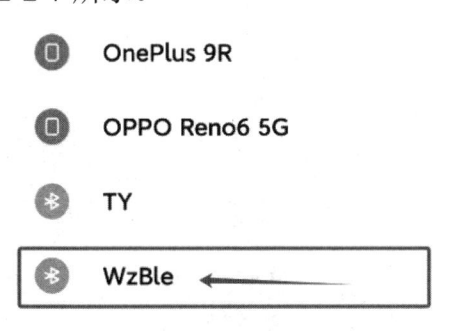

图 2-2-6　手机上搜索蓝牙设备　　　　图 2-2-7　打开 BLE 调试助手

（3）界面展示为两页，其中首页支持下拉刷新功能，用于重新搜索并显示周围的蓝牙设备。存在的蓝牙设备数量可能较多，用户可通过滚动操作来浏览并找到对应的蓝牙设备。搜索蓝牙设备如图 2-2-8 所示。

(a)　　　　(b)

图 2-2-8　搜索蓝牙设备

（4）若已完成配对，请前往图 2-2-8（b）所示右侧界面寻找对应的设备。随后，请单击"CONNECT"按钮进行操作。蓝牙连接成功如图 2-2-9 所示。

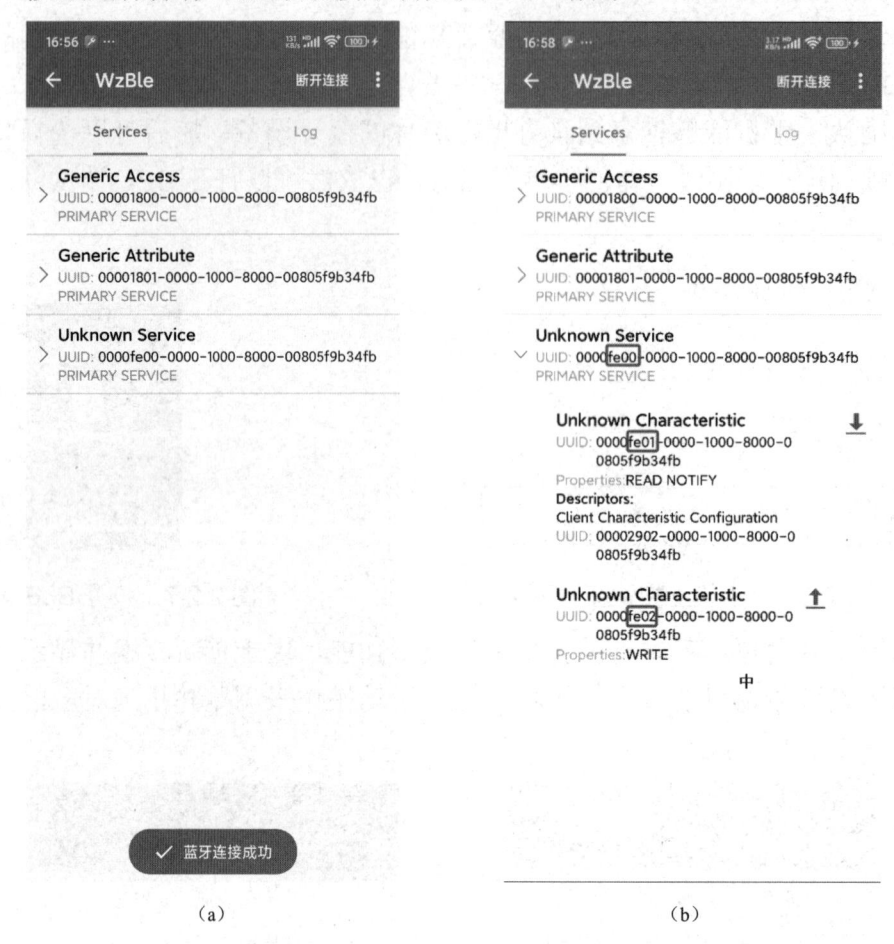

(a)　　　　　　　　　　　　(b)

图 2-2-9　蓝牙连接成功

（5）如图 2-2-9（a）所示，可以观察到屏幕上已显示"蓝牙连接成功"的提示信息。现在，进一步展开列表中的最后一项，即可查看程序中预先定义的相关参数详情，如图 2-2-10 所示。

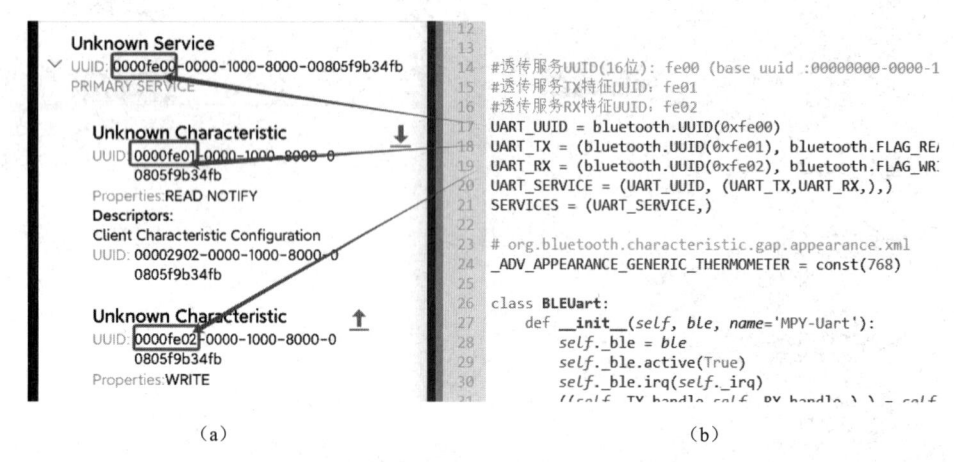

(a)　　　　　　　　　　　　(b)

图 2-2-10　对应程序

（6）当蓝牙节点模块成功连接至通用节点底板时，该底板的有机发光二极管（OLED）显示屏将明确显示"ble connected"，以指示连接状态的确立。相反，当蓝牙连接被断开时，有机发光二极管（OLED）显示屏将相应地更新为"ble disconnected"，以反映连接状态的终止。

（7）接收测试数据。首先，单击对应的接收图标，随后关闭 HEX 显示模式，并单击读取按钮进行操作。

（8）可以观察到，在 PIR 未触发时，通用节点底板呈现正常状态，其读取的数据明确显示为"The alarm is off!"，而当 PIR 被触发时，通用节点底板则进入报警状态，此时读取的数据则相应变更为"The alarm is on!"，如图 2-2-11 所示。

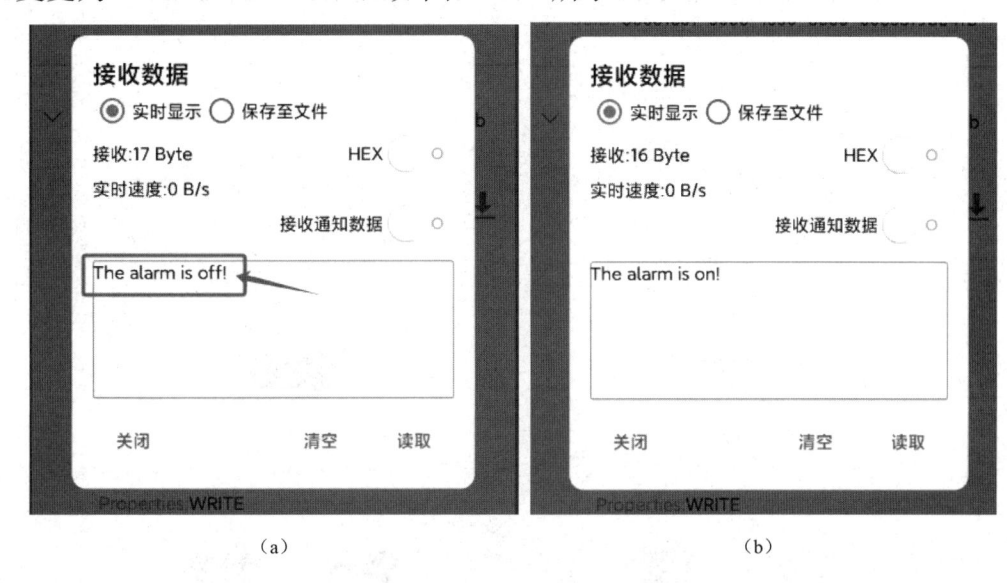

图 2-2-11　接收测试数据

5．测试数据发送流程

首先，用户需单击对应的发送图标，以激活发送功能。随后，关闭 HEX 显示模式，并确保发送的内容以文本形式呈现。其次，分别在输入框中输入"on"和"off"文本，并确保输入的准确性。最后，单击发送按钮，完成测试数据的发送过程，如图 2-2-12 所示。

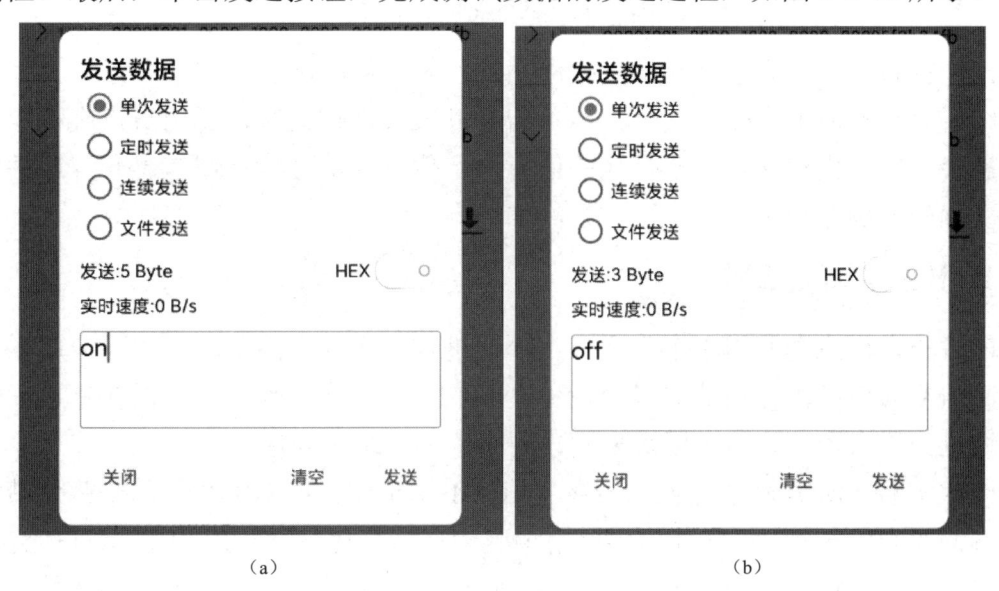

图 2-2-12　发送测试数据

经观察，通用节点底板上明确标注有"on"与"off"字样，且相应的 LED 指示灯会根据状态进行相应的点亮与熄灭操作。在此情境下，若进行数据读取操作，且在此期间未对人体红外状态进行任何调整，系统将反馈"The light is on!"或"The light is off!"的明确信息。

尽管此类通用工具在功能测试上具有优势，但在实际操作过程中，频繁地单击与输入确实带来了一定程度的不便。为了提升测试效率与便捷性，提议开发一个专门的测试程序。在 Android Studio 环境中，可以快捷地打开源代码，或者选择直接安装已经打包好的应用程序进行测试。测试应用程序如图 2-2-13 所示。

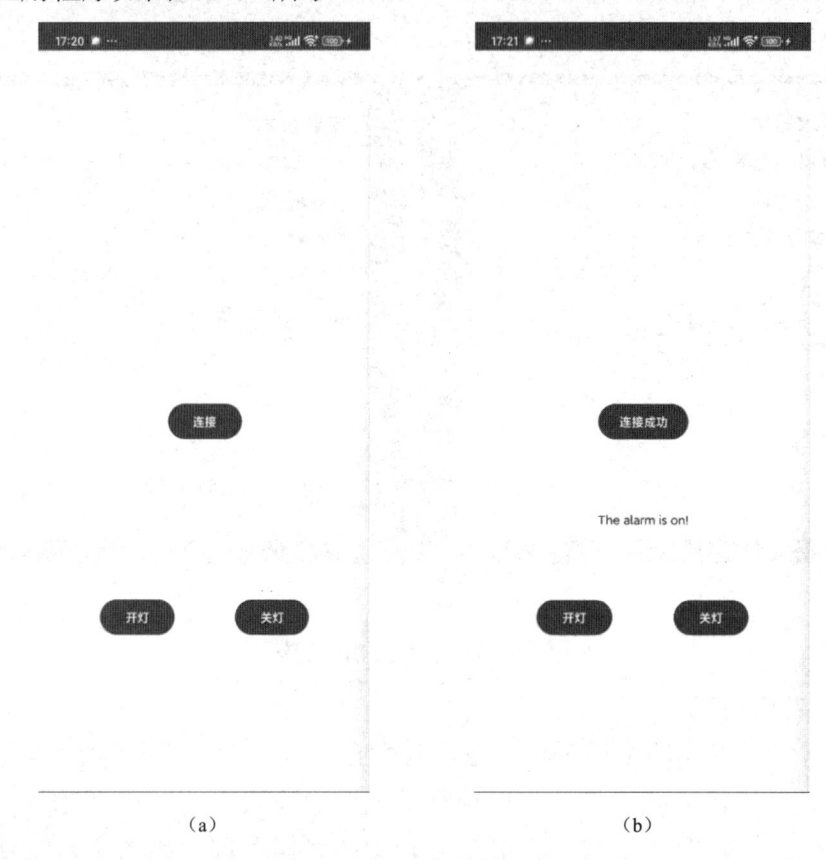

图 2-2-13　测试应用程序

在单击连接按钮后，系统将显示连接成功的状态，同时下方的文本会根据人体红外传感器的检测结果进行相应的变化。随后，当单击开灯或关灯按钮时，通用节点底板上对应的指示灯的状态会立即发生变化，并在界面的信息显示位置明确显示反馈信息开灯或关灯，确保用户能够准确获取操作结果。

三、BLE 通信网络部署

在先前阶段，已成功利用单个蓝牙节点模块进行了实验。然而，在实际应用场景中，为了高效地完成复杂任务，往往需要多个设备之间的协同工作。因此，可以计划进一步拓展实验范围，通过集成多个蓝牙节点模块来构建网络，并实现协同运行。

对于此次实验，所需硬件包括：一台 Android 手机作为控制中心，两个蓝牙节点模块作为数据传输的媒介，一个人体红外传感器用于监测环境变化，一个 RGB 指示灯作为反馈或指示设备，以及两个 5 V 直流电源分别供电于不同设备，最后，一根 Micro USB 数据线用于可能的设备间连接或调试。

硬件连接的具体步骤及布局，请参照图 2-2-14 所示执行。

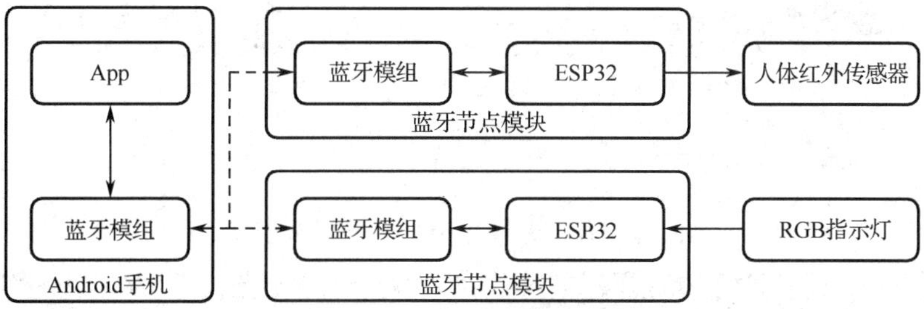

项目二 传感器数据采集及传输终端搭建

图 2-2-14 硬件连接

采用 Android 手机作为蓝牙网关，该网关同时与人体红外传感器和 RGB 指示灯的蓝牙节点模块建立了连接。一旦接收到来自人体红外传感器的报警信号，系统即会触发 RGB 指示灯进行闪烁，以警示用户。而当报警状态被解除时，RGB 指示灯将自动熄灭，以表示当前环境安全。

对于人体探测节点的程序修改，需要注意的是，虽然基本程序框架保持不变，但必须修改蓝牙的 UUID 值。由于示例程序中通常使用固定的 UUID 值（如 0xfe00），所以在多组设备同时工作的实验环境中，为避免冲突，必须将这些 UUID 值进行差异化设置。

RGB 指示灯节点程序修改通知：首先，将对 RGB 指示灯节点的蓝牙名称［如图 2-2-15（a）所示］及 UUID［如图 2-2-15（b）所示］进行必要的修改。此次修改旨在确保设备的唯一性与辨识性，以及提升系统的整体兼容性和稳定性。

```
[main.py]
 7  LED = Pin(23, Pin.OUT)
 8  Red = Pin(5,Pin.OUT)
 9  Blue = Pin(12,Pin.OUT)
10  Green = Pin(15,Pin.OUT)
11  pin18 = Pin(18, Pin.OUT)
12  pin18.value(0)
13  NAME = 'WzBle02'
14  alarm = 'off'
15  con = False
```

（a）修改蓝牙名称

```
[main.py]  [BleUartService.py]
15  #透传服务TX特征UUID：fe01
16  #透传服务RX特征UUID：fe02
17  UART_UUID = bluetooth.UUID(0xee00)
18  UART_TX = (bluetooth.UUID(0xee01), bluetooth.FLAG_READ | bluetooth.FL
19  UART_RX = (bluetooth.UUID(0xee02), bluetooth.FLAG_WRITE,)
20  UART_SERVICE = (UART_UUID, (UART_TX,UART_RX,),)
21  SERVICES = (UART_SERVICE,)
```

（b）修改 UUID

图 2-2-15 RGB 指示灯节点程序修改

在参考原有源代码的基础上，对报警接收时的处理逻辑进行了调整。具体修改内容为：在原有仅点亮 LED 指示灯作为报警信号的基础上，新增了将 RGB 显示屏颜色设置为红色的功能，以进一步强化报警的视觉提示效果，如图 2-2-16 所示。

在 Android Studio 环境下，创建一份新的 layout 文件，如图 2-2-17 所示。

```
29        if alarm=='on' and LED.value()==1:
30            LED.value(0)
31            Red.value(1)
```

图 2-2-16　设置 LED 指示灯为红色

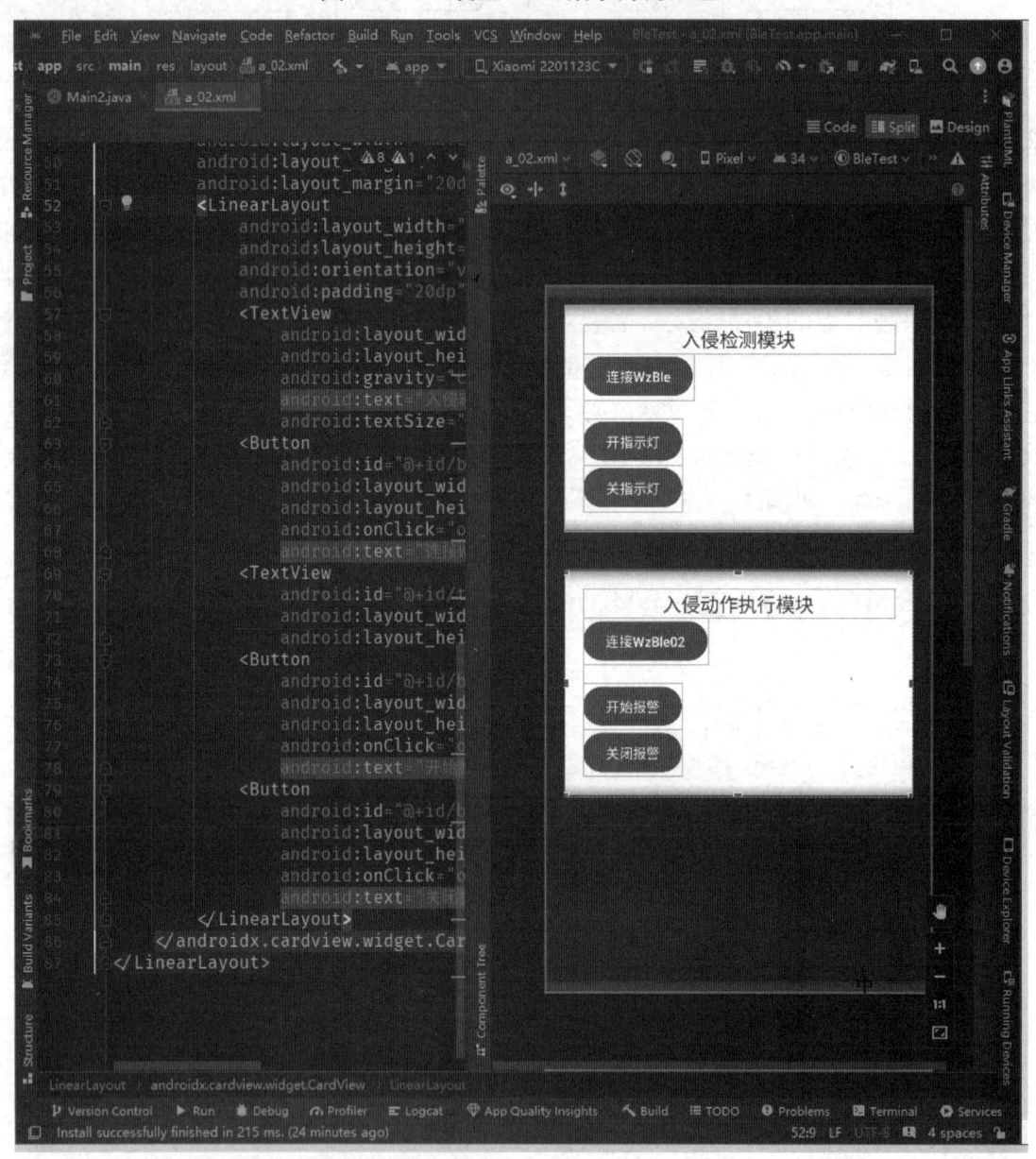

图 2-2-17　创建新的 layout 文件

继续沿用既有配置，重点对入侵检测节点的蓝牙节点模块实施精确匹配与对接。下半部分与上半部分保持一致，以确保与入侵动作执行节点的有效对接及协同运作。

为实现蓝牙连接、服务发现以及数据的发送与接收功能，需创建一个新的 Java 文件，并基于已提供的源代码文件进行开发。同时，用户可选择安装预先打包的应用程序，以简化操作流程。

四、终端功能测试/调试

在完成硬件设备的成功连接之后，即刻执行 Android 应用程序的安装操作。

首先，请连续按下两个蓝牙连接按钮，直至系统界面提示连接成功。在此操作完成后，两个蓝牙节点模块的状态将如图 2-2-18 所示。

图 2-2-18　两个蓝牙节点模块连接

在监测过程中，可以观察到，右侧节点模块保持正常工作状态，而左侧节点模块同样维持正常运行。若红外探测系统启动报警机制，右侧节点将即刻进入报警状态，并且左侧节点模块也会相应地同步展示报警信息，如图 2-2-19 所示。

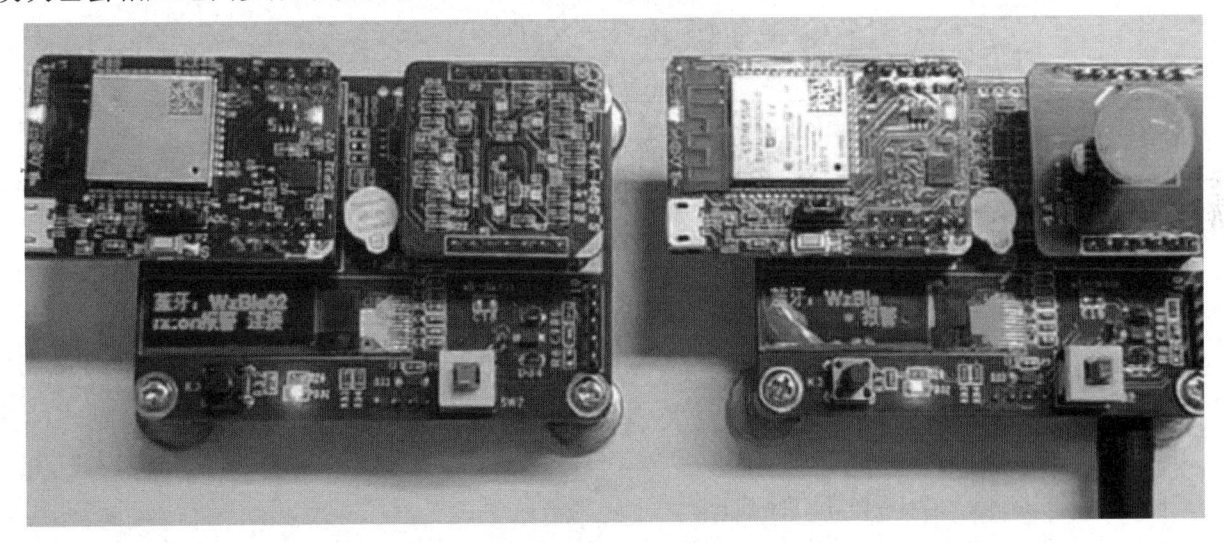

图 2-2-19　报警信息

至此，基于 BLE 的防入侵实验已圆满结束。

基于本次实验的基本原理，可以将数据采集端进行灵活替换，包括但不限于温度、湿度、光敏、燃气探测等多种传感器设备。同时，执行节点亦可采用继电器、点阵显示、语音播报等多种方式，或进行多种设备的组合应用，以满足不同场景下的实际需求。

任务评价

基于 BLE 的防入侵监测终端搭建任务的评分表

评价项目	评价指标	评价标准	自评	互评	教师评价
过程性评价	学习能力	1. 学习过程中对新知识的接受与理解能力 2. 对所遇问题的解决策略 3. 学习方法的运用			
	协作能力	1. 在小组中的沟通与交流 2. 分享知识与经验 3. 团队协作完成任务的情况			
	工作态度	1. 对任务的认真程度 2. 参与活动的积极性 3. 遵守实验室规则与安全操作			
终结性评价	工具使用	1. 是否正确选择和使用工具 2. 工具使用的熟练程度			
	布线合理性	1. 布线是否整齐、合理 2. 是否考虑了电路的优化			
	检测方法	1. 是否采用了正确的检测方法 2. 检测结果的准确性			
	操作顺序	1. 操作步骤是否合理 2. 是否遵循了操作规范			
	预期效果达成	1. 是否达到学习目标 2. 实际操作效果与预期的一致性			
综合评价	综合表现	1. 综合考虑学生在整个任务过程中的表现 2. 学生对评价反馈的接受与改进情况			

评价等级：

- A：优秀
- B：良好
- C：一般
- D：需要改进

评价说明：

- 自评：学生根据自身完成任务的情况进行自我评价。
- 互评：学生之间相互评价，促进互相学习与提高。
- 教师评价：教师根据学生的表现给予客观、公正的评价。

任务三 基于 LoRa 的消防监测终端搭建

基于 LoRa 的消防监测终端搭建，主要通过集成 LoRa 无线通信模块、传感器（如温湿度、烟雾、压力等）及微控制器，实现远程实时监测消防关键参数。该终端具有低功耗、远距离传输的特点，易于部署，能有效提升消防预警和应急响应能力。

LoRa 是一种长距离、低功耗的无线通信技术，适用于物联网领域中的远程、低功耗和低速率的应用场景。

LoRa 通信是一种基于 LoRa 技术的无线通信方式。已采用无线电信号传输数据，通过无线电波将信息从一个设备传输到另一个设备。相比于传统的有线通信方式，LoRa 通信具有更高的灵活性、可靠性和效率，能够满足物联网领域中对于远程、低功耗和低速率通信的需求。

LoRa 通信通常使用 LoRa 网关作为中继站，将来自终端设备的数据传输到网络服务器中。同时，由于 LoRa 具有低功耗和高可靠性等特点，使得 LoRa 通信能够适用于长时间、大范围的数据传输。

LoRa 网络主要由终端（可内置 LoRa 模块）、网关（或称基站）、Server 和云四部分组成。其中，终端是 LoRa 网络中的节点，可以通过 LoRa 模块实现与其他节点的通信；网关是 LoRa 网络中的中继站，负责将来自终端的数据传输到网络服务器中；Server 是 LoRa 网络中的核心部分，负责处理来自网关的数据，并提供与其他网络的接口；云则是 LoRa 网络中的存储和计算中心，可以为终端提供数据存储和计算服务。

任务分析

本任务旨在构建一个基于 LoRa 的消防监测终端。首先，需设计消防监测终端的架构，确保系统稳定可靠。其次，搭建可燃气体（AD）采集功能，实现对环境中气体浓度的实时监测。最后，部署 LoRa 通信网络，实现数据远程传输，确保消防监测信息的实时性和准确性。

任务实施

一、消防监测终端架构设计

如图 2-3-1 所示，右侧的智能采集终端负责收集燃气探测传感器的数据。该终端实时地将传感器数据通过 LoRa 模组进行无线传输，接收方为另一个 LoRa 模组，进而传递至另一采集终端。随后，通过上位机对报警信息进行查看。

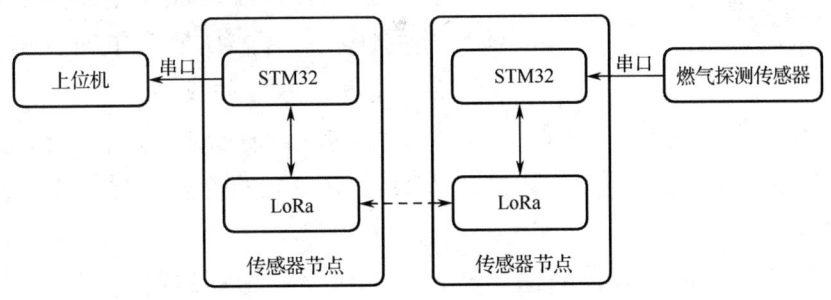

图 2-3-1 消防监测终端架构设计

在进行消防监测终端架构设计时，同学们应保持开放性思维，不应局限于现有的统一设备配置模式。建议充分利用网络资源，广泛开展设备选型工作。通过对比分析不同设备的参数指标，深入了解各厂商的售后服务体系，进而根据个人偏好及项目具体需求，选择最适宜的设备融入防入侵终端架构之中。

以可燃气体监测为例，具体设备选型可参照表 2-3-1 所示内容，进行细致的分析与比较。

表 2-3-1　可燃气体设备参数

编号	可燃气体种类	供电电压	输出信号	安装方式
1	天然气、燃气、煤油、石油气	DC24 V	4~20 mA	壁挂
2	天然气、沼气、液化石油气	AC220 V	I/O	壁挂
3	氧气、甲烷、可燃气	DC 12~18 V	I/O	壁挂

其他设备在选择合适产品时，可参照上述表格的样式，自主设计并制作一个设备选型表，如表 2-3-2 所示，以便从中挑选出符合自身需求与条件的产品。

表 2-3-2　其他设备参数

编号	可燃气体种类	供电电压	输出信号	安装方式
1				
2				
3				

二、可燃气体采集功能搭建

（一）气敏传感器介绍

1. 气敏传感器概述

气敏传感器是用来检测气体浓度和成分的传感器（见图 2-3-2），它对于环境保护和安全监督方面起着极其重要的作用。气敏传感器是在各种成分的暴露气体中使用的，由于检测现场的温度、湿度变化很大，又存在大量粉尘和油雾等，所以其工作条件较恶劣，而且气体与传感元件的材料会产生化学反应物，附着在元件表面，往往会使其性能变差。所以对气敏传感器有下列要求：能够检测报警气体的允许浓度和其他标准数值的气体浓度；能长期稳定工作；重复性好；响应速度快；共存物质所产生的影响小等。

图 2-3-2　常用气敏传感器

2. 气敏传感器的应用

气敏传感器的应用主要有：一氧化碳气体的检测、瓦斯气体的检测、煤气的检测、氟利昂（R11、R12）的检测、呼气中乙醇的检测、人体口腔口臭的检测等。

它将气体种类及其与浓度有关的信息转换成电信号，根据这些电信号的强弱就可以获得待测气体在环境中存在情况的相关信息，从而可以进行检测、监控、报警，还可以通过接口电路与计算机组成自动检测、控制和报警系统。

3. 气敏传感器的结构

主要材料是金属氧化物，金属氧化物半导体分成塑性半导体（如 fqo）和 F 型半导体（如 pbo）。为了提高某种气敏电阻对某些气体成分的选择性和灵敏度，合成这些材料时，还会掺入催化剂，如 N、PL。

4. 气敏传感器的原理

声波器件表面的波速和频率会随外界环境的变化而发生漂移。气敏传感器就是利用这种性能在压电晶体表面涂覆一层选择性吸附某气体的气敏薄膜，当该气敏薄膜与待测气体相互作用时（化学作用或生物作用，或者是物理吸附），气敏薄膜的膜层质量和导电率会发生变化，从而引起压电晶体的声表面波频率发生漂移。气体浓度不同，膜层质量和导电率变化程度亦不同，即引起声表面波频率的变化也不同。通过测量声表面波频率的变化就可以获得准确的用来反应气体浓度的变化值。

5. 气敏传感器的特点

（1）结构特点。

无相对运动部件：气敏传感器的原理基于物理变化，不涉及机械运动，因此结构简单，易于实现微型化。这种设计不仅降低了制造成本，还提高了传感器的可靠性和耐用性。

（2）性能优势。

① 高灵敏度与动态性能：气敏传感器对目标气体具有高度的敏感性，能够迅速响应并准确反映气体浓度的变化。其动态性能良好，适合用于需要快速响应的场合。

② 电量输出：传感器的输出信号为电量形式，便于与电子设备进行连接和信号处理，提高了系统的集成度和自动化水平。

③ 易于集成化与智能化：采用半导体作为敏感材料，使得气敏传感器易于与其他电子元件进行集成，形成功能强大的传感器系统。同时，通过集成智能算法，可以实现传感器的智能化控制和管理。

④ 低功耗与安全性：气敏传感器在工作过程中功耗较低，有助于降低系统的整体能耗。此外，其设计合理，使用过程安全可靠，不会对环境和人体造成危害。

（3）存在的不足。

① 线性范围窄：在某些精度要求较高的场合，气敏传感器的线性范围可能无法满足相应需求。此时，需要采用线性化补偿电路来提高传感器的测量范围。

② 温度影响：与所有半导体元件一样，气敏传感器的输出特性易受温度影响而发生漂移。为了消除这种影响，需要采取相应的补偿措施来保持传感器的稳定性。

③ 性能参数离散性大：由于生产工艺和原材料的差异，不同批次或不同厂家的气敏传感器在性能参数上可能存在较大的离散性。这要求在使用过程中进行严格的筛选和校准，以确保传感器的准确性和可靠性。

在实际使用中气敏传感器有很多种，常见的有 MQ-2、MQ-3、MQ-4、MQ-5、MQ-6、MQ-7、MQ-8、MQ-9、MQ135 等。这些传感器通常使用的气敏材料是在清洁空气中电导率较低的二氧化锡（SnO_2）。传感器的电导率随空气中所测气体浓度的增加而增大，使用简单的电路即可将电导率的变化转换为与该气体浓度相对应的输出信号。

在日常使用中，MQ-2 气敏传感器可用于家庭和工厂的气体泄漏检测，它对丁烷、丙烷、甲烷、酒精、氢气等具有较高的灵敏度；MQ-3 气敏传感器对酒精的灵敏度高，并且在检测时可以抵抗汽油、烟雾、水蒸气的干扰；MQ-4 气敏传感器对甲烷的灵敏度高，对丙烷、丁烷也有较好的灵敏度，这种传感器可检测多种可燃性气体，是一款适合多种应用场景的低成本传感器；MQ-5、MQ-6 气敏传感器对丁烷、丙烷的灵敏度高，可检测多种可燃性气体；MQ-7

气敏传感器对一氧化碳的灵敏度高,这种传感器可检测多种含一氧化碳的气体;MQ-8 氢气气敏传感器对氢气的灵敏度高,对其他含氢气体的检测也很灵敏,这种传感器可检测多种含氢气体,特别是城市煤气;MQ-9 气敏传感器对一氧化碳、甲烷等气体的灵敏度高,这种传感器可检测多种含一氧化碳的气体;MQ135 气敏传感器对氨气、硫化物、苯系蒸气的灵敏度高,对烟雾和其他有害气体的检测也很灵敏。

本任务以甲烷传感器为例进行阐述,如图 2-3-3 所示。

甲烷智能型气体检测模组采用催化燃烧原理内置高精度传感器,通过专利电路将气体浓度信号输出为客户需要的数字信号。传感器内部带有高精度放大、去噪声处理、温度补偿处理功能,同时出厂前每个传感器都经过标准气体标定处理,保证客户拿到手的传感器模组直接输出可用和准确的气体浓度信息。具有体积小、易安装、本安设计、高灵敏度、出厂已标定等特点。

(二)可燃气体传感器采集操作步骤

1. 硬件设备连接

所需硬件设备包括:通用节点底板[如图 2-2-2(b)所示]、可燃气体传感器[如图 2-3-4(a)所示]、LoRa 节点模块[如图 2-3-4(b)所示]、Micro USB 数据线[如图 2-2-2(d)所示]、DAP 下载器模块[如图 2-3-4(c)所示]以及 5 V 直流电源[如图 2-2-2(e)所示]。

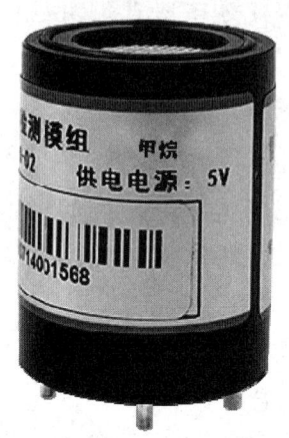

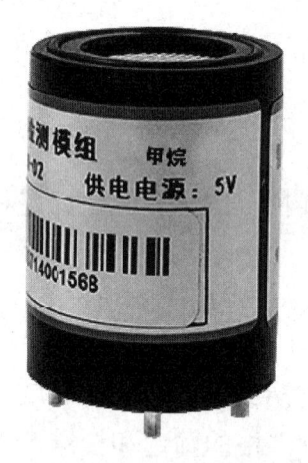

图 2-3-3　甲烷传感器

(a)可燃气体传感器

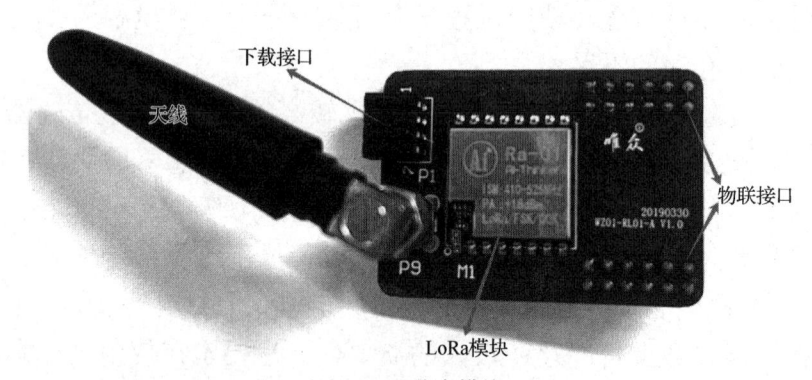

(b)LoRa 节点模块

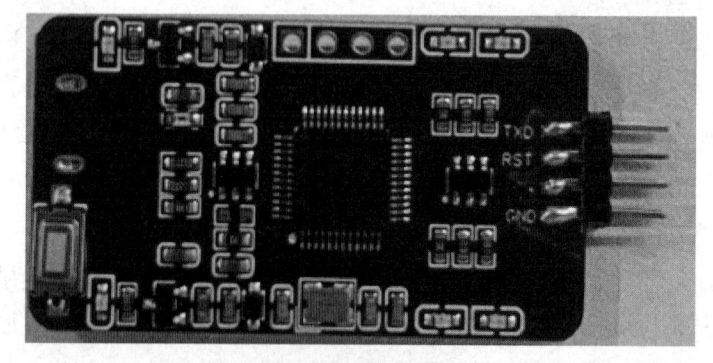

(c)DAP 下载器模块

图 2-3-4　可燃气体传感器硬件设备

在选定所需设备后，可以采取以下步骤进行配置：首先，将 LoRa 节点模块与可燃气体传感器稳妥地插入通用节点底板的相应插槽中。然后，将 5 V 直流电源插头准确地接入通用节点底板的供电端口，以确保设备有稳定的电力供应。最后，使用 Micro USB 线与 DAP 下载器模块将设备与计算机进行连接，以便进行后续的数据传输与调试工作。上述操作步骤的具体硬件连接图，如图 2-3-5 所示。

1—Micro USB 连接线；2—DAP 下载器模块；3—LoRa 节点模块；4—可燃气体传感器；5—通用节点底板；6—5 V 直流电源

图 2-3-5　硬件连接

2. 下载工程文件

请将与任务相对应的工程文件准确无误地下载至 LoRa 节点模块中，以确保后续步骤的顺利进行，如图 2-3-6 所示。

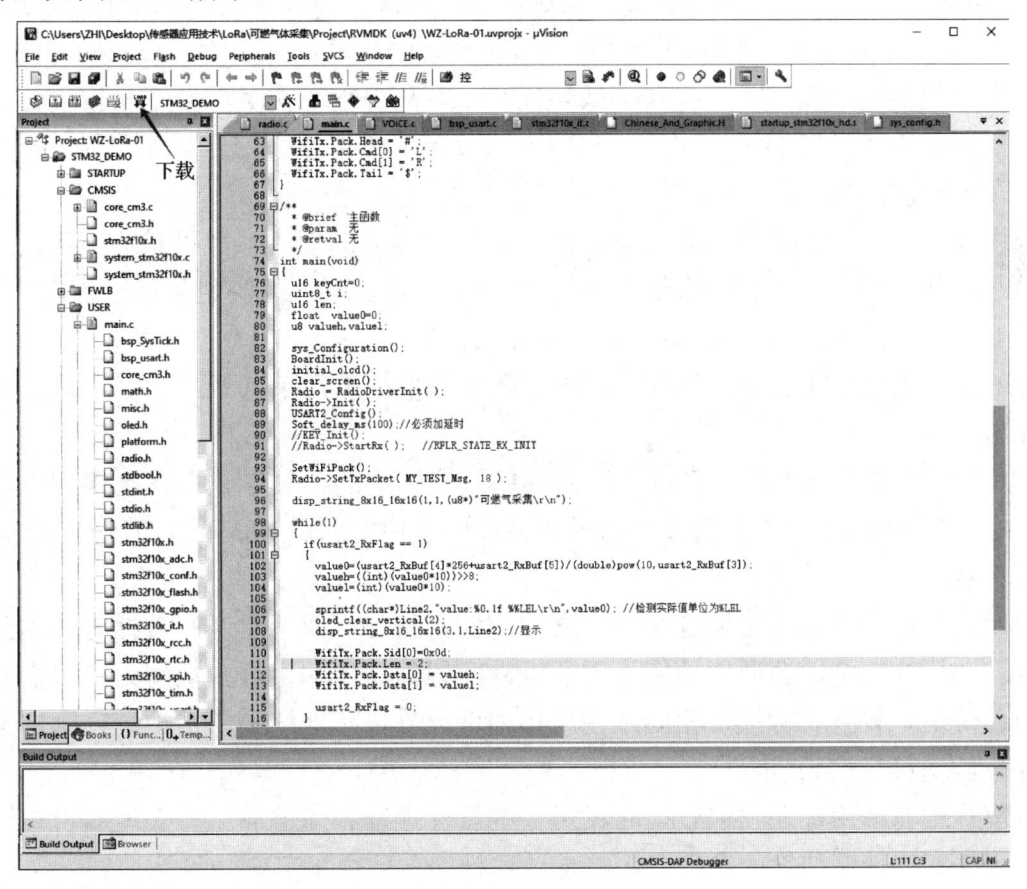

图 2-3-6　工程文件下载

3. 数据展示

工程文件下载完成后,需将DAP下载器模块从系统中安全移除。随后,重新启动模块,以确保所有的更新和配置均已生效。随后,可以在通用节点底板上的有机发光二极管(OLED)显示屏上观察到以下数据,具体显示如图2-3-7所示。

图 2-3-7 数据显示

请注意,模块发热是正常现象,无须过度担忧。

三、LoRa 通信网络部署

LoRa 是 Semtech 公司研发的低功耗局域网无线标准。该标准主要在 ISM 频段运作,涵盖 433 MHz、868 MHz、915 MHz 等频段。LoRa 技术的显著优势在于,在相同功耗下,其信号传播距离远超其他无线技术,实现了低功耗与远距离传输的完美融合,相较于传统无线射频通信,其通信距离可扩大 3～5 倍。具体而言,LoRa 的通信范围在城市区域一般不超过 5 千米,而在农村地区则可达 15 千米。

在采用 LoRa 芯片的传感器及其他设备中,单个电池的使用寿命可长达十年。此外,一个 LoRa 网关能够轻松连接并管理成千上万的 LoRa 节点,极大地满足了组网需求。

关于 LoRa 的工作模式,它支持三种主要模式:AT 指令模式、数据透传模式和定点模式。值得注意的是,无论采用哪种工作模式,单包数据长度均不得超过 252 字节,超出部分将被系统丢弃。

AT 指令模式主要用于通过串口发送命令以设置模块的相关参数。在此模式下,模块的 UART 接口负责接收 AT 命令,用户可通过该接口向模块发送命令,以查询或修改 UART、网络等配置参数。

透传模式则确保了数据传输过程中数据内容的完整性,即所发送的数据与接收到的数据完全一致。此模式支持即插即用功能,无须额外配置数据传输协议,但通信双方需确保速率等级相同、信道一致且目标地址相同或为广播地址。若目标地址为广播地址,则同速率同信道的所有模块均可接收到该数据。

定点模式则允许用户在发送数据时灵活更改目标地址和信道,从而实现对特定模块的精确控制。该模式在透明传输的基础上,将发送数据的前两个字节作为目标地址(高位在前),第三个字节作为信道标识。在发送过程中,模块会暂时更改目标地址和信道设置,并在发送完成后恢复原始配置。用户可通过发送 AT+WMODE=FP 命令来切换至定点模式。

注意：通信双方必须保持一致的速率等级。

示例：模块 A 以定点模式向模块 B 发送数据

（1）发送指令"AT+WMODE=FP"将模块 A 设置为定点模式。

（2）发送指令"AT+SPD=10"确保模块 A 和模块 B 速率等级一致。

（3）确认模块 B 的信道为 0x4E（十进制 78），地址为 0x1A0A（十进制 6666）。

（4）重启模块 A 和模块 B 使设置生效。

（5）模块 A 发送数据 1A 0A 4E 31 32 33（十六进制格式）。

（6）模块 B 接收数据 31 32 33。

如表 2-3-3 所示。

表 2-3-3　定点模式

模块	速率等级	信道	模式	地址（十进制）	数据（HEX）
模块 A	10	72	定点	0	发送：1A0A4E313233
模块 B	10	78（0X4E）	XX	6666（0x1A0A）	接收：313233

LoRa 无线网络搭建

1．硬件清单

（1）LoRa 节点模块：2 个。

（2）通用节点底板：2 个。

（3）DAP 下载器模块：1 个。

（4）串口转 USB 数据线：1 根。

（5）3P 公对公杜邦线：1 根。

（6）5 V 直流电源：2 个。

（7）计算机：1 台。

（8）RS-485 模块：1 个。

（9）RS-232 转 RS-485 模块：1 个。

（10）Micro USB 数据线。

2．硬件连接步骤

根据图示配置，设定可燃气体数据采集端为节点 A，接收端为节点 B。在节点 A 上完成可燃气体数据的采集后，利用 LoRa 无线通信技术，将采集到的数据稳定、可靠地传输至节点 B。此过程要确保数据传输的实时性和准确性，满足系统运行的严格要求。硬件连接如图 2-3-5 与图 2-3-8 所示。

在本项目中，利用程序实现对 LoRa 模块的驱动操作，并采用了自定义的通信协议以确保数据传输的准确性和效率。具体而言，每次发射与接收的数据量均固定为 40 个字节，这一数据结构的详细定义已明确记录在 sys_config.h 文件中，具体如图 2-3-9 所示。

将节点 A 的程序代码中嵌入 LoRa 发送的程序，具体操作请参考图 2-3-10，确保程序准确无误后，将其下载至节点 A。

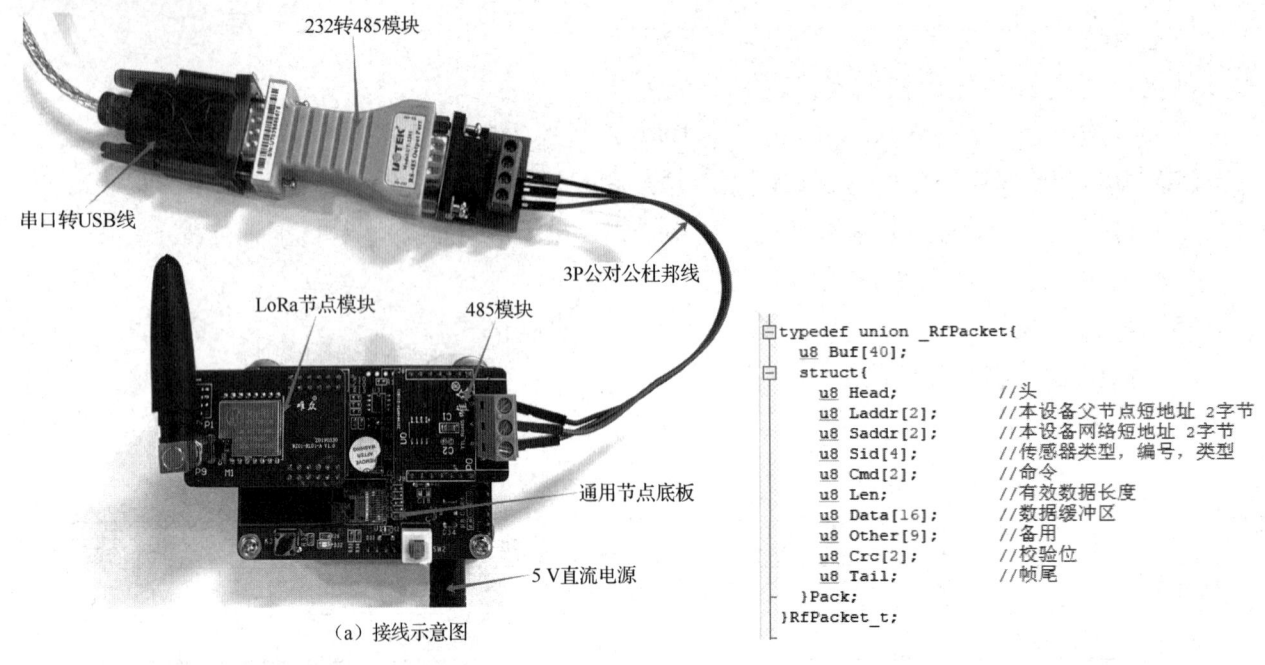

图 2-3-8　硬件连接

```
typedef union _RfPacket{
    u8 Buf[40];
    struct{
        u8 Head;           //头
        u8 Laddr[2];       //本设备父节点短地址 2字节
        u8 Saddr[2];       //本设备网络短地址 2字节
        u8 Sid[4];         //传感器类型，编号，类型
        u8 Cmd[2];         //命令
        u8 Len;            //有效数据长度
        u8 Data[16];       //数据缓冲区
        u8 Other[9];       //备用
        u8 Crc[2];         //校验位
        u8 Tail;           //帧尾
    }Pack;
}RfPacket_t;
```

图 2-3-9　数据结构

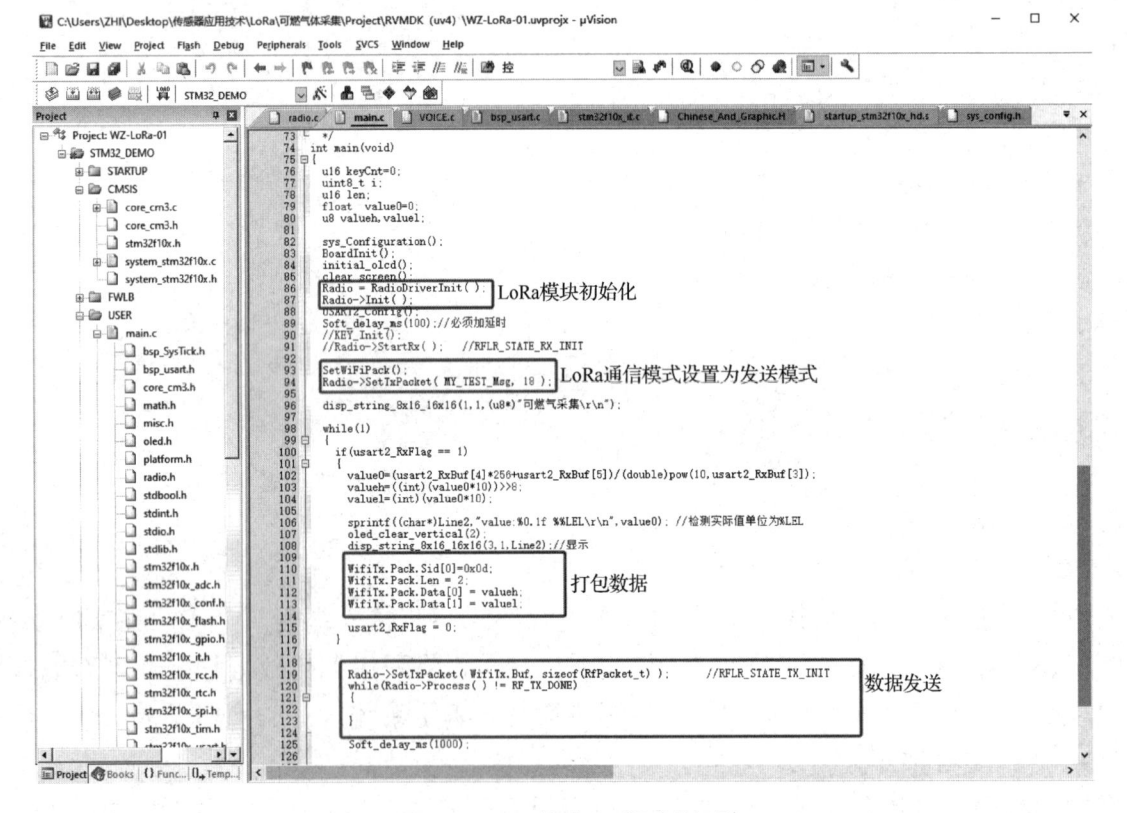

图 2-3-10　节点 A 程序说明

节点 B 的工程文件如图 2-3-11 所示，将 DAP 下载器插到节点 B 的 LoRa 通信模块上，将工程文件下载到节点 B 上。

在完成两个节点工程文件的下载流程后，务必拔掉 DAP 下载器，并随即对节点进行重启操作。在等待数秒后，可以在节点 B 的 OLED 显示屏上可清晰地看到由节点 A 传输过来的可燃气体数据，具体展示效果如图 2-3-12 所示。

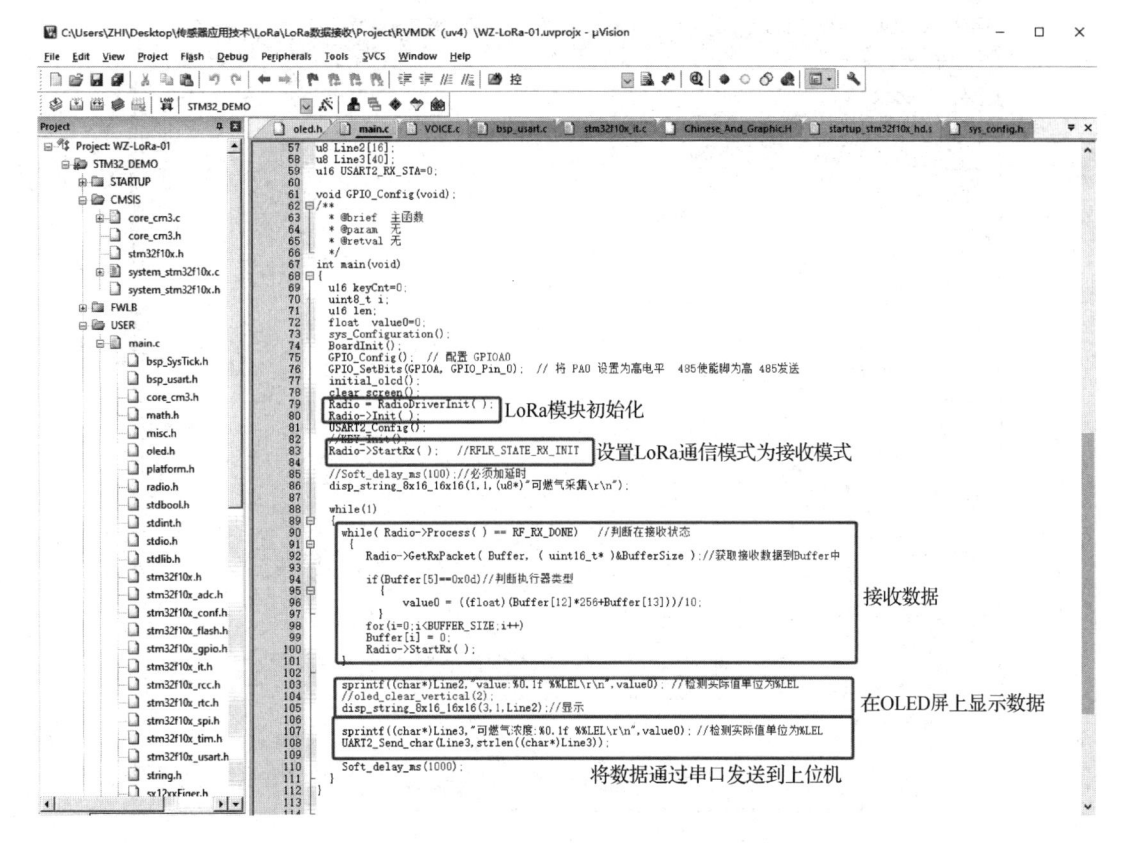

图 2-3-11　节点 B 程序说明

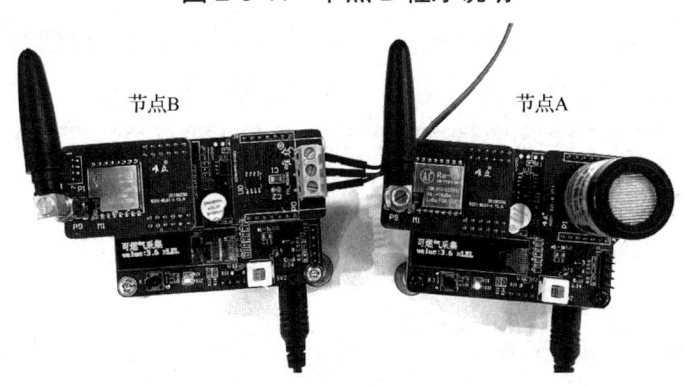

图 2-3-12　实验现象

将节点 B 上连接的串口转 USB 线的 USB 端，稳妥地接入计算机的相应接口，接线方式参照图 2-3-13 所示进行。

图 2-3-13　接线示意图

在完成接线后，用户需在计算机上启动串口调试助手软件，并依据图 2-3-14 所示指引，正确选择与之对应的串口号。

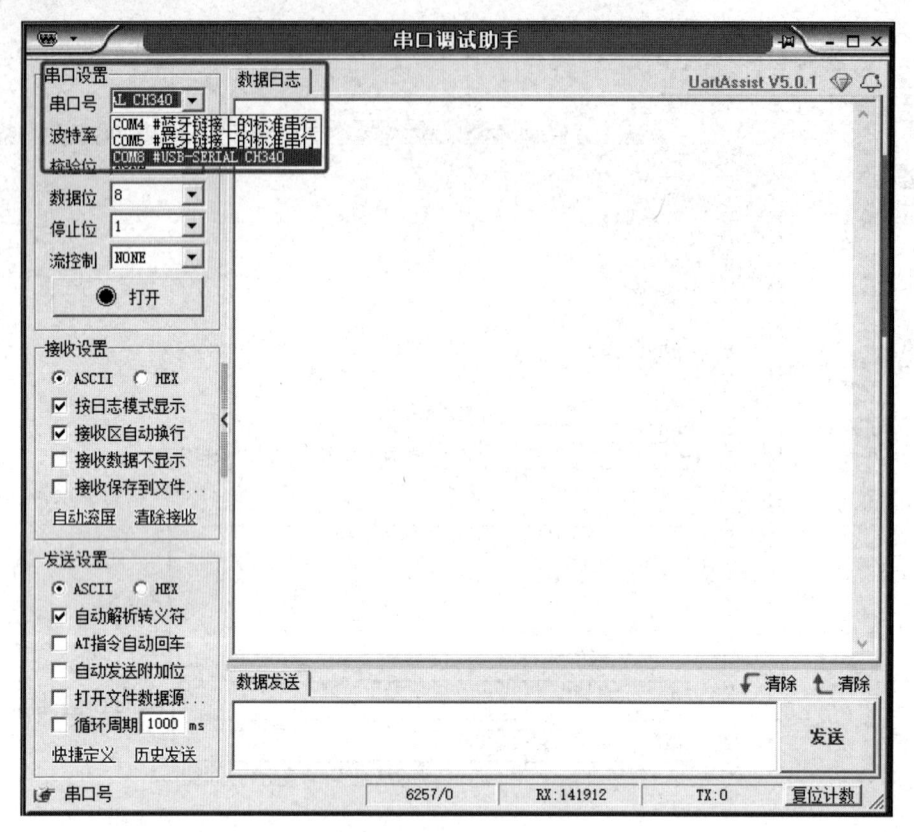

图 2-3-14　选择串口

首先，设置波特率等必要的通信参数。随后，单击"打开"按钮以启动串口通信。完成上述操作后，系统将接收并处理可燃气数据。具体的数据展示形式，如图 2-3-15 所示。

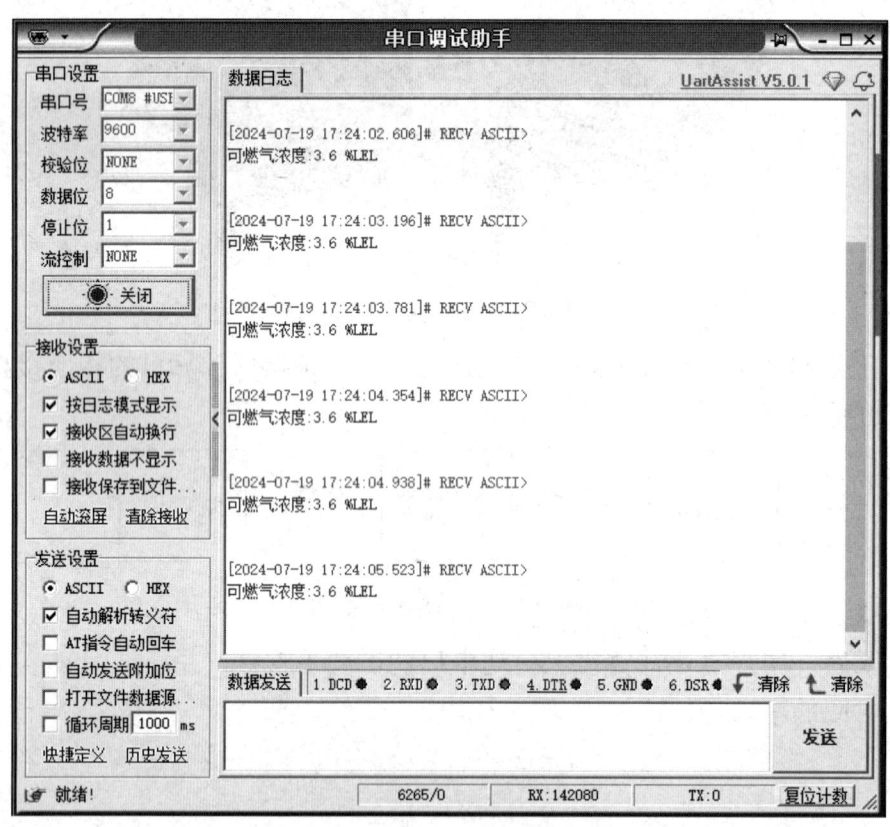

图 2-3-15　数据展示

任务评价

基于 LoRa 的消防监测终端搭建任务的评分表

评价项目	评价指标	评价标准	自评	互评	教师评价
过程性评价	学习能力	1. 学习过程中对新知识的接受与理解能力 2. 对所遇问题的解决策略 3. 学习方法的运用			
	协作能力	1. 在小组中的沟通与交流 2. 分享知识与经验 3. 团队协作完成任务的情况			
	工作态度	1. 对任务的认真程度 2. 参与活动的积极性 3. 遵守实验室规则与安全操作			
终结性评价	工具使用	1. 是否正确选择和使用工具 2. 工具使用的熟练程度			
	布线合理性	1. 布线是否整齐、合理 2. 是否考虑了电路的优化			
	检测方法	1. 是否采用了正确的检测方法 2. 检测结果的准确性			
	操作顺序	1. 操作步骤是否合理 2. 是否遵循了操作规范			
	预期效果达成	1. 是否达到学习目标 2. 实际操作效果与预期的一致性			
综合评价	综合表现	1. 综合考虑学生在整个任务过程中的表现 2. 学生对评价反馈的接受与改进情况			

评价等级：
- A：优秀
- B：良好
- C：一般
- D：需要改进

评价说明：
- 自评：学生根据自身完成任务的情况进行自我评价。
- 互评：学生之间相互评价，促进互相学习与提高。
- 教师评价：教师根据学生的表现给予客观、公正的评价。

任务四 基于 Wi-Fi 的光照监测终端搭建

随着信息技术的迅猛发展，Wi-Fi 技术已广泛渗透至众多领域，从智能家居到智慧农业，其便捷性与高效性极大地改善了我们的生活品质。光照对于植物生长、环境变化及人类活动具有显著影响，对光照进行监测与控制显得尤为关键。因此，基于 Wi-Fi 的光照监测终端应运而生，为光照监测领域提供了一种创新的解决方案。

光照监测终端融合了现代通信技术、物联网技术以及传感器技术，借助 Wi-Fi 网络实现了数据的即时传输与远程监控。此类终端不仅能够实时监测光照强度，还能依据预设条件自动调节或发出警报，以满足不同环境下的光照需求。

在智慧农业领域，基于 Wi-Fi 的光照监测终端能够实时监测农作物生长环境中的光照强度，为农民提供精确的种植指导，帮助他们改善农作物生长环境，从而提升农作物产量和品质。同时，该终端亦可通过云端平台实现数据的远程访问与分析，为农业生产提供智能化的决策支持。

在智能家居领域，光照监测终端的应用同样十分普遍。通过 Wi-Fi 连接，用户能够随时通过手机查看家中的光照状况，并根据个人需求调节灯光亮度与色温，以营造更为舒适的生活环境。此外，该终端还能与智能家居系统中的其他设备实现联动，进一步提升家居控制的智能化水平。

基于 Wi-Fi 的光照监测终端展现了广阔的应用前景和显著的实际价值。通过构建此类终端，我们能够实现对光照的实时监测与智能控制，为农业生产和智能家居领域提供更为便捷、高效和智能化的解决方案。

任务分析

本任务涉及搭建一个基于 Wi-Fi 的光照监测终端。首先，需设计终端架构，包括硬件选择与软件框架搭建。其次，实现光照采集功能，确保数据准确。再次，部署 Wi-Fi 通信网络以实现数据远程传输。最后，进行终端的功能测试与调试，确保各项指标稳定可靠，满足监测需求。

任务实施

一、光照监测终端架构设计

如图 2-4-1 所示的光照监测终端架构中，部署了两个 Wi-Fi 传感器节点，其中一个被设定为服务器端，专门负责采集光照数据，以供其他客户端进行访问和获取。而另一个节点则扮演客户端的角色，它定期从服务器端读取最新的光照数据，并根据该数据的大小自动执行灯光的开关控制操作，以实现智能化的照明管理。

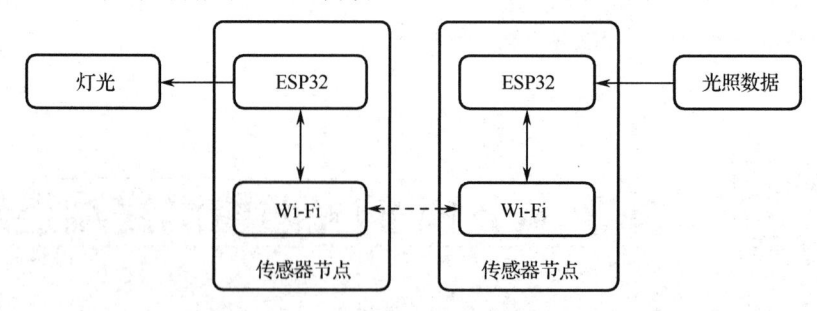

图 2-4-1 光照监测终端架构

同学们在进行环境监测终端架构设计时，可以不局限于当前一模一样的设备，可在提供的设备中选取其他的信号输入模块和信号输出模块加入到环境监测终端架构中。

二、光照采集功能搭建

(一)光照传感器介绍

BH1750 传感器模块是一种高精度、快速响应的数字型光照传感器,旨在准确测量光照度。该模块以 BH1750 芯片为核心,展现出了卓越的测量性能。其采用数字输出接口设计,便于通过 I²C 总线与微控制器或单片机实现高效通信。BH1750 光照传感器模块能够覆盖 0 至 65535 勒[克斯]的广泛光照强度范围,并确保测量结果的最小误差维持在 ±20%以内。为实现快速、准确的测量,该模块内部集成了光敏元件的放大电路及 ADC 转换电路,能够直接将光照度转换为数字信号进行输出。如图 2-4-2 展示了 BH1750 光照传感器模块的具体形态。

图 2-4-2　BH1750 光照传感器模块

BH1750 光照传感器模块在多个领域得到了广泛且深入的应用,具体包括室内及室外环境的光照度监测、自动化光照度调节,以及照明系统控制等方面。该模块凭借其卓越的性能,为实现能源的有效节约及环境保护目标提供了强有力的支持。

(二)光照传感器模块寄存器地址

首先,需要仔细审阅数据手册中关于寄存器地址的详细说明,具体如表 2-4-1 所示。

表 2-4-1　寄存器地址详细说明

Instruction	Opcode	Comments
Power Down	0000_0000	No active state
Power On	0000_0001	Waiting for measurement command
Reset	0000_0111	Reset data register value. Reset command is not acceptable in Power Down mode
Continuously H-Resolution Mode	0001_0000	Start measurement at 1 lx resolution Measurement time is typically 120 ms

从寄存器地址中可明确得知,当系统上电时,应发送 0x01 指令;而在执行复位操作时,则需发送 0x07 指令。此外,自 0x10 地址起,开始执行测量操作,且此时的测量分辨率为 1 lx。值得注意的是,完成一次测量过程需要耗时约 120 毫秒,请确保在实际应用中充分考虑此时间因素。

其次,将详细探讨 I²C 器件的地址说明。根据提供的数据手册,当光照传感器模块的 ADDR 引脚处于接地或悬空状态时,I²C 器件的地址被设定为 0100011(以十六进制表示即 0x23)。相反,若 ADDR 引脚连接到电源正极,则 I²C 器件的地址会转变为 1011100(以十六进制表示即 0x5C)。这一信息可通过以下图示进一步确认。由于硬件设计使得 ADDR 引脚被拉低,因此在实际应用中,I²C 器件的地址被确定为 0x23。I²C 器件地址说明,如图 2-4-3 所示。

2) Slave Address
Slave Address is 2 types, it is determined by ADDR Terminal
ADDR = 'H'　(ADDR ≧ 0.7V_{CC}) →　"1011100"
ADDR = 'L'　(ADDR ≦ 0.3V_{CC}) →　"0100011"

图 2-4-3　I²C 器件地址说明

（三）传感器数据采集流程

第一步：进行硬件设备的连接操作。

首先，将 Wi-Fi 节点模块与光照传感器模块按照规范插接至通用节点底板上，确保连接稳固可靠。其次，采用 5 V 直流电源为整个系统供电，以保证各组件正常工作。最后，利用 Micro USB 数据线将设备与 PC 端进行连接，以便进行后续的数据传输与处理。模块连接图，如图 2-4-4 所示。

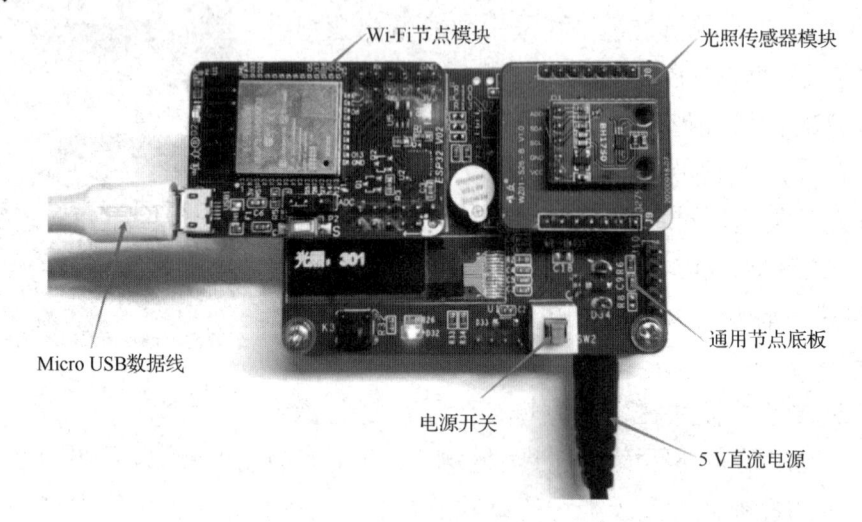

图 2-4-4 模块连接图

第二步：软件下载与安装。

根据提供的源代码，用户需自行编写光照采集程序。若选择更为便捷的方式，用户可直接将源代码下载至服务器端的相应模块上，以便后续使用与部署，如图 2-4-5 所示。

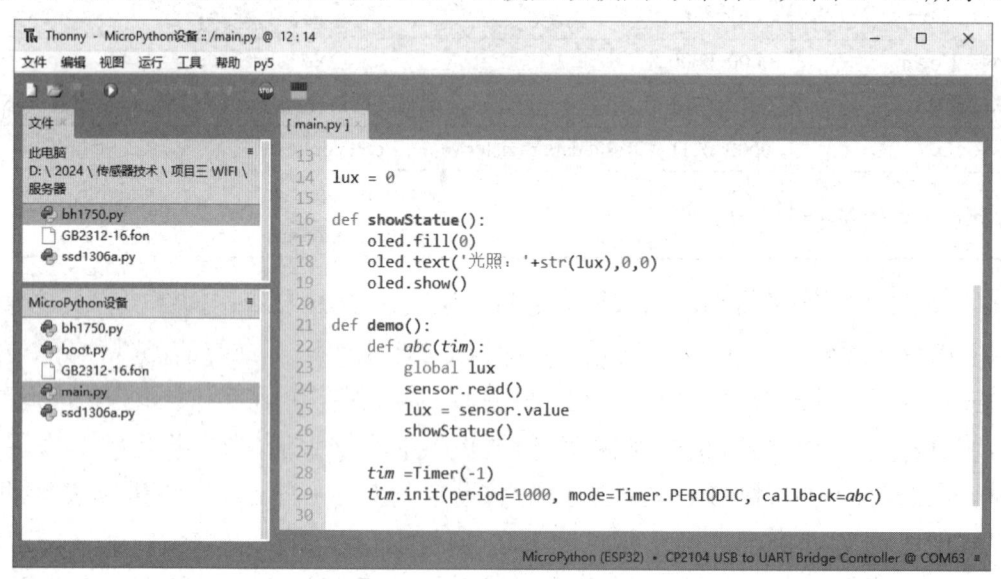

图 2-4-5 源代码下载

在完成下载流程后，进行复位操作或重新接通电源。随后，位于通用节点底板上的有机发光二极管（OLED）显示屏将自动显示当前环境的光照度。用户可通过遮挡光照传感器或直接用光源照射传感器的方式，实时观察并记录显示屏上光照度的变化情况。光照数据显示，如图 2-4-6 所示。

图 2-4-6　光照数据显示

三、Wi-Fi 通信网络部署

1. AP 网络搭建

在此前所提及的光照传感器模块应用场景中，需要将该模块设定为服务器角色，以便向客户端提供必要的数据服务。为实现此目的，将对光照传感器模块的 Wi-Fi 通信网络进行部署，将其设置为 AP（Access Point）网络，允许客户端设备进行连接并访问所需数据。AP 网络搭建，如图 2-4-7 所示。

```
17  wlan = network.WLAN(network.AP_IF);
18  wlan.active(False)
19  wlan.config(essid = 'XWH_001', authmode=4, password='wz123456')
20  time.sleep(3)
21  wlan.active(True)
```

图 2-4-7　AP 网络搭建

请注意，此处提及的"essid"即为接入点（Access Point，AP）的名称，而"password"则是与之关联的连接密码。可根据自身需求自行调整或修改这些信息。

2. 客户端网络连接配置

在进行客户端网络连接时，将采用另一个 Wi-Fi 节点模块来与上述指定的 AP 网络建立连接。客户端网络连接配置，如图 2-4-8 所示。

```
13  wlan = network.WLAN(network.STA_IF)
14  wlan.active(False)
15  time.sleep(3)
16  wlan.active(True)
17  wlan.connect('XWH_001','wz123456')
18  while not wlan.isconnected():
19      time.sleep(1)
```

图 2-4-8　客户端网络连接配置

至此，Wi-Fi 通信网络已成功构建，下面将实现数据定位传输。在服务器节点上，将创建 Socket 服务端，以确保数据传输的顺利进行。创建 Socket 服务端，如图 2-4-9 所示。

```
36  s = socket.socket()
37  s.setsockopt(socket.SOL_SOCKET, socket.SO_REUSEADDR, 1)
38  s.settimeout(0.5)
39  s.setblocking(False)
40  s.bind((wlan.ifconfig()[0],4321))
41  s.listen(5)
```

图 2-4-9　创建 Socket 服务端

在最终阶段，需监听并确认连接的有效性，随后读取客户端发送的数据。若数据请求方式为 Get，系统将响应并返回当前的光照度。读取数据，如图 2-4-10 所示。

```python
63  while True:
64      try:
65          conn, addr = s.accept()
66          while True:
67              try:
68                  data = conn.recv(128)
69                  print(data)
70                  if len(data)==0:
71                      conn.close()
72                      addr = None
73                      break
74                  if data==b'Get':
75                      conn.sendall(('Lux='+str(lux)).encode())
76              except:
77                  ...
78              time.sleep(0.5)
79      except:
80          ...
81      time.sleep(0.5)
```

图 2-4-10　读取数据

在此场景下，利用 TCP 测试工具进行光照数据的读取操作。具体而言，启动 TCP 测试工具并在 TCP 客户端中设定目标服务器的 IP 地址为 192.168.4.1，同时指定端口号为 4321 以建立 TCP 连接。

成功连接至目标服务器后，在数据发送窗口采用文本形式发送 "Get" 指令。随后，数据接收及提示窗口响应并接收光照度的数据，具体值为 "Lux=312"，如图 2-4-11 所示。

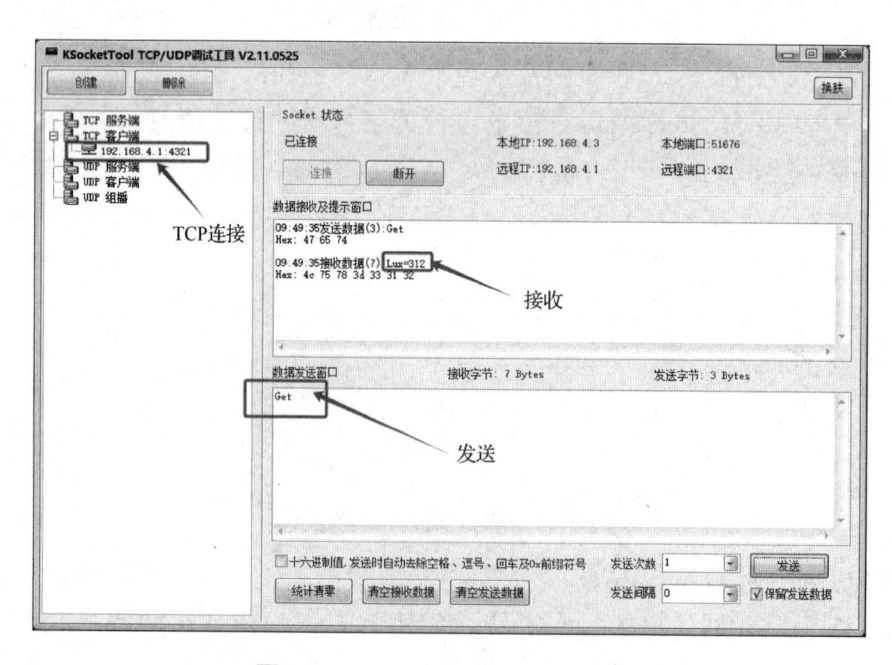

图 2-4-11　TCP 测试工具读数据

3. STA 模式网络搭建

（1）进行客户端与服务器之间的连接搭建。STA 模式网络搭建，如图 2-4-12 所示。

```
14  wlan = network.WLAN(network.STA_IF)
15  wlan.active(False)
16  time.sleep(3)
17  wlan.active(True)
18  wlan.connect('XWH_001','wz123456')
```

图 2-4-12 STA 模式网络搭建

（2）用户需要连接到服务器的 Wi-Fi 网络。

（3）建立 socket 连接，以访问服务器的 TCP 端口，如图 2-4-13 所示。

```
43  s = socket.socket()
44  s.setblocking(False)
45  s.settimeout(1.5)
46  s.connect(("192.168.4.1",4321))
```

图 2-4-13 建立 socket 连接

（4）进行循环操作以读取光照度，如图 2-4-14 所示。

```
47  while True:
48      showStatue()
49      try:
50          s.sendall('Get'.encode())
51          buf = s.recv(128)
52          if buf and buf.decode().startswith('Lux='):
53              lux =int( buf[4:].decode())
54      except:
55          ...
56      time.sleep(1)
```

图 2-4-14 读取光照度

（5）在接收到光照度后，将执行灯光的开启或关闭操作的联动控制，并随之在界面上显示相应的状态，如图 2-4-15 所示。

```
33  def showStatue():
34      if lux>300: relay.value(0)
35      if lux<100: relay.value(1)
36      oled.fill(0)
37      oled.text('光照：'+str(lux),0,0)
38      oled.text('开' if relay.value() else '关',90,0)
39      oled.text(wlan.ifconfig()[0],0,16)
40      oled.show()
```

图 2-4-15 联动控制

四、终端功能测试与调试

首先，将硬件设备妥善连接，为服务器端节点接通电源，并等待其接入点（AP）准备就绪。当有机发光二极管（OLED）显示屏上呈现 IP 地址后，再为客户端节点接通电源，并等待其成功连接到服务器的接入点（AP）。连接成功后，客户端将尝试连接至 TCP 服务器的 4321 端口，此时服务器节点将显示已连接的客户端 IP 地址。

其次，进行光照传感器的遮挡实验，以观察光照变化后的实验现象。实验现象，如图 2-4-17 所示。

从图 2-4-16 中可以清晰地观察到，当服务器节点的状态发生变化时，客户端节点的数值会随之发生同步变化。这是因为客户端节点每一秒都会向服务器发送一次数据请求。

最后，当接收到的数据值小于 100 时，显示为"开"状态，此时与继电器相连的灯将被点亮；当数据值大于 300 时，显示为"关"状态，灯将随之熄灭；而当数据值位于 100 至 300

时，系统不执行任何动作。

图 2-4-16 实验现象

综上所述，本次实验已达到预期效果，实验圆满成功。

⏰ 任务评价

基于 Wi-Fi 的光照监测终端搭建任务的评分表

评价项目	评价指标	评价标准	自评	互评	教师评价
过程性评价	学习能力	1. 学习过程中对新知识的接受与理解能力 2. 对所遇问题的解决策略 3. 学习方法的运用			
	协作能力	1. 在小组中的沟通与交流 2. 分享知识与经验 3. 团队协作完成任务的情况			
	工作态度	1. 对任务的认真程度 2. 参与活动的积极性 3. 遵守实验室规则与安全操作			
终结性评价	工具使用	1. 是否正确选择和使用工具 2. 工具使用的熟练程度			
	布线合理性	1. 布线是否整齐、合理 2. 是否考虑了电路的优化			
	检测方法	1. 是否采用了正确的检测方法 2. 检测结果的准确性			
	操作顺序	1. 操作步骤是否合理 2. 是否遵循了操作规范			
	预期效果达成	1. 是否达到学习目标 2. 实际操作效果与预期的一致性			
综合评价	综合表现	1. 综合考虑学生在整个任务过程中的表现 2. 学生对评价反馈的接受与改进情况			

评价等级：
- A：优秀
- B：良好
- C：一般
- D：需要改进

评价说明：
- 自评：学生根据自身完成任务的情况进行自我评价。
- 互评：学生之间相互评价，促进互相学习与提高。
- 教师评价：教师根据学生的表现给予客观、公正的评价。

任务五　基于 ZigBee 的测温终端搭建

ZigBee 是一种低速短距离传输的无线网络协议,底层采用 IEEE 802.15.4 标准规范的媒体访问层与物理层。ZigBee 的名称来源于蜜蜂的交流方式,即蜜蜂通过 Z 字形飞行给同伴传递食物的距离和方向等位置信息。ZigBee 无线通信技术可用于数以千计的微小传感器间,依托专门的无线电标准达成相互协调通信。

ZigBee 技术的主要特点为低功耗、低成本、低速率和近距离。在低耗电待机模式下,两节 5 号干电池可以支持一个节点工作数小时。同时,ZigBee 通过大幅简化协议降低了成本,其成本不足蓝牙的十分之一。ZigBee 的传输范围一般介于 10～100 米,但在增加 RF 发射功率后,传输距离可以增加到 1～3 千米。

ZigBee 技术被广泛应用于工业自动化、农业物联网、健康医疗和智慧城市等领域。在工业自动化方面,ZigBee 技术可以实现传感器网络、无线监控、仓库管理、自动化控制和机器人等新一代的自动化系统。在农业物联网方面,ZigBee 技术可以采集环境数据并实时传输至控制中心,实现灌溉、施肥与温湿度维护等过程的远程自动化操作。在健康医疗方面,ZigBee 技术可以实现远程监测和无线传感器网络,实时获取患者健康状态数据并发送给医生或亲属等。在智慧城市方面,ZigBee 技术可以应用于城市交通系统、物流管理和自动化智能家居等领域。

任务分析

本任务旨在搭建一个基于 ZigBee 技术的测温终端系统。首先,设计温度终端的架构,确保系统的稳定性和可扩展性。其次,搭建温度采集终端,包括硬件选择和软件编程。再次,部署 ZigBee 网络以实现数据传输。最后,进行终端的功能测试和调试,确保数据准确性和系统运行流畅。整个任务涉及硬件与软件的整合,以及网络通信的配置与优化。

任务实施

一、温度终端架构设计

如图 2-5-1 所示,右侧的 CC2530 设备负责采集温湿度传感器数据。传感器节点实时地将这些数据通过 ZigBee 无线技术传输至另一 ZigBee 模块,最终这些数据被传递至另一节点上。这些数据可通过上位机系统进行查看,并据此进行报警信息的提示。

在进行温度终端架构设计工作时,应展现出创新思维,不必局限于现有的、完全相同的设备选择,可以主动利用互联网资源,进行广泛的设备筛选,细致对比各设备参数,并深入了解生产厂家的售后服务体系,以便挑选出既符合个人偏好,又能满足设计需求的设备,将其融入温度终端的架构体系。

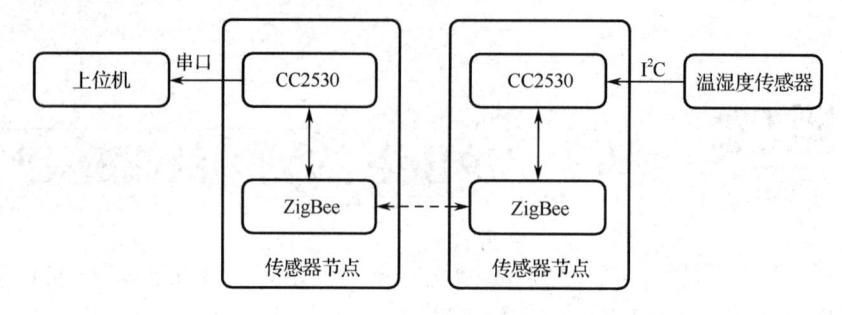

图 2-5-1 温度终端架构设计

具体到温湿度传感器这一关键组件，可以参考表 2-5-1 中提供的详细数据，进行科学合理的比较与分析。

表 2-5-1 温湿度传感器参数

编号	温度范围	分辨率	输出信号	安装方式
1	−50~200 ℃	0.1	4~20 mA	投入式
2	−40~80 ℃	0.5	4~20 mA	壁挂
3	−40~60 ℃	0.5	RS-485	壁挂

其他设备选型时，可参考上述表格的模板，自行构建一个设备选型表，以便从中筛选出最符合自身需求的产品。示例可参考表 2-5-2 进行构建。

表 2-5-2 其他设备参数

编号	温度范围	分辨率	输出信号	安装方式
1				
2				
3				

二、温度采集终端搭建

（一）SHT30 传感器概述

SHT30 是由 Sensirion 公司精心打造的一款高精度、低功耗的数字温湿度传感器。该传感器集温湿度测量元件与信号处理电路于一体，依托先进的 CMOSens®技术，通过 I^2C 接口与主控器实现高效通信，广泛应用于多种场合。

1. SHT30 的技术规格

（1）工作电压范围：兼容 2.4 V 至 5.5 V 的宽电压输入。

（2）工作电流：在低功耗模式下，典型值低至 15 μA，展现了出色的能耗控制。

（3）输出方式：采用 I^2C 数字信号，便于与主流微控制器集成。

（4）测量范围：湿度覆盖 0%~100% RH，温度则跨越-40~125 ℃的宽范围。

（5）精度指标：湿度测量误差不超过±2% RH，温度测量误差控制在±0.3 ℃以内。

（6）分辨率：湿度达到 0.01% RH 的高精度，温度亦能实现 0.01 ℃的细微分辨。

（7）响应时间：湿度测量响应时间为 8 秒，温度测量响应时间仅需 2 秒，保障了数据更新的及时性。

2. SHT30 的引脚配置

SHT30 的引脚配置如图 2-5-2 所示。

图 2-5-2　SHT30 的引脚配置

（1）VCC：电源接入引脚，支持 2.4～5.5 V 的电压输入。

（2）GND：接地引脚，连接至电源负极。

（3）SCL：时钟引脚，用于与主控器 I^2C 接口的时钟线相连。

（4）SDA：数据引脚，负责 I^2C 接口的数据传输。

SHT30 支持 I^2C 接口的标准模式（100 kHz）和快速模式（400 kHz），最高通信速率可达 1 MHz，能够灵活地适应不同应用场景的需求。其 I^2C 地址根据 ADDR 引脚的连接方式可配置为 0x44 或 0x45，增强了设备的可配置性。

3. 计算温湿度数据

（1）温度（摄氏度）= $-45 + 175 \times (T / 2^{16})$，其中 T 为原始温度数据。

（2）湿度（% RH）= $100 \times (RH / 2^{16})$，其中 RH 为原始湿度数据。

4. 主机通信步骤

（1）检测总线空闲状态，发送启动信号以开始通信。

（2）发送从设备地址（含 7 位物理地址和 1 位读写控制位，此时 R/W=0）。

（3）接收从机应答信号 ACK。

（4）发送数据字节，并在每个字节后接收 ACK 确认。

（5）发送最后一个数据字节并收到 ACK 后，发送停止信号以结束通信并释放总线。

基于上述通信协议，可使用 CC2530 等微型控制器实现对 SHT30 的读取操作。欲了解更多详情，请参阅 SHT30 的官方数据手册。

（二）SHT30 传感器数据采集操作流程

1. 硬件连接

SHT30 传感器数据采集硬件组件包括：ZigBee 节点模块［如图 2-5-3（a）所示］、通用节点底板［如图 2-2-2（b）所示］、温湿度传感器（SHT30）［如图 2-5-3（b）所示］、ZigBee 下载器［如图 2-5-3（c）所示］、5 V 直流电源［如图 2-2-2（e）所示］。

在选定所需设备之后，进行了如下操作：首先，将 ZigBee 节点模块与温湿度传感器稳固地插入通用节点底板的相应插槽中；其次，将 5 V 直流电源正确接入通用节点底板的供电端口，以确保稳定的电力供应；最后，将 ZigBee 下载器与电脑稳固连接，具体连接方式可参照图 2-5-4 所示。

在本实验中，鉴于对两个 ZigBee 节点模块的需求，务必确保两个节点均已妥善连接，具体连接方式请参照图 2-5-5 所示。

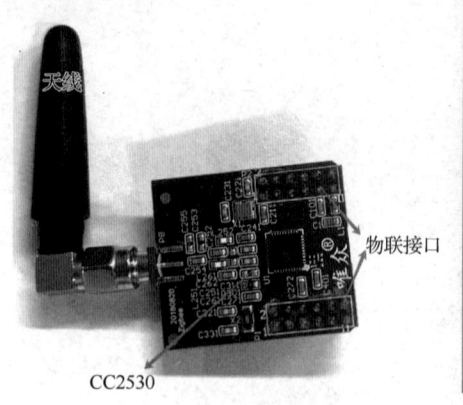

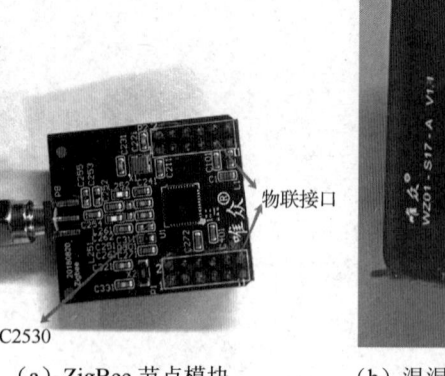

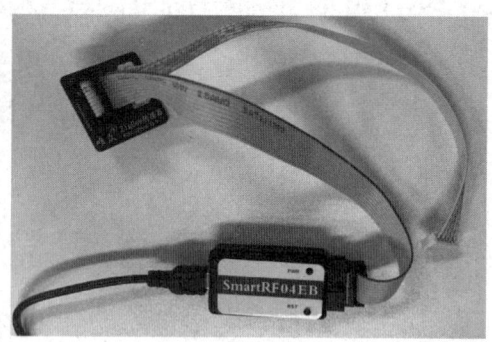

传感器 技术应用

(a) ZigBee 节点模块　　(b) 温湿度传感器（SHT30）　　(c) ZigBee 下载器

图 2-5-3　SHT30 传感器数据采集硬件组件

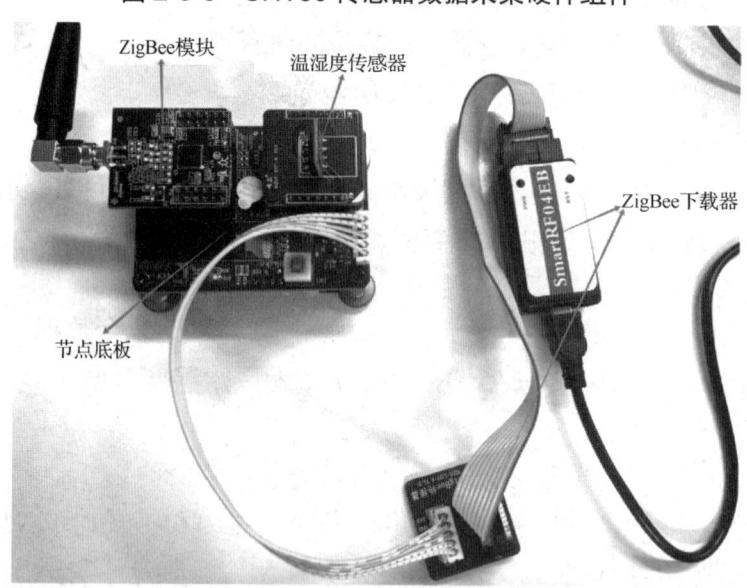

图 2-5-4　下载器连接

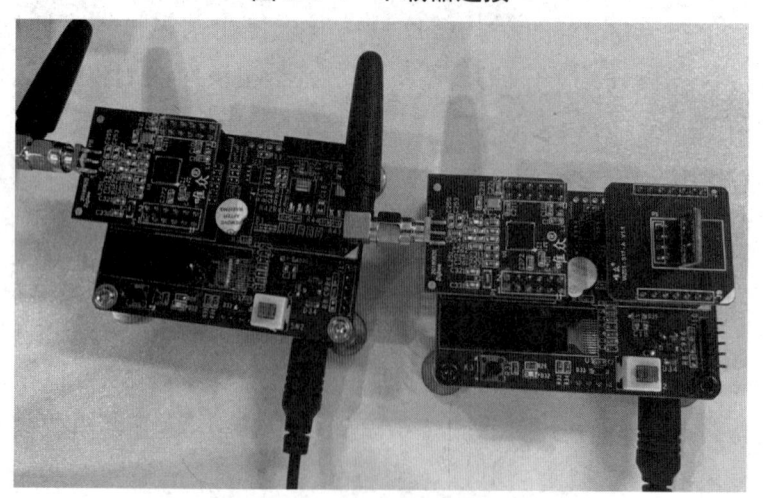

图 2-5-5　两个 ZigBee 节点模块连接

2．下载工程

按照图 2-5-6 所示的操作顺序，双击打开温湿度工程代码文件（SensorDemo.eww），以进行后续操作，如图 2-5-6 所示。

图 2-5-6　打开工程代码文件

先将 ZigBee 下载器插在温湿度传感器节点上，在启动工程后，请按照以下步骤操作：在界面左侧的"Workspace"下拉菜单中，选择"End_Sensor"选项，然后单击界面上方绿色的三角形按钮，开始下载，如图 2-5-7 所示。如果有弹窗报错，请按下载器上的"RST"键重置下载器后重试。

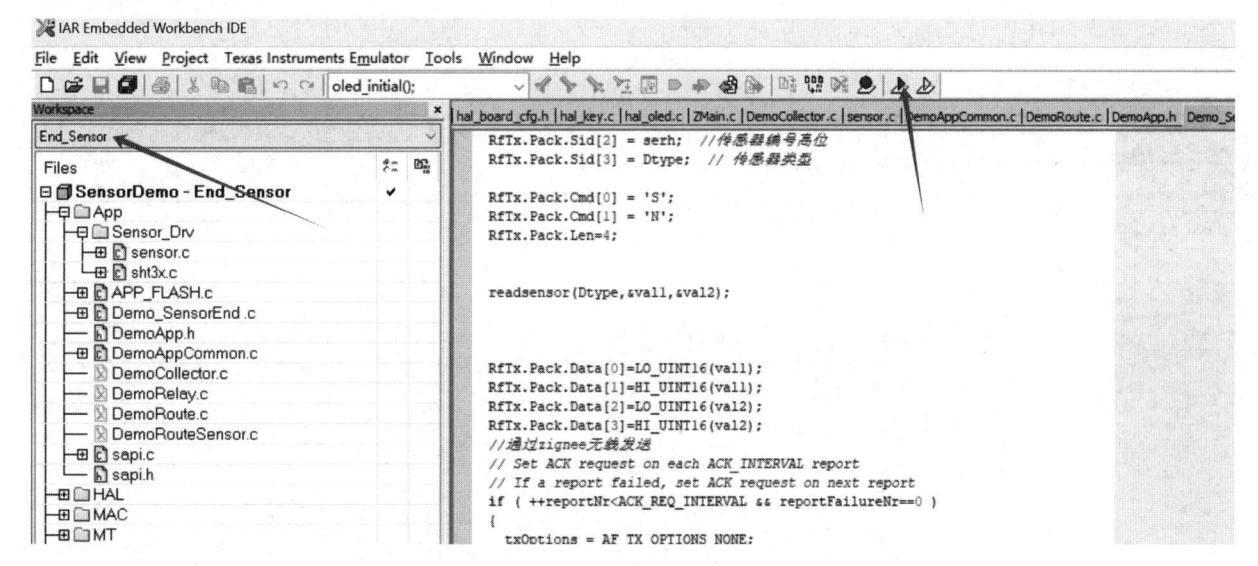

图 2-5-7　End_Sensor 程序下载（1）

待下载进度条加载完毕，系统将自动跳转至调试界面。在此界面，用户首先需单击""按钮（软件提示"go"），然后单击""按钮（软件提示"stop"），以完成下载，如图 2-5-8 所示。请注意，若过程中有弹出窗口提示，请直接单击"skip"按钮以忽略，继续执行后续操作。

随后，需将下载器迁移至 ZigBee 节点模块上。接着，在工程文件界面的左侧的"Workspace"下拉菜单中选择"CollectorEB"选项。完成上述操作后，单击界面上方的绿色

三角形按钮 ▶，开始下载（下载的具体步骤与先前保持一致），操作如图 2-5-9 所示。

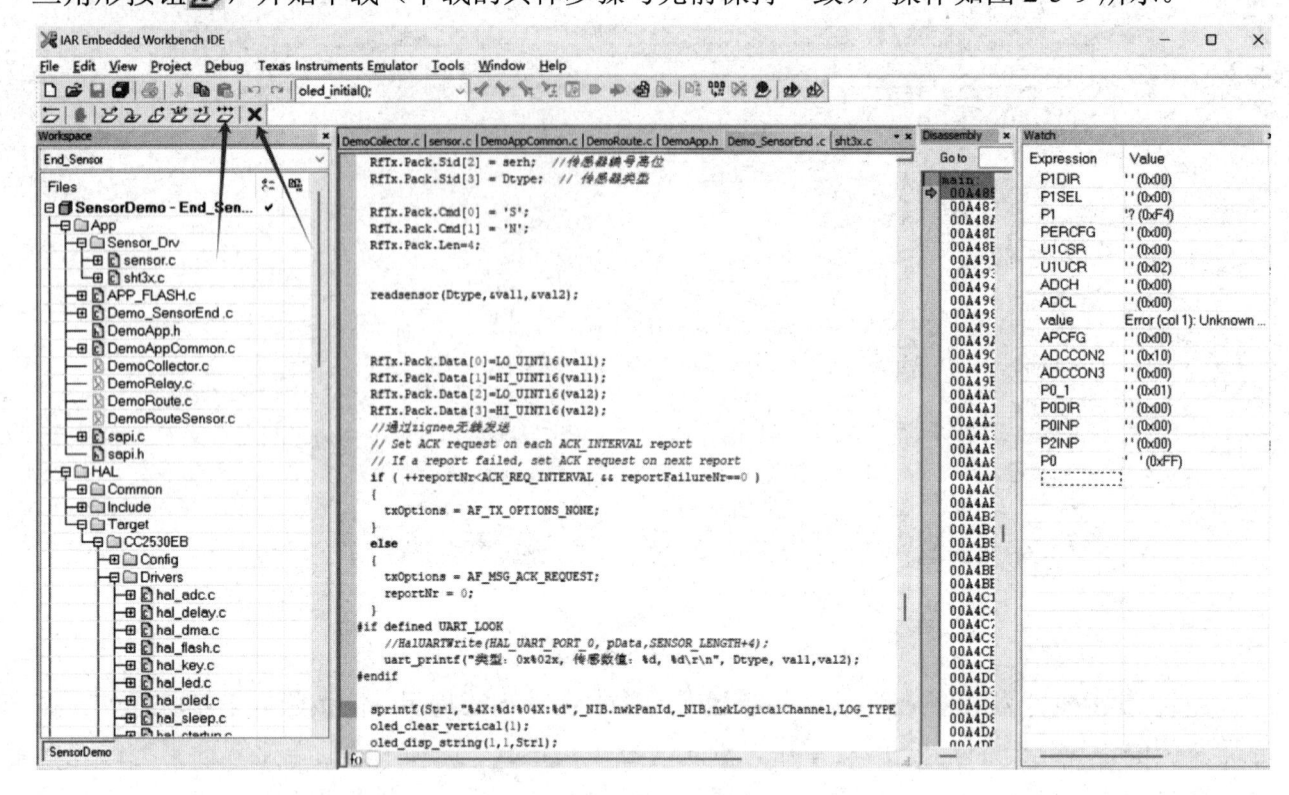

图 2-5-8　End_Sensor 程序下载（2）

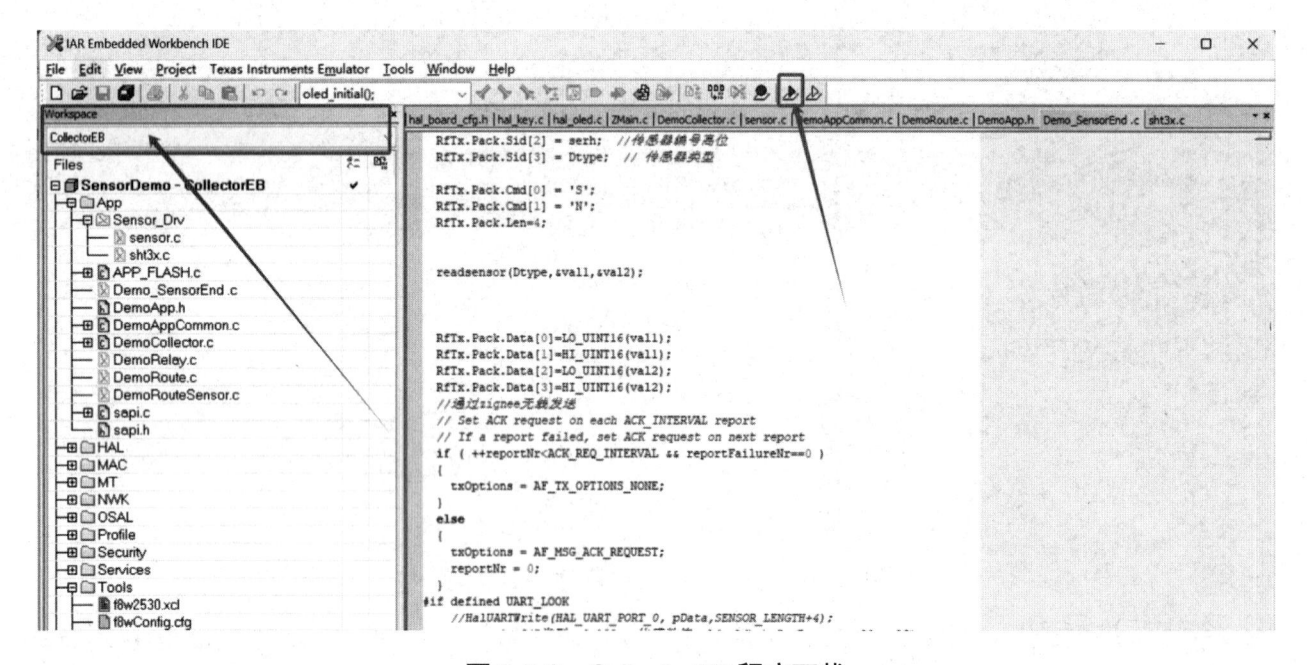

图 2-5-9　CollectorEB 程序下载

3. 数据接收与显示

同时重启两个节点，并静待两秒，以确保自组网过程顺利完成。随后，即可观察到如图 2-5-10 所示的数据接收显示，其中，"T"代表温度值，"H"代表湿度值。

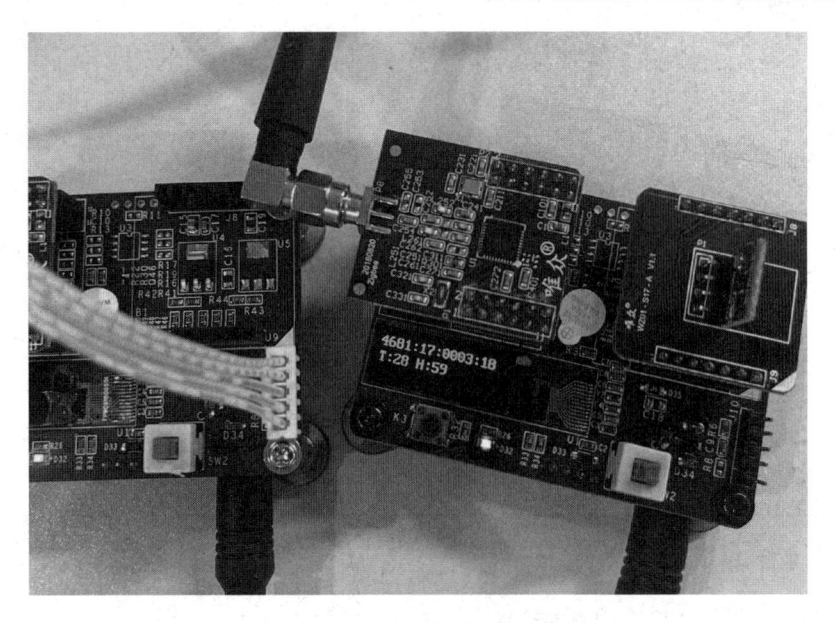

图 2-5-10 数据接收显示

三、ZigBee 网络部署

（一）ZigBee 的工作模式

1. 透传模式

（1）协调器。
- 功能描述：作为透传模式的核心，协调器通过广播方式将串口接收到的数据直接传输到网络中的非休眠设备。
- 工作特点：无须数据解析，直接传输，适用于简单数据传递场景。

（2）路由器和终端。
- 功能描述：这些节点在透传模式下，通过点播方式将串口数据发送至协调器。
- 注意事项：终端节点在休眠模式下无法接收或处理透传模式下的透传数据。

2. 半透传模式

（1）协调器。
- 功能描述：采用全协议传输方式，支持固定格式的数据传输。能够执行点播、广播、组播等多种通信方式。
- 工作特点：数据传输具备较高的灵活性和控制能力。

（2）路由器和终端。
- 功能描述：与透传模式类似，路由器和终端节点在半透传模式下仍通过点播方式将串口数据透传到协调器。
- 注意事项：此模式下，协调器与路由器或终端节点之间的数据传输需遵循特定格式。

3. 协议模式

（1）协调器、路由器及终端。
- 功能描述：所有节点均采用全协议传输方式，按照数据传输的固定格式进行通信。支持点播、组播、广播等多种通信方式。

- 工作特点：数据的一致性和标准化，适用于需要精确控制数据传输格式和过程的复杂应用场景。

（2）协议模式通信简介，如表 2-5-3 所示。

表 2-5-3 协议模式通信简介

序号	使用方式	描述
1	广播	在加入网络的情况下，用户可以根据指令在全网进行广播（分为三种广播模式） 广播模式 1——该消息广播到网络中所有的设备 广播模式 2——该消息广播到只对打开（除休眠模式）接收的设备 广播模式 3——该消息广播到所有全功能设备（路由器和协调器）
2	组播	在加入网络的情况下，用户可对全网非休眠设备进行组播
3	点播	在加入网络的情况下，用户可以根据指令以短地址方式单独与网络中的设备通信（分为三种广播模式） 透传模式（无携带信息） 短地址方式（携带信息为短地址） MAC 地址方式（携带信息为 MAC 地址）

以上三种模式各有特点，用户可根据实际需求选择合适的 ZigBee 工作模式。

（二）ZigBee 无线网络搭建

硬件准备清单如下：两个 ZigBee 节点模块、两个通用节点底板、一个 ZigBee 下载器、一根串口转 USB 线、两个 5 V 直流电源、一台计算机、两根天线、一个 RS-485 模块，以及一个 RS-232 转 RS-485 模块。硬件连接如图 2-5-11 所示。

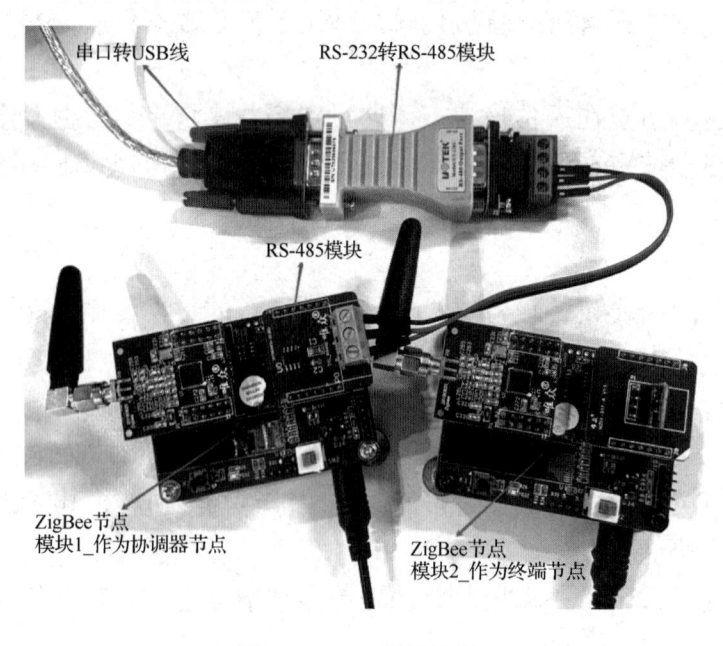

图 2-5-11 硬件连接

按照改写后的内容执行操作。

启动温湿度工程界面，定位并选择"End_Sensor"模块。然后，根据指示路径，打开"f8wConfig.cfg"配置文件，进行 ZigBee 通信参数的详细配置。

在配置过程中，每位参与者必须分配一个独一无二的 PAN_ID（个人区域网络标识符），这不仅可以确保 ZigBee 网络间的独立性，还防止了数据混淆或传输错误。至于信道的选择，虽较为灵活，但仍需从预定义的信道列表中挑选一个，取消其注释状态，激活该信道以此用于通信。

例如，将 PAN_ID 设定为十六进制值 0x4681，并选定信道 17 作为通信媒介。完成上述步骤后，将配置更新后的程序文件加载至终端节点，以确保配置生效并正确执行 ZigBee 通信，设置通信隔离，如图 2-5-12 所示。

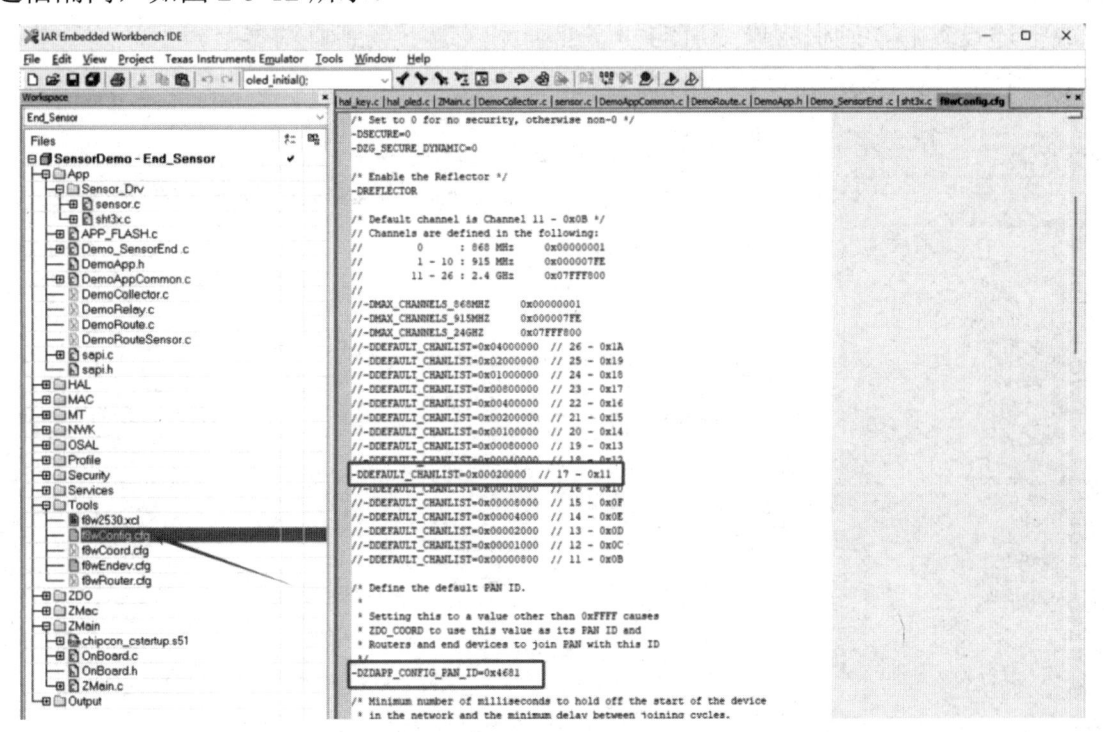

图 2-5-12　设置通信隔离

启动协调器工程，如图 2-5-13 所示。

图 2-5-13　启动协调器工程

首先，选择"CollectorEB"选项作为操作对象。参照图 2-5-14 所示指引，打开名为"f8wConfig.cfg"的配置文件。在此文件中，需要设置 ZigBee 通信的关键参数，即 PAN_ID 和信道。

对于 PAN_ID，请将其值设定为 0x4681。这一步骤确保了 ZigBee 网络具备独特的网络标识符，从而避免了与其他 ZigBee 网络的冲突。

接着，选择信道为 17。信道的正确选择对于 ZigBee 通信的稳定性和效率至关重要，因为它决定了无线信号传输的频率范围。

完成上述设置后，确保将修改后的程序准确无误地下载到协调器节点上。这一步骤是实现 ZigBee 网络配置并使其正常运行的必要条件。

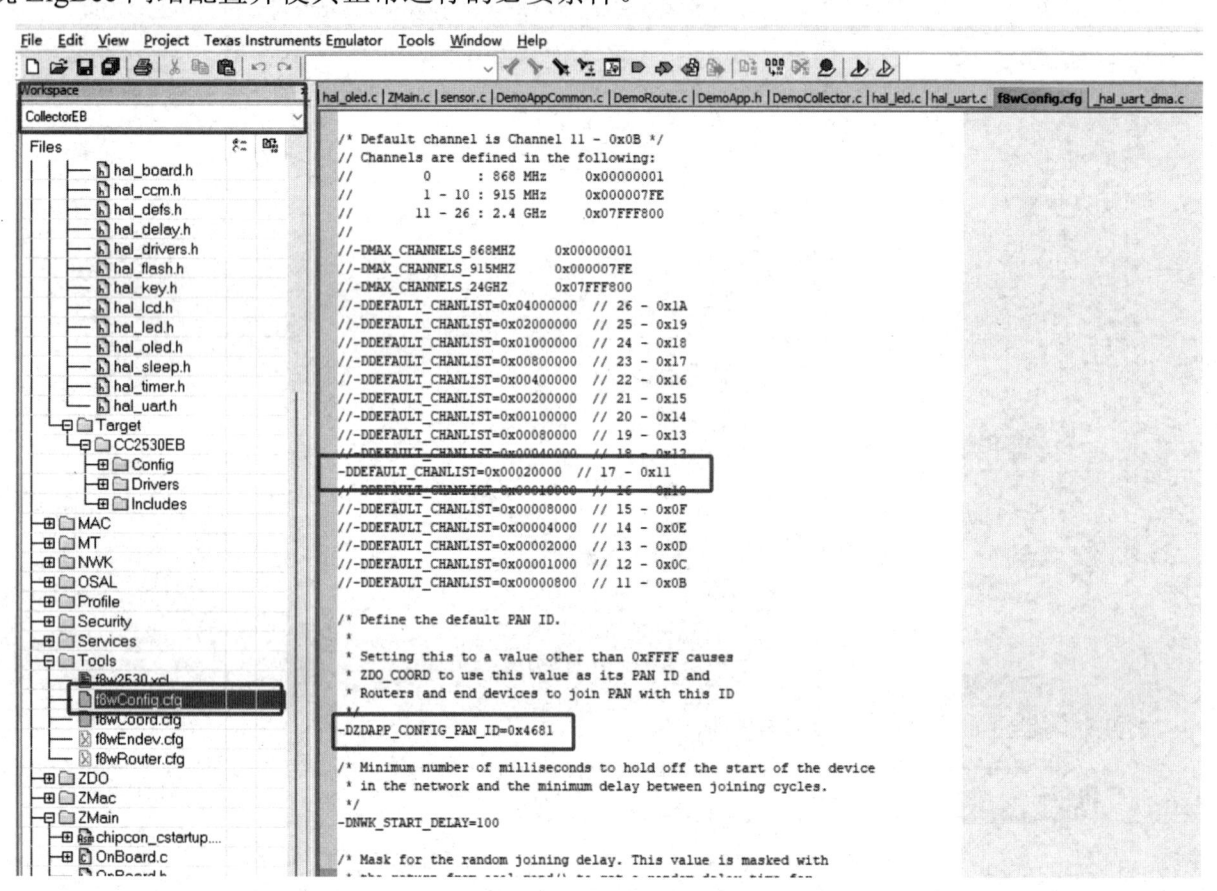

图 2-5-14　通信隔离

四、终端功能测试与调试

在两个节点的程序均已完成下载后，请将串口转 USB 线的另一端妥善连接至计算机上。然后，启动串口调试助手软件，并根据图 2-5-15 所示指引，选择相应的串口号进行设置。

配置波特率等相关参数，然后单击"打开"按钮以启动串口通信，即可接收温湿度数据，具体内容，如图 2-5-16 所示。

温湿度数据可在协调器节点上清晰显示，具体实验现象，如图 2-5-17 所示。

传感器数据采集及传输终端搭建 **项目二**

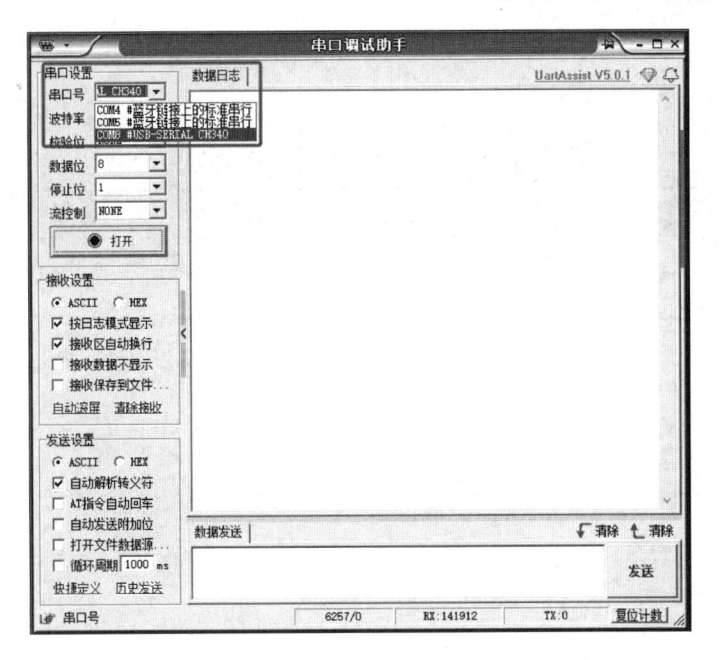

图 2-5-15　选择 CH340 串口

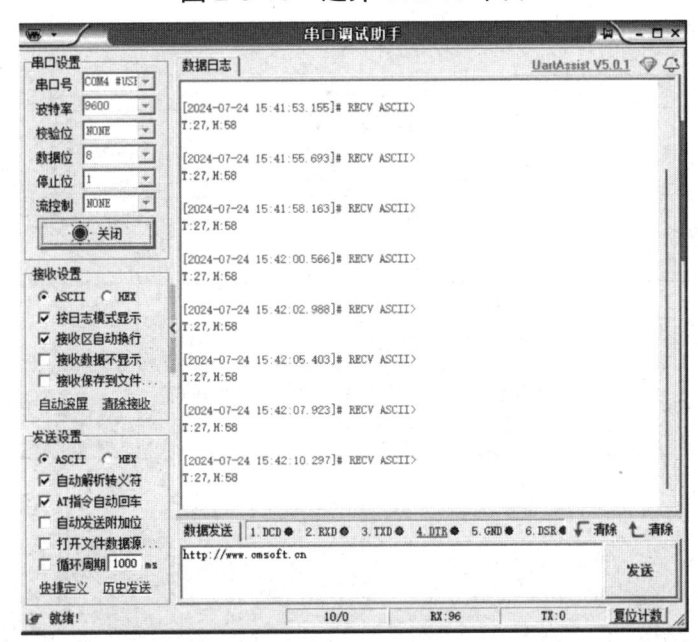

图 2-5-16　接收温湿度数据

图 2-5-17　实验现象

任务评价

基于 ZigBee 的测温终端搭建任务的评分表

评价项目	评价指标	评价标准	自评	互评	教师评价
过程性评价	学习能力	1. 学习过程中对新知识的接受与理解能力 2. 对所遇问题的解决策略 3. 学习方法的运用			
	协作能力	1. 在小组中的沟通与交流 2. 分享知识与经验 3. 团队协作完成任务的情况			
	工作态度	1. 对任务的认真程度 2. 参与活动的积极性 3. 遵守实验室规则与安全操作			
终结性评价	工具使用	1. 是否正确选择和使用工具 2. 工具使用的熟练程度			
	布线合理性	1. 布线是否整齐、合理 2. 是否考虑了电路的优化			
	检测方法	1. 是否采用了正确的检测方法 2. 检测结果的准确性			
	操作顺序	1. 操作步骤是否合理 2. 是否遵循了操作规范			
	预期效果达成	1. 是否达到学习目标 2. 实际操作效果与预期的一致性			
综合评价	综合表现	1. 综合考虑学生在整个任务过程中的表现 2. 学生对评价反馈的接受与改进情况			

评价等级：

- A：优秀
- B：良好
- C：一般
- D：需要改进

评价说明：

- 自评：学生根据自身完成任务的情况进行自我评价。
- 互评：学生之间相互评价，促进互相学习与提高。
- 教师评价：教师根据学生的表现给予客观、公正的评价。

任务六 基于 Modbus 协议的传感器数据采集系统搭建

一、起源与发展

Modbus 协议是一种广泛应用于工业自动化控制系统的通信协议，由 Modicon 公司（现为施耐德电气公司名下品牌）在 1979 年设计开发。它旨在实现不同电子设备之间相互通信，并逐渐在工业领域广泛使用。

二、开放标准与特点

（一）开放标准

Modbus 协议是一个开放的协议，用户可以免费使用。这一特性使其在工业自动化领域得到了广泛的接受和应用。

（二）主要特点

（1）主从架构：Modbus 采用主从（Master/Slave）方式。在一个系统中，一个主设备可以与多个从设备进行通信，但从设备之间不直接通信。主设备发出请求，从设备响应请求。

（2）简单易用：Modbus 协议设计简洁，易于实现和理解，特别适用于资源有限的嵌入式系统。

三、多种传输方式

（1）Modbus RTU：基于串行通信的 Modbus 变体，通常使用 RS-232 或 RS-485 作为物理层。数据以二进制形式传输，具有较高的效率和较低的通信开销。

（2）Modbus ASCII：另一种基于串行通信的变体，数据以 ASCII 字符形式传输，便于人类阅读和调试。

四、协议变体

随着技术的发展，Modbus 协议也衍生出了多个版本和变体，以适应不同的通信需求和物理介质。以下是几种常见的 Modbus 协议变体。

（1）Modbus RTU：用于串行通信，数据以二进制形式传输。

（2）Modbus ASCII：用于串行通信，数据以 ASCII 字符形式传输。

（3）Modbus TCP：用于以太网通信，基于 TCP/IP 协议。

五、硬件层与软件层

Modbus 通信过程可以分为硬件层和软件层两个部分。

（1）硬件层：包括 RS-232、RS-485 和 CAN 等，主要解决硬件传输问题。

（2）软件层：负责数据的传输和通信，包括数据打包、解包、错误检测等功能。

六、主从通信模式

在 Modbus 协议中，通信形式通常为主从通信模式。主设备（Master）可以主动发起通信，而从设备（Slave）只能响应主设备的请求。在硬件实现上，主从设备上电后进入监听状态，主设备发送寻址数据帧后，目标从设备返回响应消息，完成通信过程。

七、软件实现

在软件实现上，Modbus 协议支持多个主设备和多个从设备。每个从设备具有唯一的地址（0-247），其中 0 号地址为广播地址。主设备通过构造寻址帧格式（RTU 方式或 ASCII 方式）与从设备进行通信。

任务分析

本任务涉及基于 Modbus 协议的传感器数据采集系统搭建，主要包括三个阶段。首先，进行 Modbus 传感器终端架构设计，确定硬件选型及通信协议。其次，搭建 Modbus 采集终端，实现传感器与数据采集模块的连接。最后，进行终端功能测试/调试，确保系统稳定、可靠地运行，以满足数据采集需求。

任务实施

一、Modbus 传感器终端架构设计

如图 2-6-1 所示，传感器设备的连接方式通常涉及 RS-485 接口的应用。在进行设备测试阶段，普遍的做法是借助上位机，通过 USB 转 RS-485 接口与传感器实现连接，进而执行数据的读取与写入操作。此流程确保了数据交互的顺利进行，并符合标准的技术实施规范。

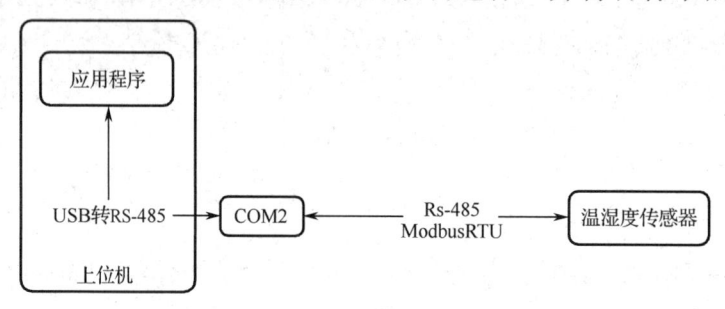

图 2-6-1 Modbus 传感器连接示意图

在实际项目中，鉴于直接从上位机拉线至现场设备操作的不现实性，通常在现场部署串口服务器，通过网络实现数据的交互。串口服务器连接如图 2-6-2 所示。

应用程序利用 TCP 连接与串口服务器建立连接，随后发送指令。这些指令经串口服务器中转，进一步转发至目标串口。串口接收到的数据则逆向传输，最终返回至应用程序。由于每个串口的端口号具有唯一性，这一机制确保了应用程序能够与不同的串口进行独立的通信。

此外，还存在一种替代方案，即将特定的 IP 地址与端口号映射为虚拟串口。通过这种映射，应用程序如同直接操作物理串口一样，实现与虚拟串口的无缝通信，如图 2-6-3 所示。

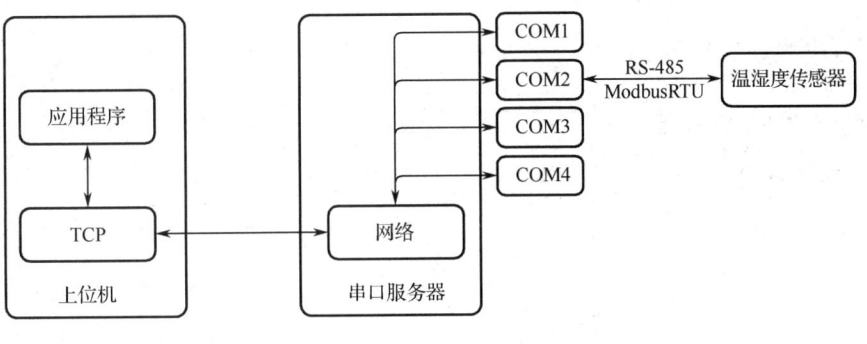

图 2-6-2 串口服务器连接

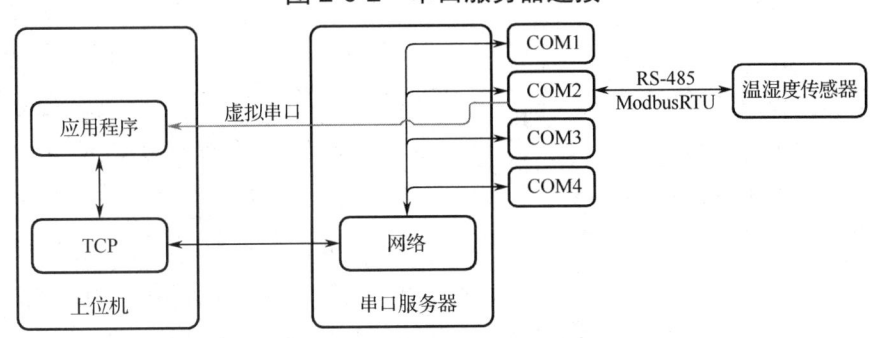

图 2-6-3 虚拟串口连接示意图

二、Modbus 采集终端搭建

在本次实验中，采用了串口服务器、温湿度传感器作为关键设备，如图 2-6-4、图 2-6-5 所示。

图 2-6-4 串口服务器

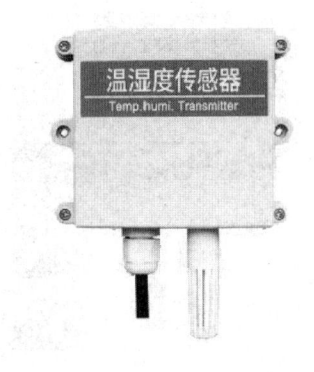

图 2-6-5 温湿度传感器

具体的安装和接线流程，如图 2-6-6 所示。

本次演示采用温湿度传感器，该传感器已成功连接至串口服务器的 COM3 端口。为满足各位的个性化需求，鼓励大家根据自己的喜好，灵活替换 Modbus 传感器，包括但不限于光照传感器、二氧化碳传感器等。

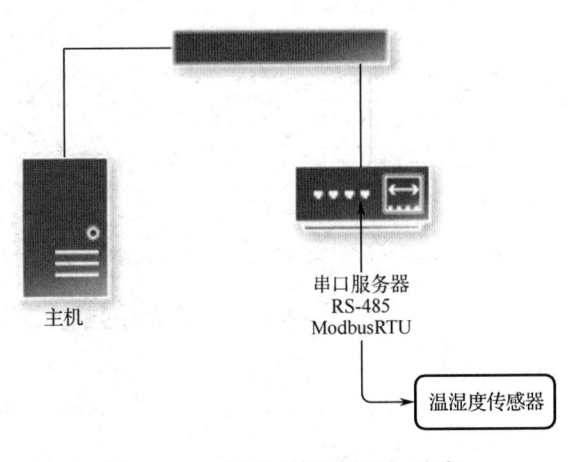

图 2-6-6 采集终端安装与流程

三、终端功能测试与调试

温湿度采集操作规范流程

1. 硬件设备的连接操作

首先,进行串口服务器的电源连接,需确保供电电压为 DC24 V。随后,对温湿度传感器进行电源连接,供电电压应为 DC12 V。在确认电源连接无误后,将温湿度传感器的 RS-485 接口与串口服务器的 COM3 接口进行连接,并确保网络连接已正确建立。整个连接过程需参照图 2-6-7 所示进行操作,确保连接准确无误。

2. 串口服务器配置

使用串口服务器连接温湿度传感器而没有使用 USB 转接口,因此必须知道串口服务器的 IP 地址以及 COM3 对应的端口。

使用软件工具搜索局域网内的设备,若网络中有多个设备,应断开与其他设备的连接,确保连接到正确的设备。配置串口服务器 IP 地址,如图 2-6-8 所示。

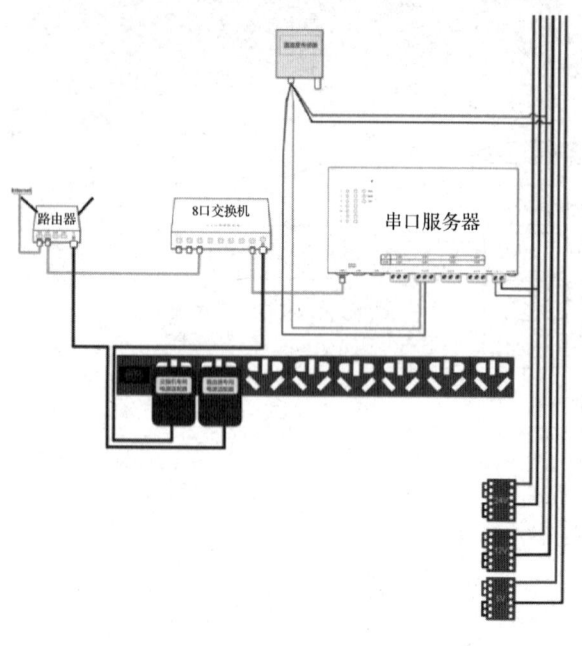

图 2-6-7 串口服务器的电源连接

将设备配置调整为静态 IP,其中 IP 地址段需根据路由器当前设置进行匹配,确保设备 IP 地址与路由器在同一网段内。

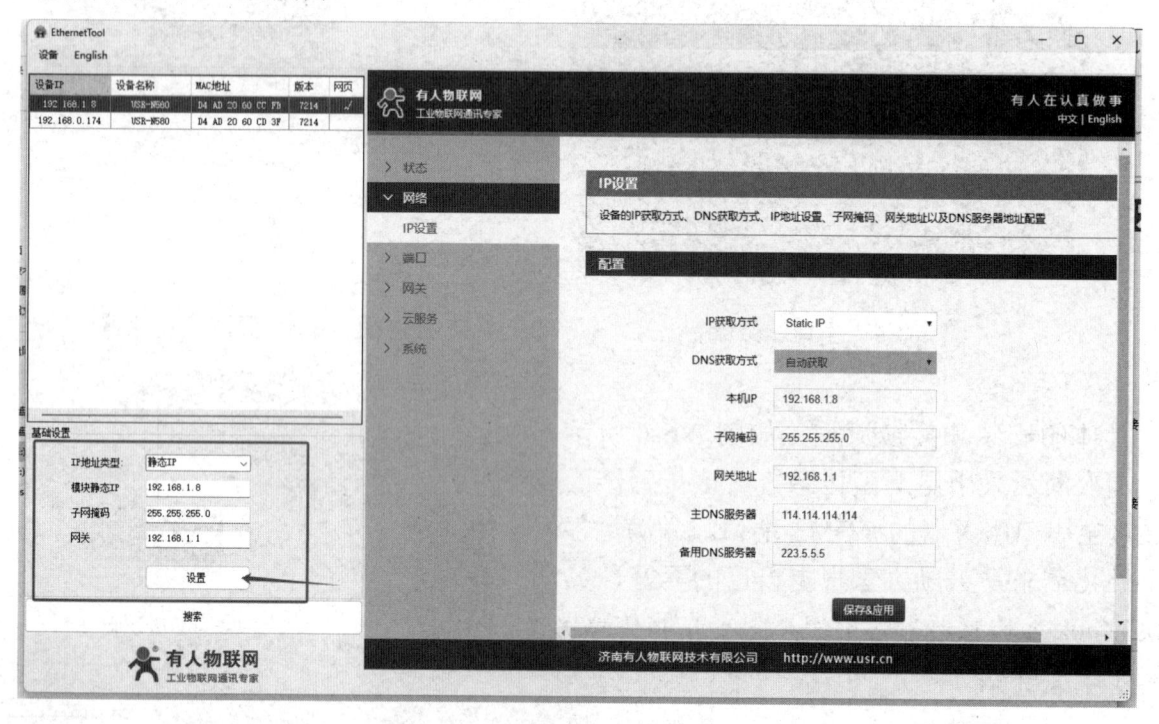

图 2-6-8 配置串口服务器 IP 地址

同时,请调整端口 3 的通信参数,将波特率设置为 9600 bps,数据位为 8 bit,停止位为 1,

无奇偶校验（N）。配置串口服务器端口，如图 2-6-9 所示。

图 2-6-9　配置串口服务器端口

修改与端口 3 相关联的 Socket 配置，将其工作方式设定为 TCP Server 模式，并确保本地端口号为 29，如图 2-6-10 所示。

图 2-6-10　配置串口服务器 Socket

3．读取传感器数据

在此阶段，将采用 Modbus 工具来执行数据读取操作。需要进行连接配置，明确指定远程设备的 IP 地址以及相应的端口号，以确保数据能够准确无误地被接收和处理。设置 Modbus 工具 Server，如图 2-6-11 所示。

根据传感器的说明书，了解到该设备支持通过指令 3 来读取其寄存器中的数据。具体来说，当指令 3 的参数设置为 0 时，读取的数据代表湿度，单位为 RH%；而当参数设置为 1 时，读取的数据则代表温度，单位为℃。设置读取指令，如图 2-6-12 所示。

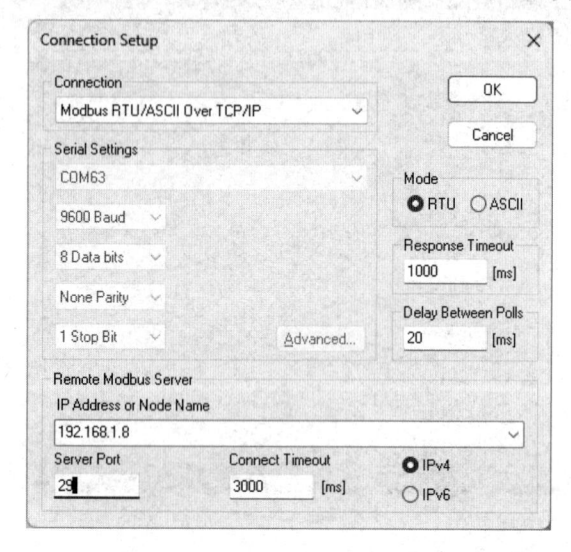

图 2-6-11　设置 Modbus 工具 Server

图 2-6-12　设置读取指令

依据既定的规范，自地址 1 的寄存器 0 开始，将连续读取两个数据项。

观察到寄存器 0 存储的数值是 504，该数值代表的是相对湿度，则湿度为 50.4 RH%；寄存器 1 存储的数值为 273，此数值则对应于温度，则温度为 27.3 ℃，如图 2-6-13 所示。

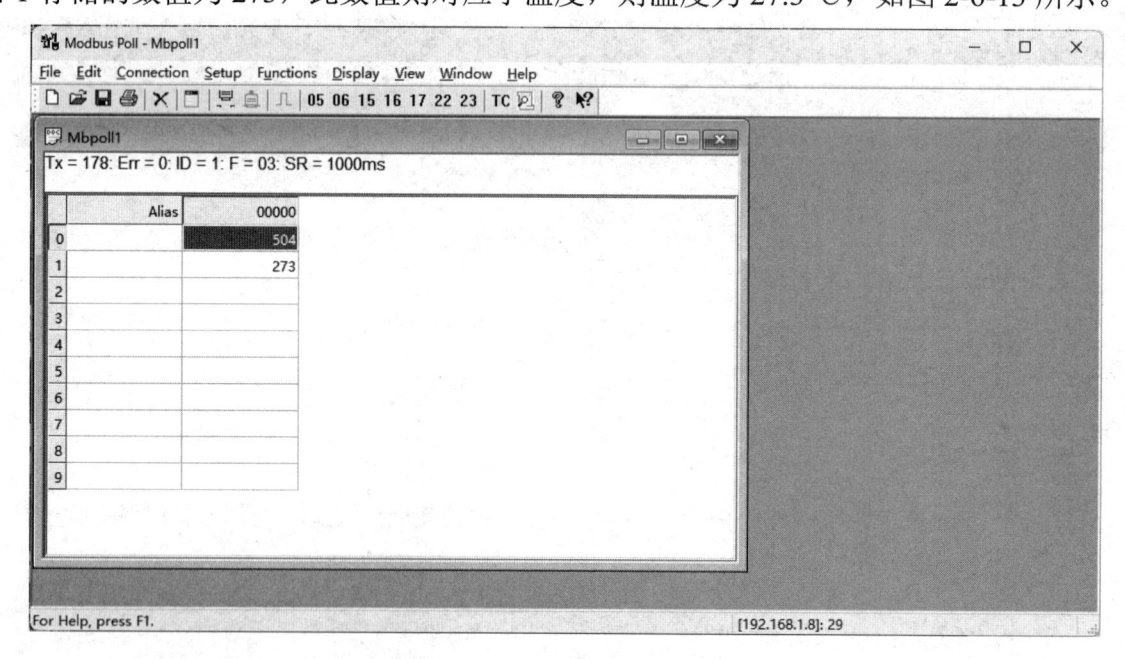

图 2-6-13　读取数据展示

为了确保数据的有效性和准确性，应当启动通信交互界面，以便详细检视发送与返回的数据流。若未来有意自行编程以读取数据，可参照当前的通信交互界面作为参考框架，要特别关注末尾两位的 CRC16 校验码，以确保数据完整性和一致性，如图 2-6-14 所示。

前面已经提及，可以借助虚拟串口技术，将 TCP 协议模拟为串口通信，以便利用串口等工具进行数据交换。具体操作为：启动虚拟串口软件，并将指定的 IP 地址与端口号映射至 COM3 端口，从而实现上述功能，如图 2-6-15 所示。

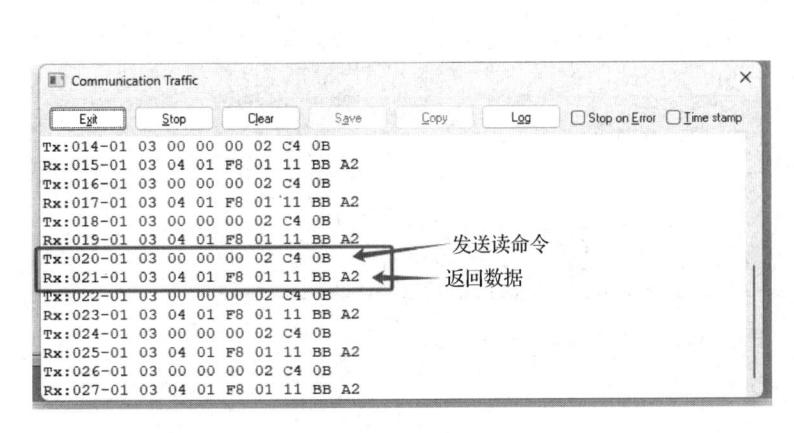

图 2-6-14　通信交互界面

图 2-6-15　添加虚拟串口

经确认，已成功实现与目标设备的正确连接，如图 2-6-16 所示。

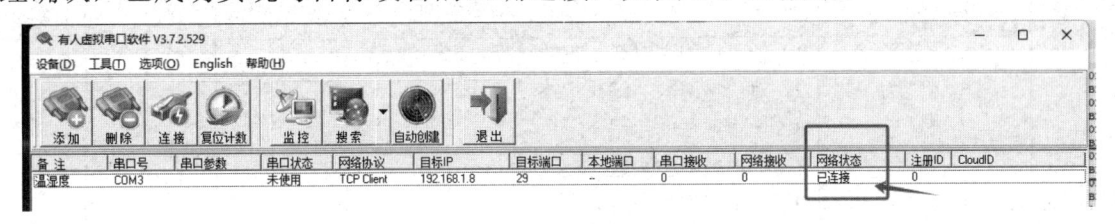

图 2-6-16　连接虚拟串口

利用串口工具，开启指定的端口，并发送之前的读取指令："01 03 00 00 00 02 C4 0B"，指令发送后，随即接收温湿度数据，如图 2-6-17 所示。

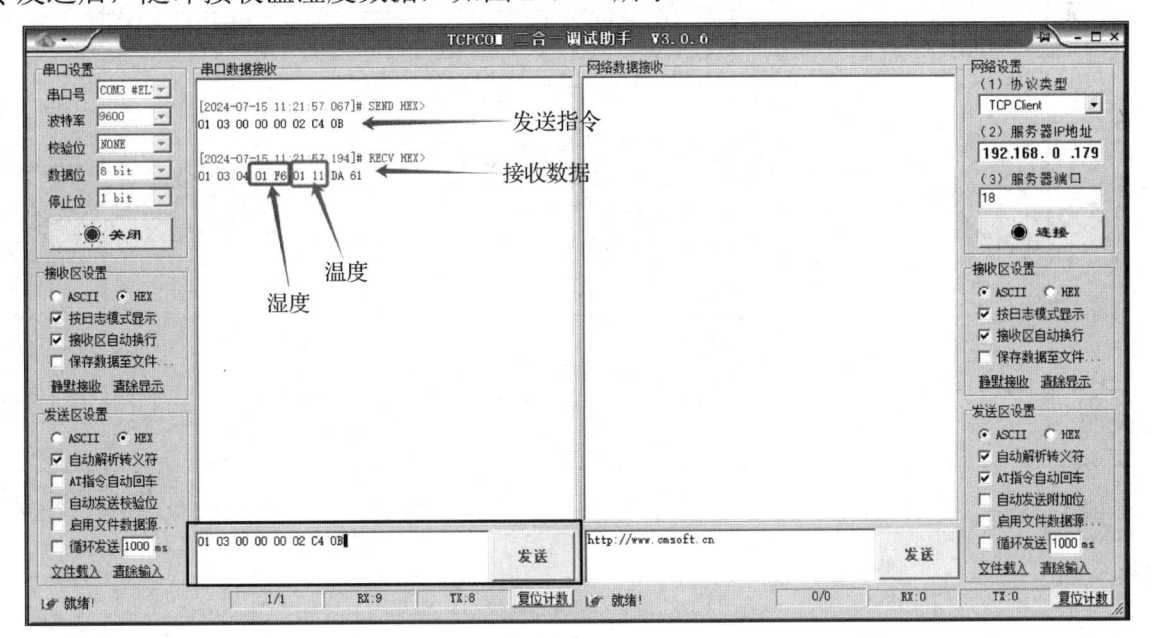

图 2-6-17　通过串口工具发送读取指令

也可以选择串口模式，并借助 Modbus 调试工具来读取所需数据，如图 2-6-18 所示。

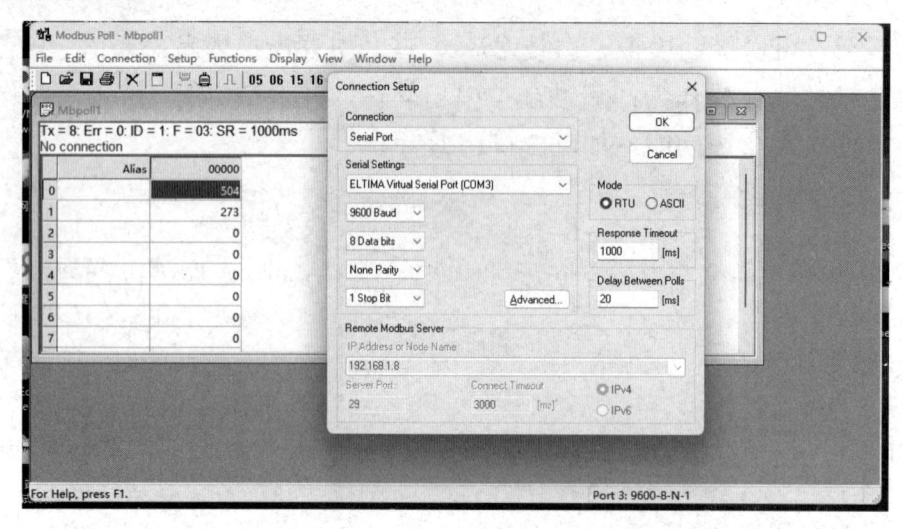

图 2-6-18　借助 Modbus 调试工具读取数据

任务评价

基于 Modbus 协议的传感器数据采集系统搭建任务的评分表

评价项目	评价指标	评价标准	自评	互评	教师评价
过程性评价	学习能力	1. 学习过程中对新知识的接受与理解能力 2. 对所遇问题的解决策略 3. 学习方法的运用			
	协作能力	1. 在小组中的沟通与交流 2. 分享知识与经验 3. 团队协作完成任务的情况			
	工作态度	1. 对任务的认真程度 2. 参与活动的积极性 3. 遵守实验室规则与安全操作			
终结性评价	工具使用	1. 是否正确选择和使用工具 2. 工具使用的熟练程度			
	布线合理性	1. 布线是否整齐、合理 2. 是否考虑了电路的优化			
	检测方法	1. 是否采用了正确的检测方法 2. 检测结果的准确性			
	操作顺序	1. 操作步骤是否合理 2. 是否遵循了操作规范			
	预期效果达成	1. 是否达到学习目标 2. 实际操作效果与预期的一致性			
综合评价	综合表现	1. 综合考虑学生在整个任务过程中的表现 2. 学生对评价反馈的接受与改进情况			

评价等级：
- A：优秀
- B：良好
- C：一般
- D：需要改进

评价说明：
- 自评：学生根据自身完成任务的情况进行自我评价。
- 互评：学生之间相互评价，促进互相学习与提高。
- 教师评价：教师根据学生的表现给予客观、公正的评价。

项目总结

本项目聚焦于传感器数据采集及多种传输终端的搭建,成功完成了六个关键任务。本项目的实施不仅增强了学生对传感器技术、无线通信技术以及数据处理技术的理解与应用能力,还锻炼了他们的创新思维与实践操作能力。通过团队协作,学生们共同解决了项目中的难题,积累了宝贵的项目经验,为未来的职业生涯奠定了坚实的基础。

思考与练习题

一、单选题

1. 在以下无线通信技术中,哪一种技术最适合用于长距离、低功耗的物联网设备通信?(   )
   A．BLE　　　　　B．LoRa　　　　　C．Wi-Fi　　　　　D．ZigBee
2. 基于 BLE 的防入侵监测终端,其通信距离一般不超过多少米?(   )
   A．10 米　　　　B．30 米　　　　　C．50 米　　　　　D．100 米
3. BH1750 光照传感器模块在光照强度测量中的误差变动维持在多少以内?(   )
   A．±5%　　　　B．±10%　　　　　C．±20%　　　　　D．±30%
4. 基于 ZigBee 的测温终端,其网络节点数量一般可以达到(   )个。
   A．10 个　　　　B．100 个　　　　C．1 000 个　　　　D．10 000 个
5. Modbus 传感器数据采集系统通常使用的通信协议是(   )。
   A．TCP/IP　　　B．HTTP　　　　C．Modbus RTU　　D．Modbus ASCII

二、填空题

1. 基于 LoRa 的消防监测终端,其通信距离可以达到_____千米。
2. BH1750 光照传感器模块是一种高精度、快速响应的数字型光强度传感器,旨在准确测量光照强度。该模块采用数字输出接口设计,便于通过_____与微控制器或单片机实现高效通信。
3. ZigBee 技术是一种_____(填"有线"或"无线")通信技术,适用于低功耗、低速率的物联网应用。
4. Modbus 传感器数据采集系统中,Modbus RTU 协议使用的是_____编码方式。
5. 在搭建基于 BLE 的防入侵监测终端时,通常需要使用_____(填"单片机"或"微控制器")来处理数据和控制设备。

三、简答题

1. 简述基于 LoRa 的消防监测终端的主要特点。

2. 在进行 Wi-Fi 通信网络部署时,需要将光照采集模块设定为什么角色,以便向客户端提供数据服务?请简要描述 AP 模式网络搭建的步骤。

3. 简述 ZigBee 技术在测温终端中的应用优势。

4. 请描述 Modbus 传感器数据采集系统的工作原理。

5. 在搭建基于 BLE 的防入侵监测终端时,可能会遇到哪些挑战?请列举两个。

项目三

传感器综合应用系统搭建

随着科技的不断发展,传感器技术在各领域的应用日益广泛。传感器综合应用系统通过集成多种传感器,实现了对环境参数的实时监测与控制。本项目将简要介绍传感器综合应用系统的重要性,以及如何通过合理搭建系统来提高监测效率和准确性,以满足现代社会对智能化、自动化的需求。

知识目标

1. 了解传感器的定义、分类和作用。
2. 掌握常见传感器的原理、特性和应用。
3. 学习传感器信号的处理和转换方法。
4. 理解传感器综合应用系统的组成和工作原理。
5. 掌握传感器综合应用系统的设计方法和步骤。

能力目标

1. 能够正确选择和使用传感器。
2. 能够进行传感器信号的采集、处理和转换。
3. 能够设计并搭建简单的传感器综合应用系统。
4. 能够进行传感器系统的调试和优化。
5. 能够运用所学知识解决实际工程问题。

素养目标

1. 培养学生对传感器技术的兴趣,激发探索精神。
2. 培养学生运用科学方法分析问题和解决问题的能力。
3. 培养学生掌握传感器技术的基本知识和技能。
4. 培养学生的实际操作能力和动手能力。
5. 培养学生的团队合作精神,提高学生的沟通协调能力。

6. 培养学生的责任心和职业道德，确保工作质量。

📑 项目描述

项目描述：本项目旨在通过搭建一个传感器的综合应用系统，使学生掌握传感器的基本原理和应用。本项目涵盖安防报警系统搭建和物流系统之试验箱管理两个实际案例，要求学生运用各类传感器实现系统的自动检测、监控和管理功能。

任务一：安防报警系统搭建——利用传感器技术，构建一个能够实时监测并报警的安防系统，包括入侵检测、火灾报警等功能，以提高安全防护水平。

任务二：物流系统之试验箱管理——运用传感器对物流系统中试验箱的位置、状态等信息进行实时监控，实现对试验箱的自动识别、跟踪和管理，提高物流效率。

任务一　安防报警系统搭建

随着科技的进步和人们生活水平的提高，家庭和企业的安全问题越来越受到重视。安防报警系统的搭建成为了保护人身和财产安全的重要手段。本任务将介绍如何利用融合云平台，设计并实现一套高效可靠的安防报警系统，为用户提供实时监控和及时报警功能。

💻 任务分析

针对安防报警系统的搭建，需全面考虑系统功能与性能。首先，进行系统设计，明确系统架构及各组件功能。其次，设计家庭安防系统的监控及报警逻辑，确保准确且能及时响应。然后，进行应用部署及调试，确保系统稳定运行。再次，进行云平台数据获取与设备控制，实现远程监控与管理。同时，进行界面设计，提升用户体验。最后，设置定时任务，包括数据显示、视频流获取及显示、联动报警等功能，以实现全方位的安防监控。

📖 任务实施

一、系统设计

（一）市场调研

1. 家庭安防用户需求高

当今社会，家庭安防已成为每个家庭最为关注的话题之一。随着居民安全意识的不断提高，家庭安防系统已经成为许多家庭不可或缺的一部分。居民对安防系统的需求不仅仅局限于传统的防盗功能，还包括了防火、防燃气泄漏、紧急求助等多方面的需求。家庭成员尤其是儿童和老人的安全，成为推动家庭安防系统需求增长的重要因素。家长们希望通过安装先进的安防系统，为孩子们提供一个更加安全的成长环境，而老年人则需要通过这些系统来获得及时的医疗援助和生活上的便利。在一些社区，家庭安防系统甚至成为邻里之间相互关心和帮助的纽带，帮助居民共同构建了一个更加和谐安全的居住环境。安防类智能家居设备产品主要包括智能门锁、智能猫眼、智能门铃、智能监控设备、门磁传感器、红外报警器等。

2．新兴技术推动智能化升级

随着人工智能、物联网、云计算等前沿技术的快速发展，家庭安防系统正在经历一场智能化的革命。智能门锁、高清摄像头、人脸识别技术等的应用，使家庭安防系统更加智能和便捷。用户可以通过智能手机或平板计算机，随时随地监控家中的安全状况，在发生异常情况时，系统能够自动发送警报到用户的移动设备上。这些技术的融合，不仅提高了家庭安防系统的性能，也极大地提升了用户的使用体验度。例如，智能安防系统可以识别用户的面部特征，自动解除门禁，为用户提供更加个性化的服务。同时，通过大数据分析，系统还能预测并防范潜在的安全风险，为家庭安防提供了更为全面的保障。

3．消费升级带动需求增长

随着我国居民消费水平的不断提高，家庭安防市场逐渐从高端市场向大众市场发展。居民对家庭安防产品的需求日益多样化和个性化，从基本的监控设备到高端的智能家居安防系统，市场上的产品种类也越来越丰富，满足了不同层次的消费需求。家庭安防系统不再只是高收入家庭的专属，越来越多的普通家庭也开始安装家庭安防系统，以提升居住的安全性和舒适度。在一些新建的住宅小区，家庭安防系统已经成为标配，为居民提供了全方位的安全保障。此外，随着智能家居概念的普及，家庭安防系统与智能家电的联动，为居民带来了更加便捷和智能的生活体验。

4．居民对安全感的需要

当前社会环境下，家庭安防系统成为满足居民对安全感需要的必要手段。居民在忙碌的工作之余，更希望能够拥有一个安全、舒适的居住环境。家庭安防系统不仅能够提高居民的安全感，还能为老年人、儿童等特殊群体提供关爱和保护。例如，家庭安防系统可以及时发现老人跌倒并自动报警，还可以为儿童提供一个安全的成长环境。在追求高品质生活的今天，家庭安防系统已经成为居民生活中不可或缺的一部分，它不仅保护了居民的生命财产安全，也给予了居民心理上的安慰。家庭安防系统的普及，不仅反映了社会对个体安全的重视，也体现了科技发展为居民生活带来的积极变化。

（二）关键设备

1．安防传感器

目前，安防传感器主要包括气体传感器、人体感应传感器、烟雾传感器、门磁传感器等几种类型。

2．报警主机

报警主机是用物理方法或电子技术，自动探测发生在布防监测区域内的侵入行为，对侵入行为进行报警，提示值班人员发生入侵行为的区域位置，并显示应对对策的设备。

3．监控摄像头

监控摄像头是视频安防监控系统的一个终端设备，也就是我们经常在公共场合看到的"电子眼"，作为视频安防监控系统的前端设备，它对整体周围环境的监控起着"前锋"的作用。

4．无线路由器

无线路由器就是一种将有线网络信号转换成无线电波发射出去，并且可以接收无线信号的设备。

5．Wi-Fi 数据终端

Wi-Fi 数据终端是指通过 Wi-Fi 自组网将其他协议转换为 TCP/IP 协议的一类设备，Wi-Fi 数据终端拥有多种接口，可连接不同协议的数据采集设备，在配置好 Wi-Fi 数据终端后，将采集设备传输来的数据转换为 TCP/IP 协议数据包并上传到指定云平台服务器。

二、家庭安防系统监控及报警逻辑设计

家庭安防系统被划分为两个主要部分：图 3-1-1（a）为硬件部分，其中报警系统承担采集传感器数据并上传的任务，同时接收并执行指令；监控系统则负责提供实时画面，并支持设置如移动检测、人形检测等硬件自带的功能。图 3-1-1（b）为软件部分，其主要职责是从云平台获取数据，进行显示、处理及保存等操作，并依据预设策略对报警及相关动作进行判断与计算。完成计算后，软件将控制指令发送至云平台，再由云平台逐级传递至相应的执行器以执行操作。

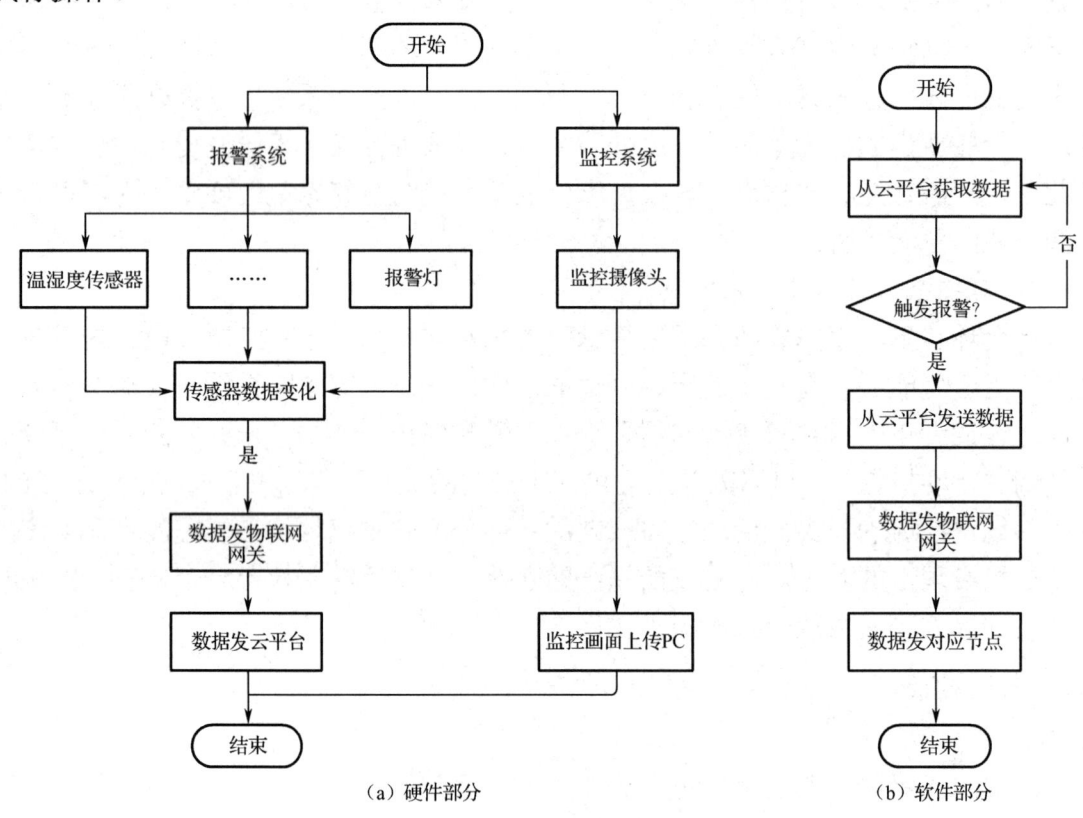

（a）硬件部分　　　　　　（b）软件部分

图 3-1-1　家庭安防系统

在本次实验中，将采用以下设备进行实验操作，如图 3-1-2 所示。

（a）网络摄像机　　　（b）温湿度传感器　　　（c）光照度传感器

图 3-1-2　设备

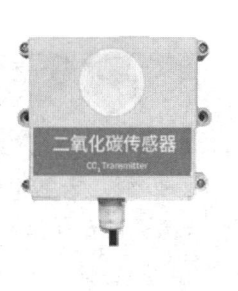

（d）二氧化碳传感器 　　　　（e）继电器节点（风扇） 　　　　（f）RGB 节点（报警灯）

图 3-1-2　设备（续）

三、应用部署及调试

（一）平台启动流程

在设备安装并妥善配置完毕后，将执行以下步骤以启动融合云平台：首先，打开虚拟机软件。然后，进入虚拟机设置界面，对融合云平台进行网络设置，以确保融合云平台能够顺畅地接入并运行于网络环境之中，如图 3-1-3 所示。

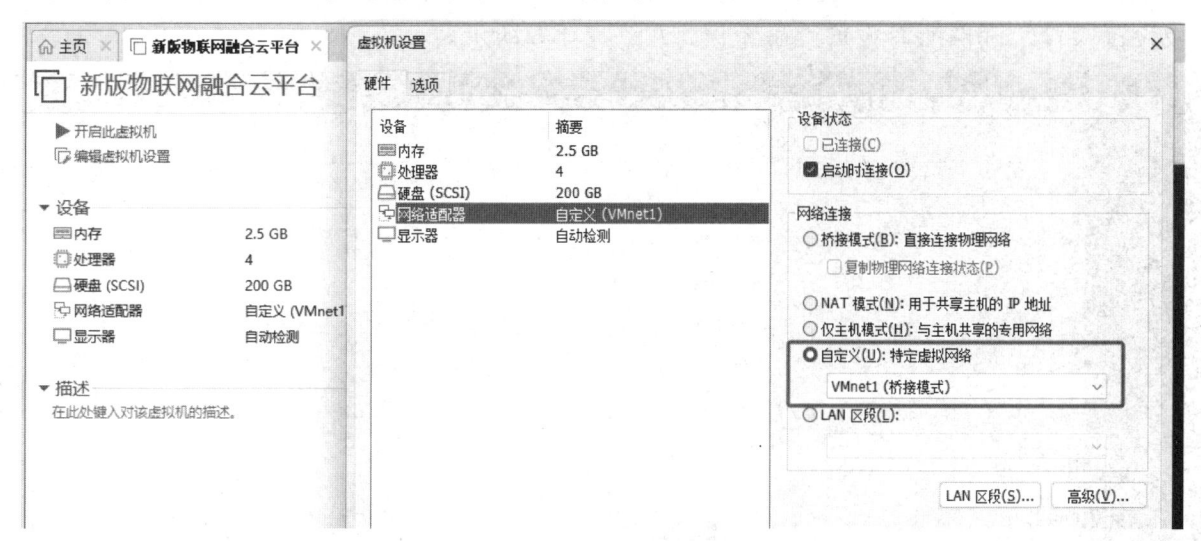

图 3-1-3　设置虚拟机网络

启动虚拟机系统。然后，在虚拟机内部，按照既定流程启动融合云平台，如图 3-1-4 所示。

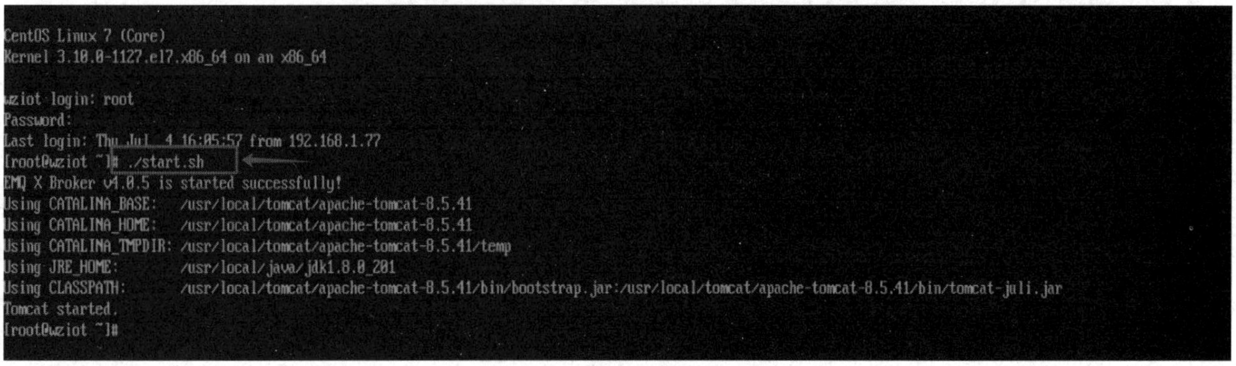

图 3-1-4　在虚拟机中启动融合云平台

最后，启动中心网关软件，如图 3-1-5 所示。

图 3-1-5　启动中心网关软件

（二）设置中心网关的详细步骤

通过浏览器访问以下 URL 地址进行配置：http://192.168.1.50:8888/wzCentralGateway/。在配置过程中，确保已正确设置端口和网关序列号等，以此保证成功建立连接。按照提示逐步完成设置操作，确保所有设置准确无误，如图 3-1-6 所示。

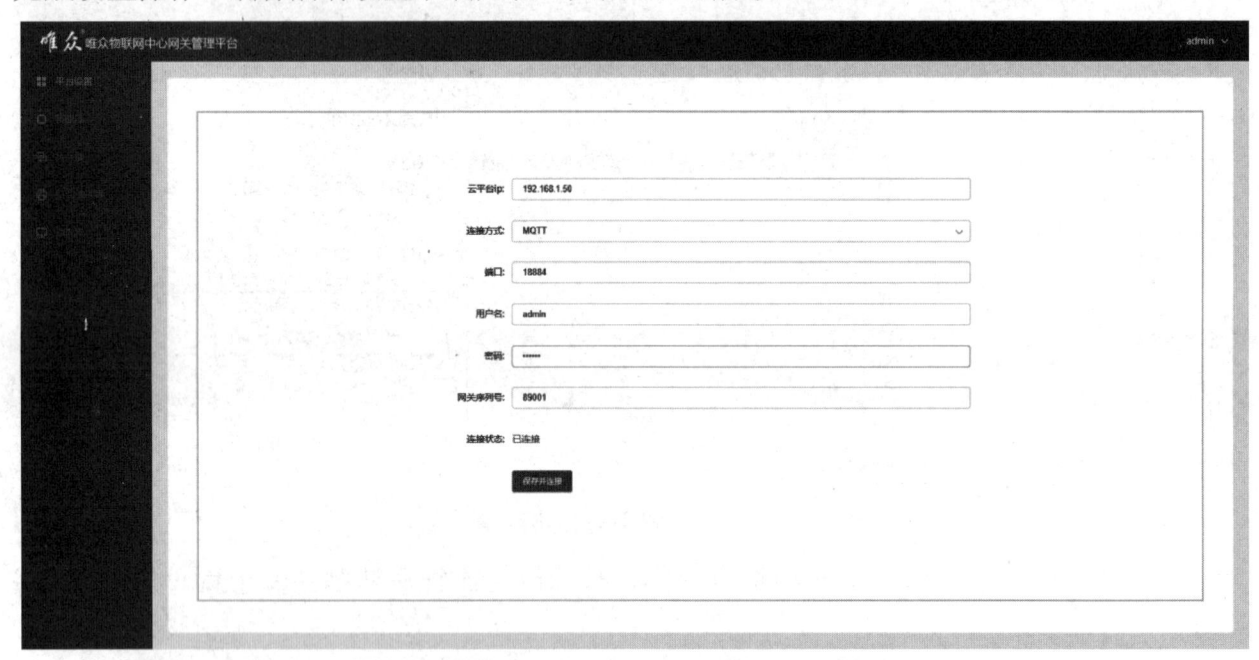

图 3-1-6　中心网关配置

在传感器设置过程中，确保将串口服务器的 RS-485 总线正确添加至相关设置内，以维持节点连接的成功状态，如图 3-1-7 所示。

（三）物联网网关的配置

将物联网网关的远程连接设置中的服务 IP 指向虚拟机的 IP 地址，并特别留意服务端口 18884。在配置过程中，在"指向公有云平台"的下拉表中选择"否"选项，如图 3-1-8 所示。完成上述配置后，单击确认或应用按钮，物联网网关将会进行重启操作。

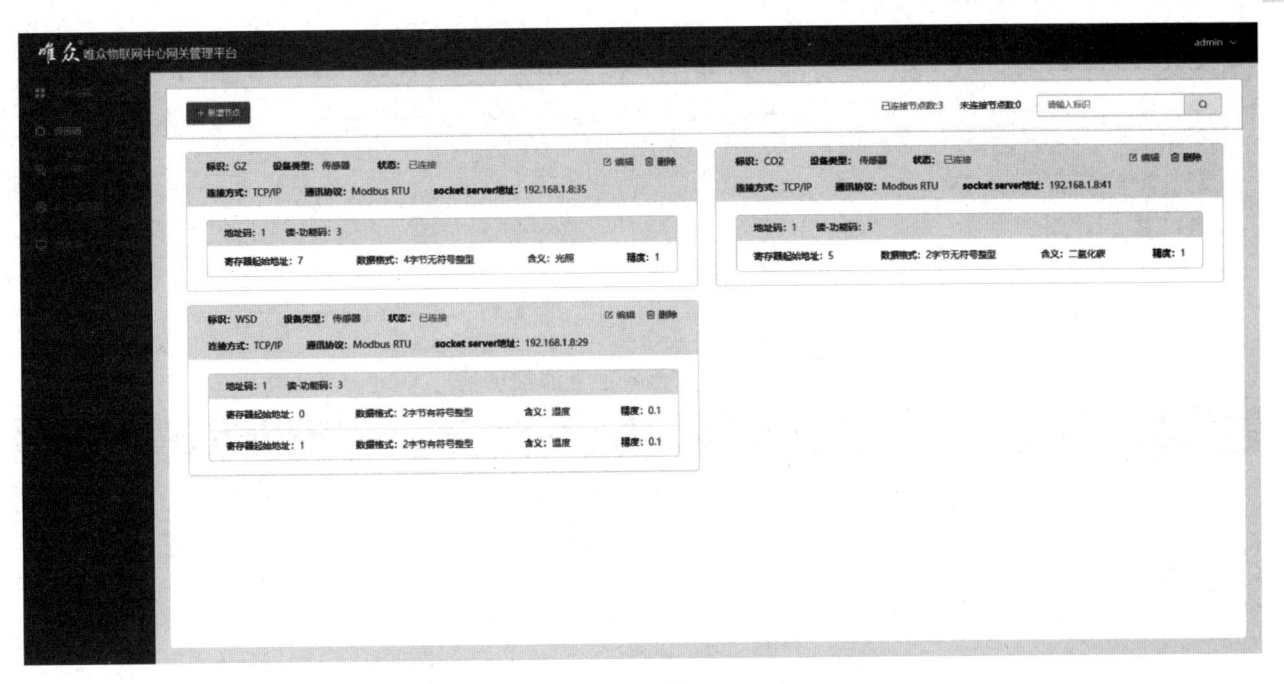

图 3-1-7 中心网关软件中添加串口总线

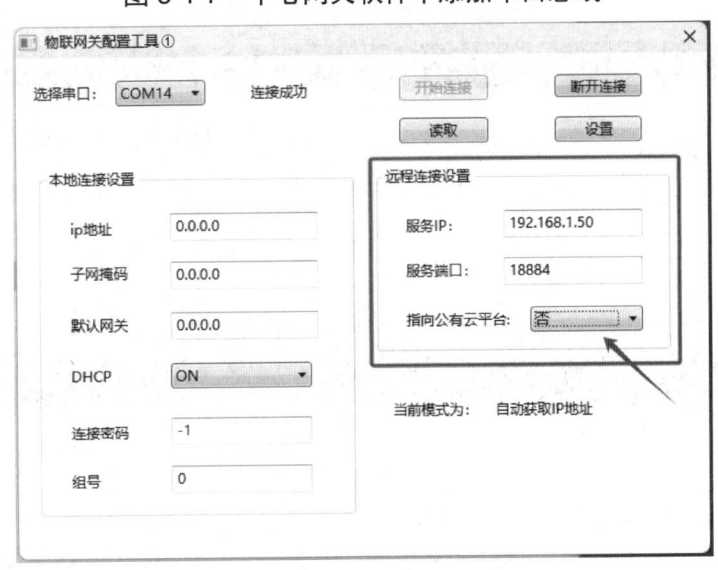

图 3-1-8 配置网关[①]

(四) 配置融合云平台

通过浏览器访问地址：http://192.168.1.50:8080/wziot/，并在融合云平台上添加所需的项目，如图 3-1-9 所示。

在进行设备添加操作时，务必确保所输入的序列号与实际连接的设备序列号完全一致，以确保系统能够准确识别并正常设置该设备，如图 3-1-10 所示。

在进行节点添加的操作时，务必确保在两个独立的设备平台中分别添加它们各自的节点设备，以免出现任何的错误或混淆，如图 3-1-11 和图 3-1-12 所示。

---

① 正确写法为"物联网网关"，本书软件截图中为"物联网关"。

图 3-1-9　在云平台上添加项目

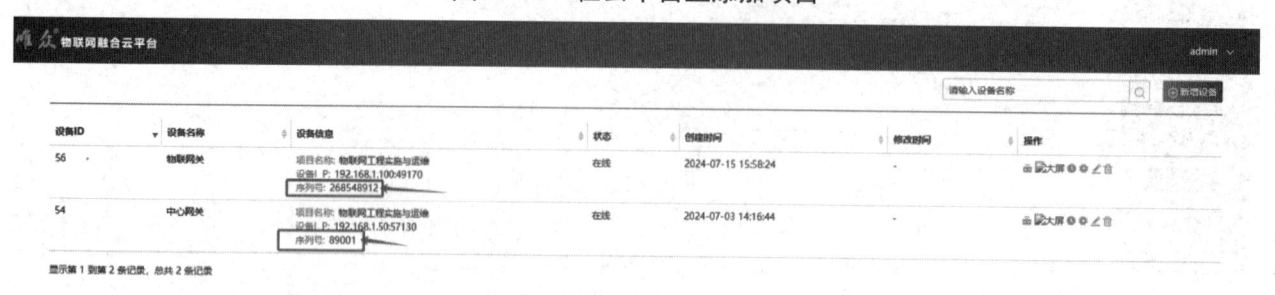

图 3-1-10　输入序列号

图 3-1-11　平台 1 上添加节点

图 3-1-12　平台 2 上添加节点

（五）API 测试

在设备添加流程完成后，成功设置了 2 个设备和 7 个节点。然后，创建项目并进入 API 操作界面。

为了了解设备的当前状态，需执行读取操作。在 API 测试界面中，通过发送下载命令，成功接收到了以 JSON 格式返回的数据。具体的 API 请求地址如下。

http://192.168.1.50:8080/wziot/wzIotApi/getSensorData/24168a36-7753-42ad-ab4b-235e861900d4/89001

值得注意的是，可以通过更改上述 URL 中的序列号"89001"为"268548912"，来获取另一个设备下节点的数据，如图 3-1-13 所示。这样的设计将允许操作者灵活地访问和监控不同设备的状态信息。

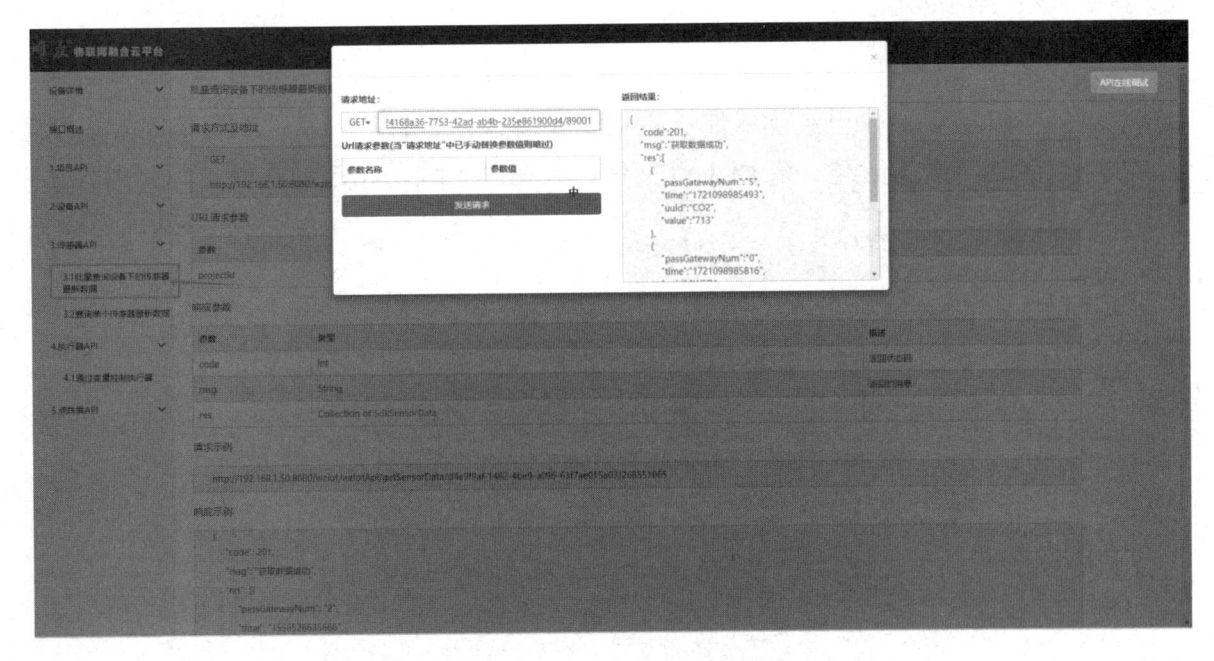

图 3-1-13　获取节点数据

将此地址输入浏览器中进行访问，可以验证其返回的数据始终相同，这表明了它是一个符合标准的 HTTP 访问接口。基于这一发现，操作者可以充分利用它来构建程序，以实现数据的有效获取。

与设备控制类似，需进一步访问其 API 测试界面，并发送以下指令。

http://192.168.1.50:8080/wziot/wzIotApi/controlSensorByVariable/24168a36-7753-42ad-ab4b-235e861900d4/268548912?uuid=30012&index=1&variable=1&dataType=1

此指令的具体含义为：针对序列号为 268548912 的设备，将 uuid 为 30012 的第一个变量的值设置为 1。在对应的设备及节点配置中，这等同于将继电器节点的变量 1 设置为开启状态（即值为 1）。在单片机程序中，这一操作将触发继电器打开，进而使后续连接的报警器、指示灯等设备得以通电，执行报警、照明等相应动作，如图 3-1-14 所示。

图 3-1-14　控制节点 API

四、云平台数据获取

在前述的 API 测试中，已经确认能够成功获取数据。然后，将通过编写程序来实现数据的自动获取。为此，需要创建一个 Python 文件，并在其中编写相应的代码，具体内容如下。

```python
import requests

HOST = "http://192.168.1.50:8080/wziot/wzIotApi"
ID = "24168a36-7753-42ad-ab4b-235e861900d4"
SN1 = "89001"
SN2 = "268548912"

def get_data(url):
    headers = {"Content-Type": "application/json"}
    response = requests.get(url, headers=headers)
    if response.status_code == 200:
        return response.json()
    else:
        return None

if __name__ == '__main__':
    data1 = get_data(f"{HOST}/getSensorData/{ID}/{SN1}")
    data2 = get_data(f"{HOST}/getSensorData/{ID}/{SN2}")
    if data1:
        print(data1)
    if data2:
        print(data2)
```

使用 GET 方法，程序成功地获取所需的两个设备下节点的数据。在执行 Python 文件后，可以得到以下数据，如图 3-1-15 所示。

图 3-1-15 节点数据

此处的文本数据明确遵循了 JSON 的标准格式，这与通过 API 测试所得出的结果呈现出一致性。

五、云平台设备控制

同理，创建一个新的 Python 文件，并编写以下代码。

```python
import requests
import time

HOST = "http://192.168.1.50:8080/wziot/wzIotApi"
ID = "24168a36-7753-42ad-ab4b-235e861900d4"
SN1 = "89001"
SN2 = "268548912"

def get_ctrl(sn, uuid, index, variable, dataType):
    url = f"{HOST}/controlSensorByVariable/{ID}/{sn}?uuid={uuid}&index={index}&variable={variable}&dataType={dataType}"
    headers = {"Content-Type": "application/json"}
    response = requests.get(url, headers=headers)
```

```
    if response.status_code == 200:
        return response.json()
    else:
        return None
if __name__ == '__main__':
    data1 = get_ctrl(SN2, "30012", "1", "1", "1")
    print(data1)
    time.sleep(2)
    VALUE = "2"
    data2 = get_ctrl(SN2, "30012", "1", "2", "1")
    print(data2)
```

在示例代码中，遵循 API 接口的规范，首先执行打开继电器的操作，其次设置延时等待 2 秒，最后执行关闭继电器的操作。

六、界面设计

在 UI 设计器中，界面设计如图 3-1-16 所示。

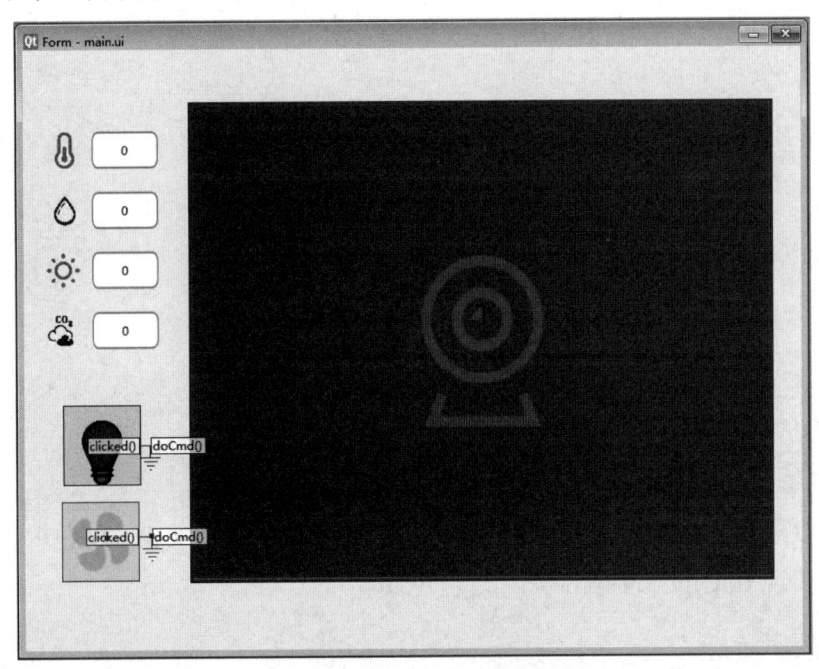

图 3-1-16　界面设计

请遵循以下流程进行操作。

（1）遵循提供的示例模板，精确且有序地放置控件组件，并为其配置相应的底层图片。

（2）对每一个控件进行明确的命名，确保命名既简洁又具有辨识性，以便于编程时的引用与修改。

（3）为每个按键定义单击事件的处理逻辑，确保用户操作能够得到预期的反馈和响应。

（4）可以选择利用 pyuic 或 pyrcc 工具将窗体设计文件与资源文件转换成 Python 源代码文件，以便于在项目中进行集成和使用，如图 3-1-17 所示。

（5）如果更倾向于在代码中直接操作 UI 文件，那么这也是一种可行的方法，但需注意其可

图 3-1-17　转换成 Python 源代码文件

否与项目构建方式相兼容。

七、定时任务：数据显示

进行界面程序的编写工作，采用定时器机制来循环地获取数据。

```python
class MyWindows(QtWidgets.QMainWindow, Ui_MainForm):
    def __init__(self, parent=None):
        super(MyWindows, self).__init__(parent)
        self.setupUi(self)
        self.setFixedSize(self.width(), self.height())  # 禁止拉伸窗口大小
        self.v_led = "0"
        self.v_fan = "0"

        self.timer1 = QTimer(self)
        self.timer1.timeout.connect(self.getValue)
        self.timer1.start(3000)

    @pyqtSlot()
    def getValue(self):
        data1: Response = get_data(SN1)
        if data1:
            if data1.get('code') != 201:
                return
            for d in data1['res']:
                if d.get('uuid') == 'WSD' and d.get('passGatewayNum') == '0':
                    self.l_sd.setText(d.get('value') + 'RH%')
                if d.get('uuid') == 'WSD' and d.get('passGatewayNum') == '1':
                    self.l_wd.setText(d.get('value') + '°C')
                if d.get('uuid') == 'CO2' and d.get('passGatewayNum') == '5':
                    self.l_co2.setText(d.get('value') + 'ppm')
                if d.get('uuid') == 'GZ' and d.get('passGatewayNum') == '7':
                    self.l_gz.setText(d.get('value') + 'Lux')
```

从代码中可以观察到，每隔三秒钟，系统便会执行一次 getValue 方法以读取数据。

接下来，将实现 doCmd 的单击事件处理逻辑。

```python
    @pyqtSlot()
def doCmd(self):
    if self.sender() == self.b_led:
        if self.v_led == "0":
            self.v_led = "1"
            self.b_led.setStyleSheet("border-image: url(:/img/redled.png);")
        else:
            self.v_led = "0"
            self.b_led.setStyleSheet("border-image: url(:/img/redled0.png);")
        get_ctrl(SN2, "30012", "1", self.v_led, "1")
    if self.sender() == self.b_fan:
        if self.v_fan == "0":
            self.v_fan = "1"
            self.b_fan.setStyleSheet("border-image: url(:/img/风扇-开.png);")
        else:
            self.v_fan = "0"
            self.b_fan.setStyleSheet("border-image: url(:/img/风扇-关.png);")
        get_ctrl(SN2, "30012", "1", self.v_fan, "1")
```

在操作时，系统将根据当前的开关状态进行响应。若当前状态为关闭，则触发发送信号

"1"；若当前状态为开启，则触发发送信号"0"。与此同时，界面上的图片将同步更新，更直观地反映当前的开关状态。

八、视频流获取及显示

为了实现视频监控功能，需要通过 OpenCV 库直接捕获视频流，并将其显示在界面上。为了避免界面在操作过程中出现阻塞现象，将采用线程技术来执行视频流的捕获与显示任务。这样的设计旨在确保用户界面的流畅性和响应性，同时有效实现视频监控的功能需求。

```python
class cv2Video(QThread):
    def __init__(self, rtsp, label_sp):
        super().__init__()
        self.rtsp = rtsp
        self.l_sp = label_sp
        self.video = None

    def run(self):
        # 1 打开视频源
        self.video = cv2.VideoCapture(self.rtsp)
        # 2 读取视频流
        while self.video.isOpened():
            ret, frame = self.video.read()
            if ret:
                # 3 显示视频流
                frame = cv2.resize(frame, (1280, 720))
                frame = cv2.cvtColor(frame, cv2.COLOR_BGR2RGB)
                image = QImage(frame, frame.shape[1], frame.shape[0], QImage.Format_RGB888)
                self.l_sp.setPixmap(QPixmap.fromImage(image))
                time.sleep(0.01)
主界面开启线程
self.video = cv2Video("rtsp://admin:wz123456@192.168.1.9:554/Streaming/Channels/101", self.l_sp)
self.video.start()
```

界面运行效果，如图 3-1-18 所示。

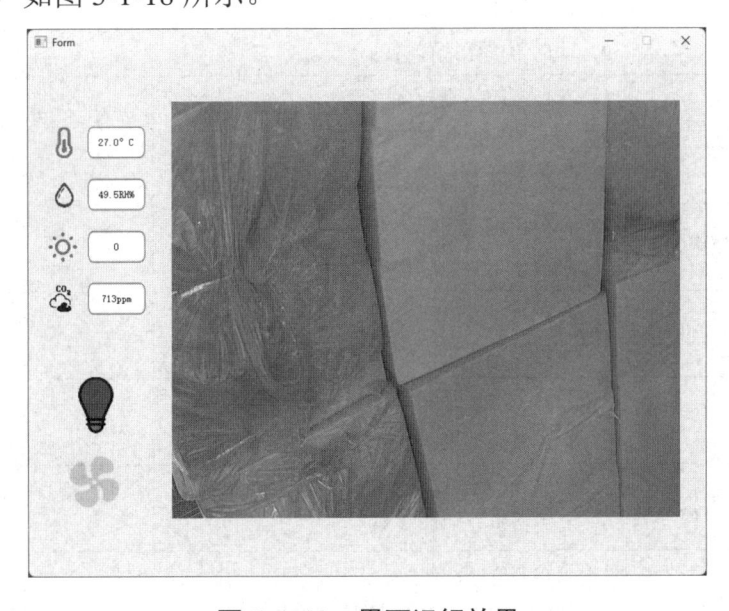

图 3-1-18　界面运行效果

九、联动报警

作为智能系统，在面临报警触发时，应当自动且精准地执行预设的应对对策。在数据获取环节，需依据所获取的具体数值，采取相应的对策措施。例如，当监测到温度过高时，系统将自动启动风扇以降低温度；若温度过低，系统则关闭风扇以维持适宜的温度环境；若温度处于适宜范围内，则保持当前状态不变。此对策确保了智能系统在面对不同情况时，能够迅速、准确地作出反应。

```python
if d.get('uuid') == 'WSD' and d.get('passGatewayNum') == '1':
    self.l_wd.setText(d.get('value') + '°C')
if d.get('value') > 30:
    self.b_led.setStyleSheet("border-image: url(:/img/redled.png);")
    get_ctrl(SN2, "30012", "1", "1", "1")
if d.get('value') < 24:
    self.b_led.setStyleSheet("border-image: url(:/img/redled0.png);")
    get_ctrl(SN2, "30012", "1", "0", "1")
```

务必避免在设备运行到临界值区域时频繁进行开关操作，因为此类操作在实际使用过程中极易导致设备损坏。

任务评价

安防报警系统搭建任务的评分表

评价项目	评价指标	评价标准	自评	互评	教师评价
过程性评价	学习能力	1. 学习过程中对新知识的接受与理解能力 2. 对所遇问题的解决策略 3. 学习方法的运用			
	协作能力	1. 在小组中的沟通与交流 2. 分享知识与经验 3. 团队协作完成任务的情况			
	工作态度	1. 对任务的认真程度 2. 参与活动的积极性 3. 遵守实验室规则与安全操作			
终结性评价	工具使用	1. 是否正确选择和使用工具 2. 工具使用的熟练程度			
	布线合理性	1. 布线是否整齐、合理 2. 是否考虑了电路的优化			
	检测方法	1. 是否采用了正确的检测方法 2. 检测结果的准确性			
	操作顺序	1. 操作步骤是否合理 2. 是否遵循了操作规范			
	预期效果达成	1. 是否达到学习目标 2. 实际操作效果与预期的一致性			

续表

评价项目	评价指标	评价标准	自评	互评	教师评价
综合评价	综合表现	1. 综合考虑学生在整个任务过程中的表现 2. 学生对评价反馈的接受与改进情况			

评价等级：
- A：优秀
- B：良好
- C：一般
- D：需要改进

评价说明：
- 自评：学生根据自身完成任务的情况进行自我评价。
- 互评：学生之间相互评价，促进互相学习与提高。
- 教师评价：教师根据学生的表现给予客观、公正的评价。

任务二 物流系统之试验箱管理

物联网已成为通信领域和传感领域炙手可热的研究方向，针对物联网核心技术和典型应用的研究开发已成为各高校和相关企业的重要工作，也成为各高校进行相关专业教学和科研的一个新方向。

为了能让各院校通信、信息、电子、计算机、自动控制和传感技术等专业的学生深入了解物联网的原理、实现方法及其典型应用，本任务设计并实现了一种物联网教学实验系统，从物联网的基本技术出发，基于无线传感器网络和射频识别技术设计了物联网系统的基本架构，并在此基础上实现了物联网在智能物流方面的应用。学生可以通过本系统深入学习物联网基本技术，并理解物联网在各种典型应用中的功能和系统设计方法。

一、物联网系统总体方案

本任务所设计的物联网系统总体方案，是通过物流模式下试验箱的借用和归还来完成的。物联网系统总体方案包括了物联网主从节点、RFID 身份标签和实验软件三部分，如图 3-2-1 所示。

物联网主从节点共同组成网络以完成传感器和 RFID 数据的无线传输。数据汇集并连接至主节点（Android 平板），并由实验软件负责数据的存储和分析功能，根据条件控制门锁的开启、语音播放对应的操作提示和注意事项。RFID 身份标签分为两类：设备身份标签和人员身份标签，设备身份标签在应用案例中用来标示物品和电器设施的身份，而人员身份标签则用来识别人员的身份。

人员分为管理员和普通用户（如学生等），管理员可以管理人员和设备的信息，可以为其绑定对应的 RFID 卡。普通用户可通过刷卡借用或归还试验箱，试验箱和箱内设备均有 RFID 卡，无论借用或归还，先刷试验箱上的 RFID 卡，系统查询对应设备的 RFID 列表，普通用户逐一刷所借用或归还设备的 RFID 卡，系统会自动判断设备是否齐全。

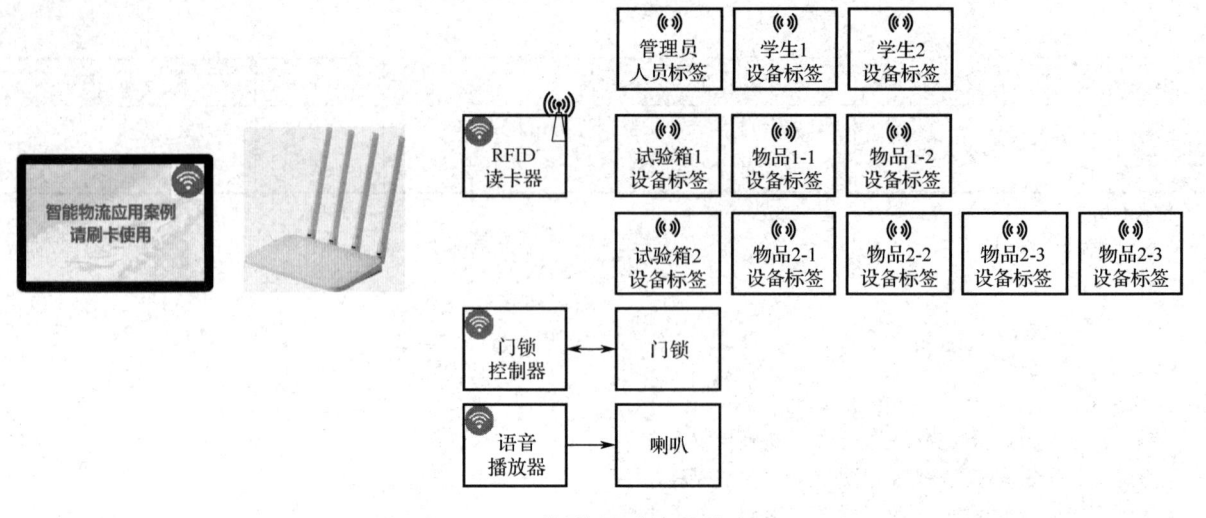

图 3-2-1　物联网系统总体方案

二、硬件系统的设计

硬件系统主要包括 RFID 读写系统、继电器控制系统、语音播放系统三部分。

（1）RFID 读写系统由外部电源、CPU、有机发光二极管（OLED）显示屏、RFID 读写模块、Wi-Fi 收发模块组成，如图 3-2-2 所示。

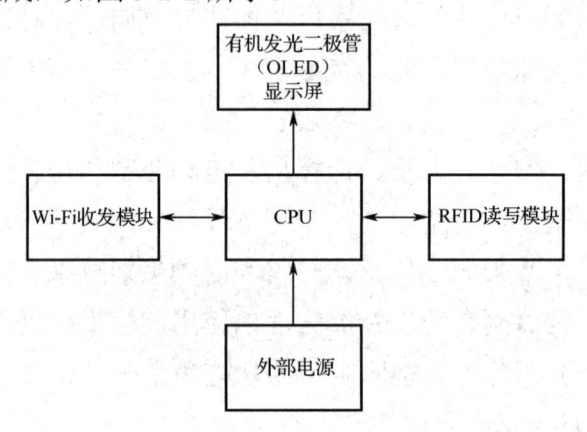

图 3-2-2　RFID 读写系统

（2）继电器控制系统由外部电源、CPU、有机发光二极管（OLED）显示屏、按键、继电器、Wi-Fi 收发模块组成，如图 3-2-3 所示。

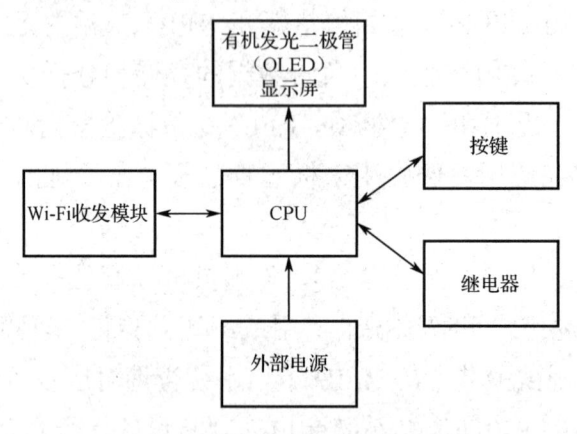

图 3-2-3　继电器控制系统

（3）语音播放系统由外部电源、CPU、有机发光二极管（OLED）显示屏、继电器、语音播放模块、Wi-Fi 收发模块组成，如图 3-2-4 所示。

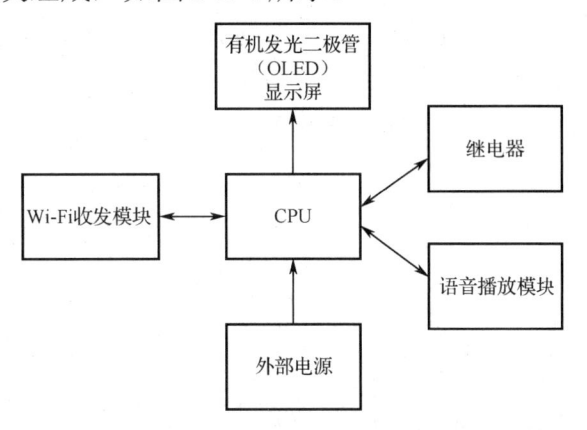

图 3-2-4　语音播放系统

三、实验环境

（一）硬件环境

采用唯众®物联网工程应用实训设备，如表 3-2-1 所示。

表 3-2-1　唯众物联网工程应用实训设备

产品名称	包含部件	数量
RFID 读写套件	RFID 底板：唯众®S_RFID01_V1.0 通用 CPU 模块：唯众®ESP32_V02 外部电源：5 V 直流电源	1
继电器控制套件	通用节点底板 通用 CPU 模块：唯众®ESP32_V02 继电器模块 外部电源：5 V 直流电源	1
语音播放套件	通用节点底板 通用 CPU 模块：唯众®ESP32_V02 语音播放模块：唯众®S_YYBF01_V1.0 外部电源：5 V 直流电源	1
Micro USB 连接线		1
RFID 卡片		若干
Android 平板		1

（二）软件开发环境

操作系统：Windows10 64 位。

软件环境：Python 3.7、Java 1.8.0_181。

开发工具：Thonny 4.0.0b2、Android Studio 2021.2.1。

工具软件：PCtoLCD2002。

任务分析

本任务涉及物流系统中试验箱的管理,主要包括多个技术模块的集成与应用。通过继电器闭合及断开实验实现试验箱的自动开关;利用有机发光二极管(OLED)技术实现中英文信息及绘图功能的显示;通过 Wi-Fi 连接实现网络数据的收发;使用 RFID 技术读取物品信息并上传数据;集成语音播放及远程控制功能;开发 Android 软件主界面以方便用户操作;设置管理员功能以进行系统管理;实现学生刷卡借用和归还物品的功能;提供历史记录查询,以便追踪物品使用情况。

任务实施

一、继电器闭合及断开实验

【实验内容】

通过检测通用节点底板上的按键输入,控制继电器模块的闭合与断开,熟悉实验环境和设备,熟悉 Thonny 软件的使用,熟悉代码编译过程和下载运行调试过程,了解 MicroPython 单片机控制外围 GPIO 的基本方法。硬件连接如图 3-2-5 所示。

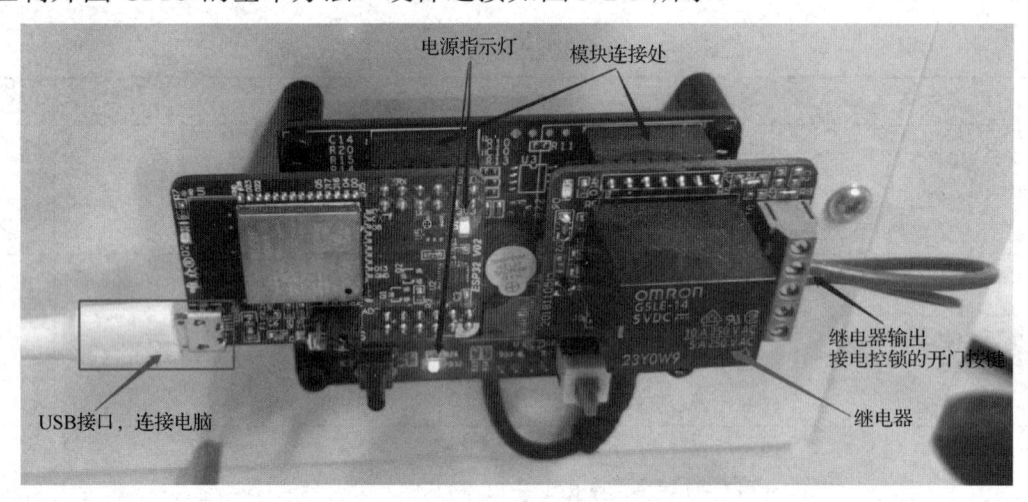

图 3-2-5 硬件连接

【实验目的】

熟悉 Thonny 编程环境的使用。

了解 MicroPython 单片机普通 I/O 的输入与输出。

掌握 MicroPython 单片机程序下载方法。

【实验设备】

唯众®通用节点底板 1 块。

唯众®ESP32CPU 模块 1 块。

唯众®继电器模块 1 块。

Micro USB 连接线 1 根。

5 V 直流电源 1 个。

【程序流程图】

程序流程如图 3-2-6 所示。

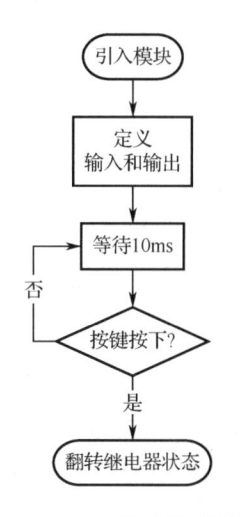

图 3-2-6　程序流程图

【实验步骤】

首先，请下载并安装 Thonny 软件。在 MicroPython 的开发过程中，有多种常用的开发工具，包括（但不限于）：

```
* Visual Studio Code
* MU
* Thonny
```

这些开发工具各具特色，用户可根据个人偏好和习惯进行选择。本方案将基于 Thonny 作为软件环境进行演示。在提供的资源包中，已包含 Thonny 的安装文件。

安装过程简述如下：双击安装文件 thonny-4.0.0b2.exe，随后按照安装向导的指示，连续单击"Next"按钮，直至完成安装。

接下来，请按照图 3-2-7 组装本次实验所需的硬件设备。

图 3-2-7　组装说明

在组装过程中，需遵循以下严谨步骤以确保设备的稳定运行。

首先，将通用节点底板稳固地置于底部，确保有机发光二极管（OLED）显示屏位于左下角。其次，将 ESP32CPU 模块精准地插入左上角的插槽，确保 USB 连接端口朝向左侧。最后，将继电器模块妥善地安装在右上角的位置，需要注意的是，在安装过程中务必确保模块与通用节点底板之间的连接排针准确无误地插入，以杜绝错位情况的发生。

在完成上述组装并确认所有连接无误后，将 5 V 直流电源适配器（即电源接口）插入位于右下角的电源接口，并按下蓝色的自锁按键（即电源开关），此时，蓝色 LED（发光二极管）指示灯将亮起，表明设备已成功通电。

待实验装置组装完毕并确认无误后，使用 Micro USB 连接线将设备与电脑相连接。若此前未安装过相应驱动，在设备管理器界面中，将识别到新连接的设备，并呈现出特定的设备标识，如图 3-2-8 所示。

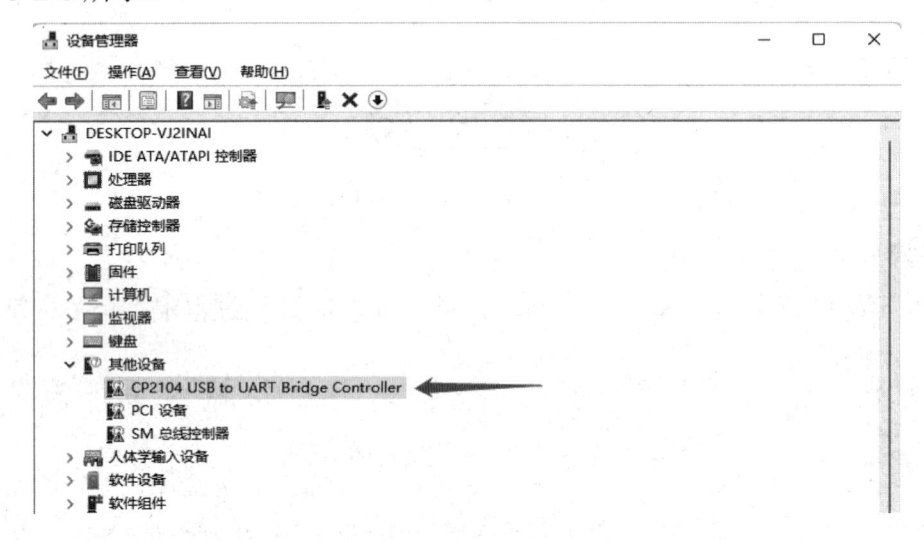

图 3-2-8　设备管理器界面

打开资源包软件工具目录下的 CP210xVCPInstaller_x64.exe 文件。按照安装向导的指引，单击"下一步"按钮，直至完成安装。安装成功后，可以在设备管理器的端口列表中查看到已成功安装的串口设备，如图 3-2-9 所示。

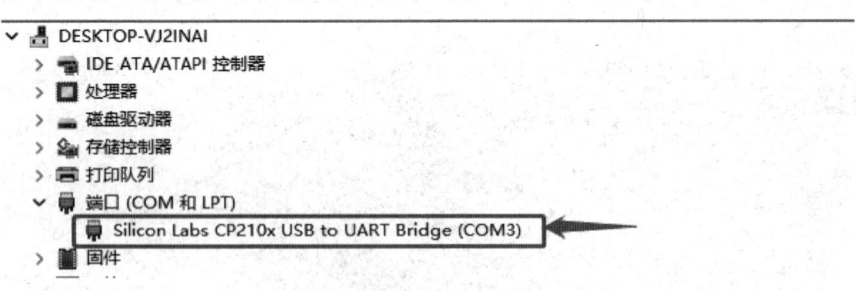

图 3-2-9　端口列表

牢记当前的串行端口号：COM3。

注意：该数值可能因计算机不同而异。

启动 Thonny 软件，并与目标设备进行连接。执行 Thonny 程序后，其主界面将展示如图 3-2-10 所示的界面。

鉴于当前尚未实现与 MicroPython ESP32 单片机的连接，当前代码仍运行于本地 Python 环境之中。接下来，将对程序进行相应调整，以确保其能够成功连接目标设备。

请按照以下步骤操作：单击"工具"选项卡，在列表中选择"选项"选项，如图 3-2-11

所示，随后在出现的界面中选择"解释器"界面。

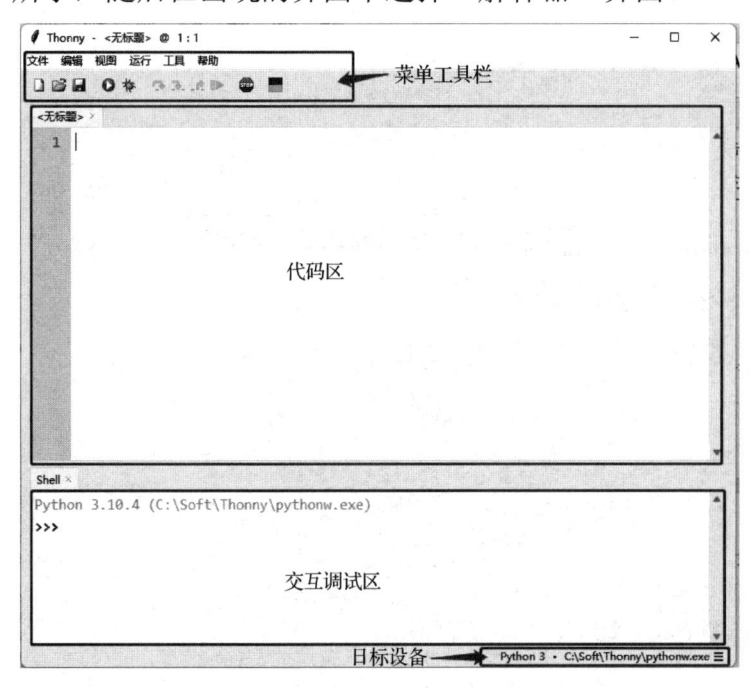

图 3-2-10　Thonny 软件界面

图 3-2-11　"选项"选项

用户可单击界面右下角的"目标设备"文字标识，随后在弹出的菜单中选择"配置解释器"选项进行操作，如图 3-2-12 所示。

在解释器界面中，请按照图 3-2-13 中的步骤进行设置。

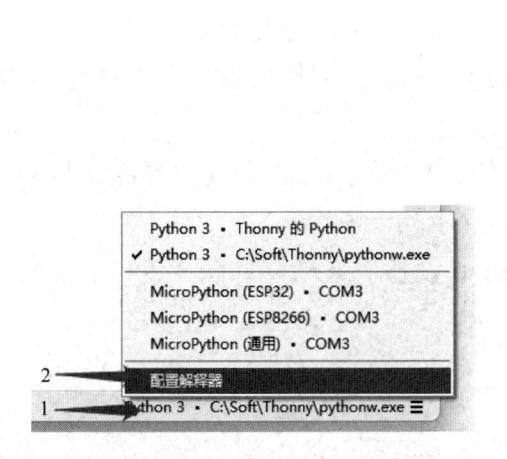

图 3-2-12　配置解释器

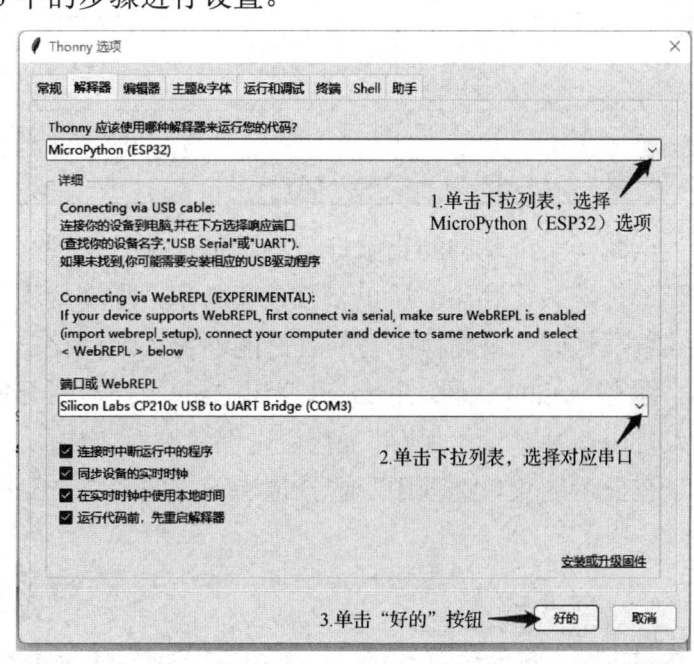

图 3-2-13　设置解释器

完成目标设备的配置并返回到主界面后，用户将在界面右下角的目标设备位置清晰地看到当前已成功连接的设备。同时，在交互调试区域内，系统将展示一系列提示信息，其中最后一行将特别以三个箭头>>>作为标识，指示用户可在此处执行基本的交互操作。这些操作旨在为用户提供一个便捷的测试平台，以便验证并查看代码的执行结果，如图 3-2-14 所示。

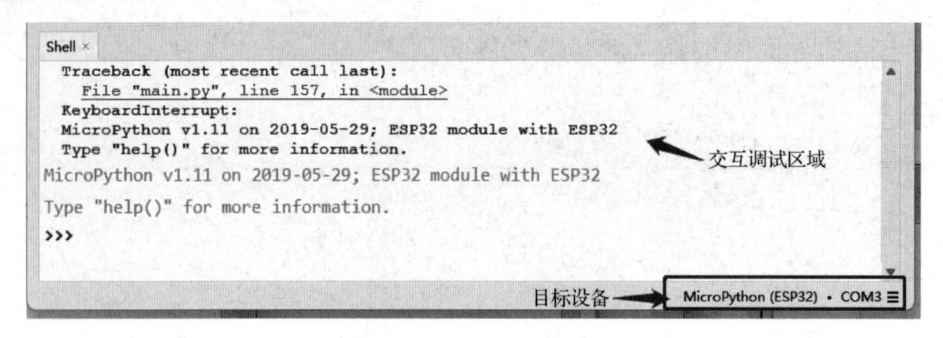

图 3-2-14 交互调试区

在交互调试区域中，准确输入以下代码，并随后观察其运行结果，如图 3-2-15 所示。

```
>>> from machine import Pin
>>> led = Pin(23, Pin.OUT)
>>> led.value()
1
>>> led.value(0)
>>> led.value()
0
```

图 3-2-15 输入代码

注意：在以下描述中，由三个箭头>>>开头的部分代表用户输入的内容，其余部分则是系统反馈的信息。以下是代码的具体解释，如表 3-2-2 所示。

表 3-2-2 代码含义

from machine import Pin	从 machine 模块引用 Pin 对象
led = Pin(23, Pin.OUT)	定义 led 为数字量输出，对应 gpio23
led.value()	读当前值，系统反馈为 1
led.value(0)	置输出为 0，此时看到 CPU 模块 D2 指示灯点亮
led.value()	读当前值，系统反馈为 0

至此，一个基础的指示灯点亮功能已成功实现。鉴于当前操作在交互调试区域执行，程序未进行持久化存储，所以一旦设备断电，所有代码将随之丢失。于是，将采用文件存储的方式编写代码，以确保编写的程序能够持久地保存在目标设备中。

编写 Python 代码，用于控制继电器的闭合与断开操作。在当前的无标题代码界面区域内，输入代码，并单击"保存"按钮以保存更改，如图 3-2-16 所示。

在显示的菜单选项中，选择位于下方的"Micro Python 设备"选项，如图 3-2-17 所示。

图 3-2-16 保存操作　　　　　图 3-2-17 选择 Micro Python 设备

在弹出的保存对话框中，注意到文件列表中存在一个名为 boot.py 的文件。该文件是 Micro

Python系统预设的核心文件之一,其设计用途在于系统加电启动后,首先执行boot.py文件内的程序,接着再执行main.py文件。通常情况下,boot.py文件包含系统配置的相关代码,建议用户尽量避免对其进行修改,以确保系统的稳定运行。目前,由于main.py文件尚未被创建或编辑,因此在列表中仅显示boot.py文件。

将文件命名为"test.py",并单击"好的"按钮进行保存,如图3-2-18所示。

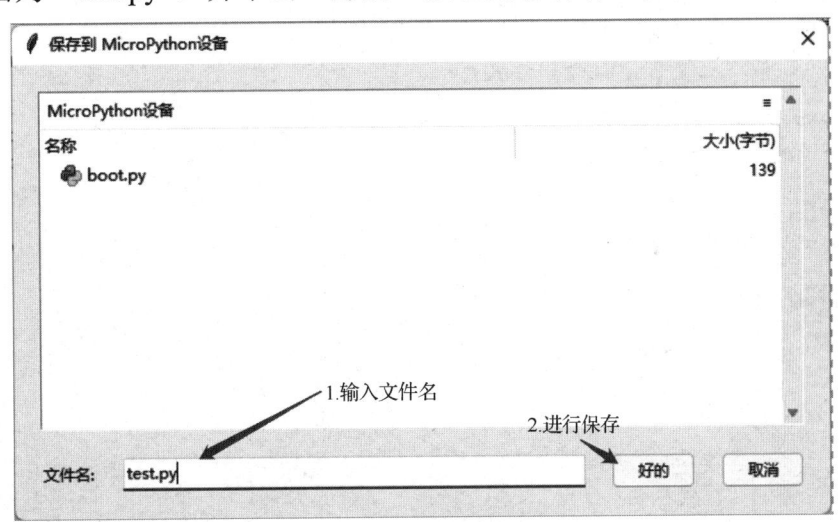

图 3-2-18　保存代码到设备

接下来,进行保存操作,然后将自动返回至主界面。若希望查看目标设备上的文件,可遵循相应的操作指南。

用户需单击"视图"选项卡,并在其中选择"文件"选项,如图3-2-19所示。

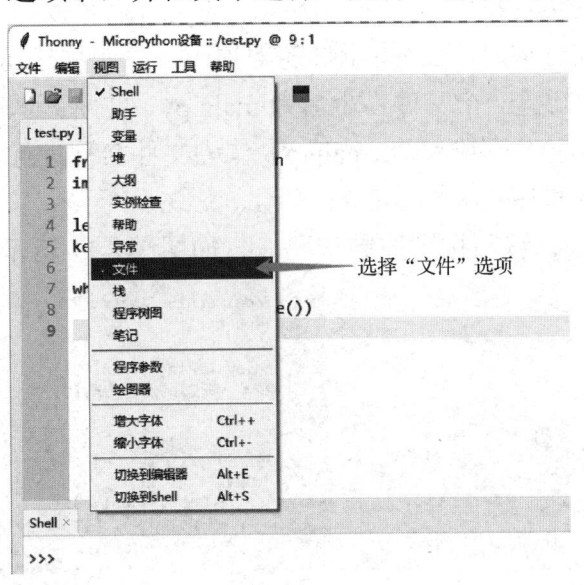

图 3-2-19　选择"文件"选项

在"文件"选项被选定之后,其前方将呈现与Shell项相一致的勾选标记。此时,主界面左侧将自动展示文件视图。视图上方为本机文件管理器,即"此电脑"的展示区域;而下方则为目标设备的文件管理器。这一设计旨在为用户提供更为便捷的文件访问体验,用户不仅可轻松打开所需文件,还可在指定位置新建文件及文件夹,如图3-2-20所示。

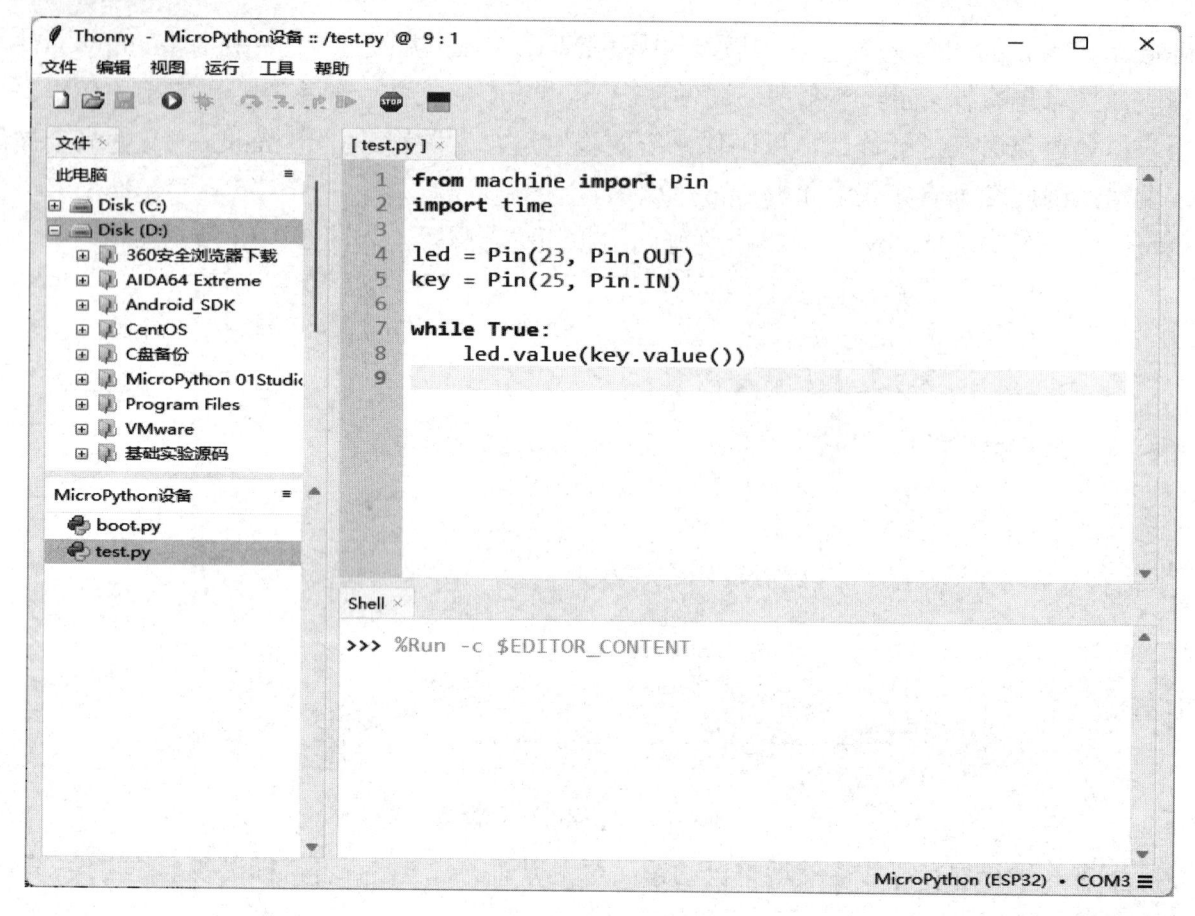

图 3-2-20 界面显示

在执行过程中，单击运行按钮后，下一步按下通用节点底板的按键，此时观察到 D2 指示灯随即亮起。当按键被释放时，D2 指示灯随即熄灭，表明程序运行符合预期，状态正常。

单击"新建"按钮，新建一个文件，命名为 main.py，并将其保存至 Micro Python 设备之中。自此以后，所有的实验代码都将以 main.py 作为文件名称进行保存，以确保在系统通电时，能够直接启动并执行程序，如图 3-2-21 所示。

在"main.py"文件中，编写按键控制代码段，如图 3-2-22 所示。

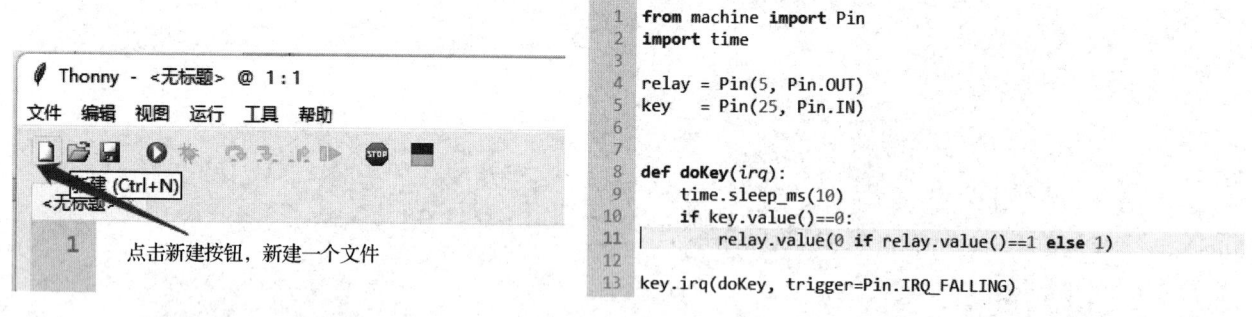

图 3-2-21 新建文件　　　　图 3-2-22 编写按键控制代码段

此段代码段在结构上与 test.py 文件保持一致，均定义 gpio5 为继电器输出，gpio25 为按键输入。不同之处在于代码段末尾定义了一个下降沿中断机制，以触发名为 doKey 的动作执行。具体来说，当按键被按下，即检测到 gpio25 由高电平转变为低电平时，doKey 方法将被自动调用。在 doKey 方法的实现中，首先执行了一个 10 毫秒的延时操作，然后再次检查 key

（即 gpio25）的电平状态是否仍为低。此步骤旨在通过引入延时来规避按键按下瞬间可能产生的信号抖动问题，从而提高系统对按键操作的稳定性和准确性。

【调试方法与技巧】

在常规的编程实践中，时常会遇到需要对特定功能代码片段进行多次调试与修正的情况。若此类代码直接嵌入到主程序中调试，鉴于主程序逻辑的复杂性，往往需要满足一系列特定条件方能执行到目标代码段，这无疑增加了调试的复杂性。以物联网系统的入侵报警功能为例，其正常运行需同时满足已设防、设备触发报警、非短时间重复报警、非已处理报警等多重条件。

为解决上述问题，推荐将子功能独立剥离至单独的文件中，并在此文件内单独执行测试。通过调整条件变量的值，测试文件能够模拟报警处理的各种可能状态，进而深入剖析代码功能。值得注意的是，由于这些测试文件并非主程序（如 main.py），因此它们不会在系统上电后自动执行。鉴于此，应将相关的测试模块妥善保存，以便在需要时单独运行，进行系统功能的验证与测试。

【实验扩展】

接下来，各位同学可以对代码进行修改，以实现当按键被按下时，继电器开启并持续一段时间（如 2 秒）后自动关闭。请参考资源包中的程序源代码，在"实验一"目录下找到名为"按键开继电器延时 2 秒关闭.py"的样例代码。

二、OLED 显示屏中英文显示及绘图实验

【实验内容】

通过检测通用节点底板上的按键输入，在有机发光二极管（OLED）显示屏上显示对应的文字，包括数字、英文字符、部分汉字。

【实验目的】

1．了解 OLED 驱动。
2．掌握点阵字库的生成。
3．掌握 OLED 显示屏中英文显示及绘图。

【实验设备】

唯众®通用节点底板 1 块。
唯众®ESP32CPU 模块 1 块。
唯众®Micro USB 连接线 1 根。
5 V 直流电源 1 个。

【程序流程图】

程序流程如图 3-2-23 所示。

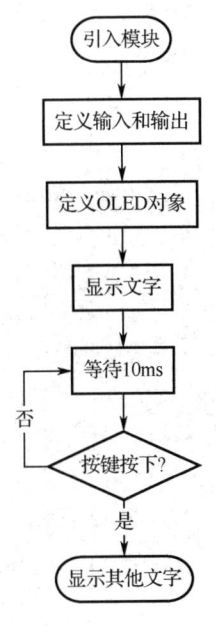

图 3-2-23 程序流程图

【实验步骤】

1．复制 ssd1306.py 文件到目标设备

MicroPython 提供了诸多常用的库，如先前实验中的 machin 和 time 等。此外，众多设备

制造商也为 MicroPython 平台的用户量身打造了专属设备的驱动库文件。目前，针对所使用的 OLED 显示屏，直接采用了制造商提供的标准库，就是将 ssd1306.py 源文件存储至 MicroPython 设备中。至此，该设备已包含三个 Python 文件，如图 3-2-24 所示。

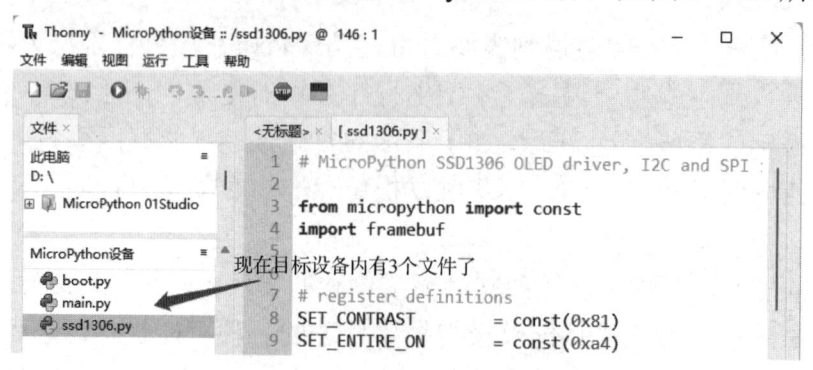

图 3-2-24 查看设备中的文件

2. 引入模块

打开 main.py 文件，从 ssd1306 中引入 SSD1306_I^2C，因为在通用节点底板上的 OLED 显示屏采用的是 I^2C 接口，所以需要引入 I^2C。

```
from machine import Pin, I²C
from ssd1306 import SSD1306_I²C
```

3. 进行变量的定义操作

在此处，定义以下变量。

（1）I^2C 变量：用于指定 I^2C 通信的数据线 sda 为 gpio14，时钟线 scl 为 gpio13。

（2）oled 变量：定义 I^2C 接口，设置其地址为 0x3C，并指定显示区域的宽度为 128 像素，高度为 32 像素。

（3）key 变量：利用通用节点底板上的按键，将其对应的引脚设置为 gpio25，并启用上拉功能。

（4）relay 变量：定义为 gpio5，设置为数字量输出模式，用于连接至继电器模块的控制端。

```
# I²C 初始化设置：sda 对应 gpio14，scl 对应 gpio13
I²C = I²C(sda=Pin(14), scl=Pin(13))
# OLED 显示屏初始化配置：分辨率为 128 像素×32 像素，OLED 的 I²C 地址设置为 0x3c
oled = SSD1306_I²C(128, 32, I²C, addr=0x3c)
# 按键对应的引脚被配置为输入模式，并默认启用上拉电阻
key = Pin(25, Pin.IN, Pin.PULL_UP)
# 继电器对应的引脚被配置为输出模式
relay = Pin(5, Pin.OUT)
```

4. 定义中文字幕库

在官方 framebuf 的内置方法 text 可以显示英文字符，内置字库中，只有 8×8 点阵的 ASCII 字库，中文显示将用到的几个汉字用字库工具软件生产 16×16 字库点阵，放入到字典 Chinese_temp 中，注意这里是字库是按阴码、逐行、顺向格式生成的，在后面实验扩展里有字库生成教程，不熟悉的同学可以参考。

```
# 中文字模库
# 阴码 逐行 顺向
Chinese_temp = {
'显':
    [0x00,0x00,0x1F,0xF0,0x10,0x10,0x10,0x10,0x1F,0xF0,0x10,0x10,0x10,0x10,0x1F,0xF0,0x04,0x40,0x44,0x44,0x24,0x44,0x14,0x48,0x14,0x50,0x04,0x40,0xFF,0xFE,0x00,0x00],
'示':
    [0x00,0x00,0x3F,0xF8,0x00,0x00,0x00,0x00,0x00,0x00,0x00,0x00,0xFF,0xFE,0x01,0x00,0x01,0x00,0x11,0x10,0x11,0x08,0x21,0x04,0x41,0x02,0x81,0x02,0x05,0x00,0x02,0x00],
'开':
    [0x00,0x00,0x7F,0xFC,0x08,0x20,0x08,0x20,0x08,0x20,0x08,0x20,0x08,0x20,0xFF,0xFE,0x08,0x20,0x08,0x20,0x08,0x20,0x08,0x20,0x10,0x20,0x10,0x20,0x20,0x20,0x40,0x20],
'关':
    [0x10,0x10,0x08,0x10,0x08,0x20,0x00,0x00,0x3F,0xF8,0x01,0x00,0x01,0x00,0x01,0x00,0xFF,0xFE,0x01,0x00,0x02,0x80,0x02,0x80,0x04,0x40,0x08,0x20,0x30,0x18,0xC0,0x06],
': ':
    [0x00,0x00,0x00,0x00,0x00,0x00,0x00,0x00,0x00,0x00,0x00,0x00,0x00,0x00,0x00,0x00,0x00,0x00,0x30,0x00,0x30,0x00,0x00,0x00,0x30,0x00,0x30,0x00,0x00,0x00,0x00,0x00],}
```

5. 中文字符显示方法

中文字符显示的方法很简单,就是将字库点阵的一维数组转换为二维数组,然后叠加到 framebuf 中去。中文字符有 32 个字节则转换为 16×16 的二维数组,英文字符 16 个字节则转换为 16×8 的二维数组,正好 1 个字节 8 位对应 8 个点,如图 3-2-25 所示。

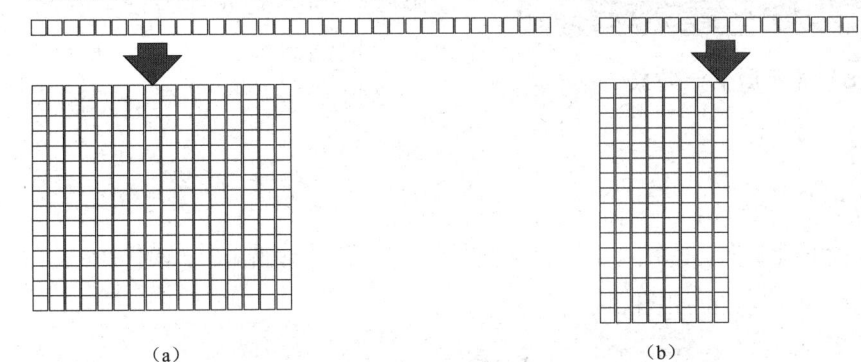

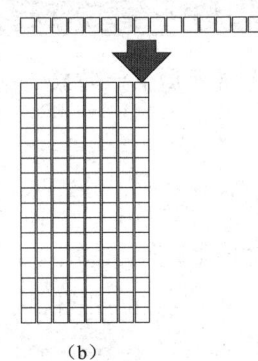

(a)   (b)

图 3-2-25 一维数组转换为二维数组

为了在 OLED 显示屏上展示中文字符,可以编写一个名为 chinese 的函数。该函数接收三个参数:要显示的中文字符串 ch_str,以及显示位置的 x 轴和 y 轴的坐标(x_axis 和 y_axis)。函数内部,通过遍历每个字符,并查询 Chinese_temp 字典获取对应的点阵数据,然后使用这些数据创建 FrameBuffer 对象,并最终将字符绘制到 OLED 显示屏上指定的位置。这个过程实现了中文字符在 OLED 显示屏上的动态显示。

```
# 功能:显示中文字符
def chinese(ch_str, x_axis, y_axis):
    offset_ = 0
    for k in ch_str:
        byte_data = Chinese_temp.get(k)
        if byte_data is None:
```

```
            byte_data=[0x00]*16
        buf=framebuf.FrameBuffer(bytearray(byte_data),len(byte_data)      //2,16,
framebuf.MONO_HLSB)
        oled.blit(buf, x_axis+offset_, y_axis)
        offset_ += len(byte_data)                                          //2
```

6. 显示屏显示

在 OLED 显示屏上显示字符。

在 main.py 文件底部加上以下代码。

```
    oled.fill(0)
chinese('显示:关 0',0,0)
oled.text('press key ...',0,16)
oled.text('This is a demo !',0,24)
oled.show()
```

第一行将整个缓冲器填 0，即所有的点均不发光。

第二行使用中文字符显示方法，将其从位置 $x=0$，$y=0$ 即左上角开始显示，汉字高度为 16，因此占显示屏的一半。

第三行使用内置方法 text 显示，位置为 $x=0$，$y=16$，即显示屏的下半部分开始，因为 text 采用的 8×8 点阵，因此高度是整个显示屏的四分之一。

第四行同样是 text 方法，$y=24$，正好将下面的四分之一填满。

最终显示屏显示效果，如图 3-2-26 所示。

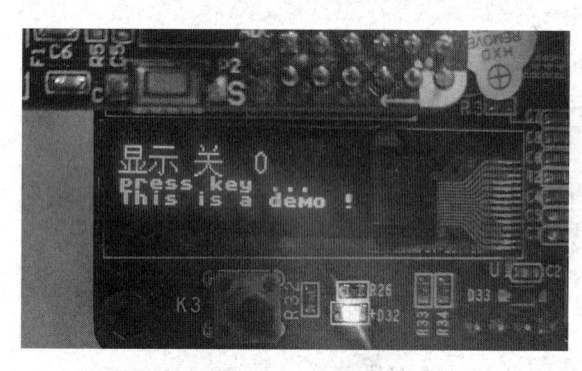

图 3-2-26 显示屏显示效果

【实验扩展】

点阵字库的制作

常用的点阵字库制作工具很多，以工具资源包里工具液晶取模软件 PCtoLCD2002 为例进行讲解。运行软件后，界面如图 3-2-27 所示。

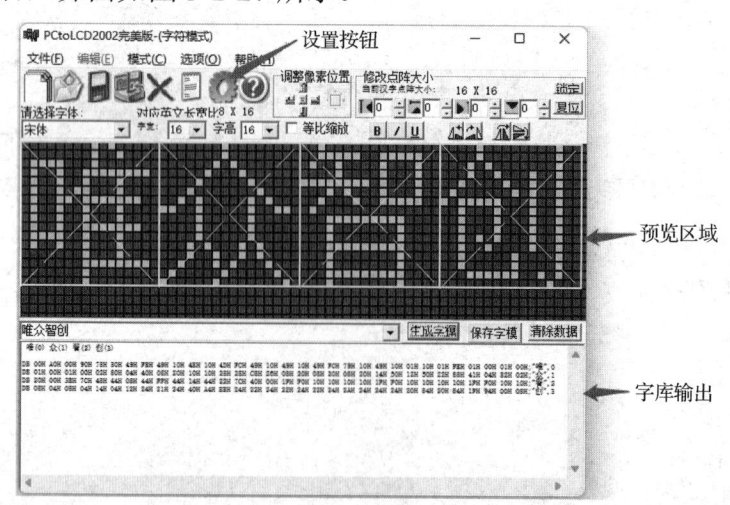

图 3-2-27 PCtoLCD2002 软件界面

界面的中间区域是点阵字库的预览区域，它按选择的字体和点阵的宽高显示出最终的点阵样式。字库输出区域显示单击"生成字模"按钮后按设置参数生成的字库数组。

预览区域下面的窄行是文字输入区域，在文字输入区域输入想要生成字模的文字，如中文、英文、标点符号等。英文等半角字符将对应生成宽度一半的点阵数组。例如，中文生成 16×16 点阵，英文将生成 16×8 的点阵。

单击"设置"按钮，在弹出的"字模选项"对话框中，按需求调整部分参数，对话框如图 3-2-28 所示。

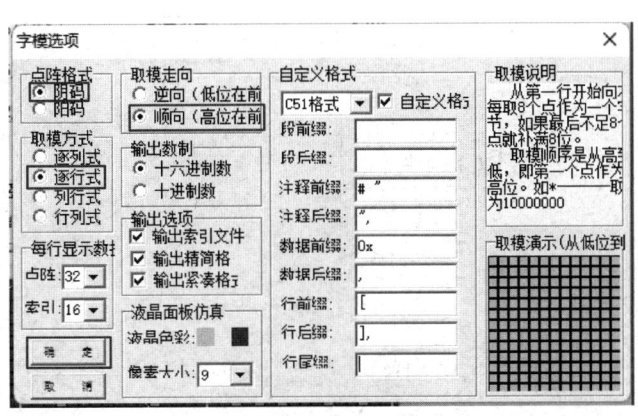

图 3-2-28 对话框

注意：程序中计算点阵存放原则是阴码、逐行式、顺向，在右边的自定义格式中，须将行前后缀改为中括号，修改后按确定按钮进行保存并退出。

在后面的相关实验中，若有需要用汉字或符号进行显示的，可在此工具中生成对应的点阵数组，复制到代码中去使用。

三、Wi-Fi 连接及网络数据收发实验

【实验内容】

连接无线路由器，广播发送自己的继电器的状态。

【实验目的】

1. 了解 Wi-Fi 的连接方法。
2. 熟悉 UDP 网络数据交互。
3. 数据解析方式。

【实验设备】

唯众®通用节点底板 1 块。
唯众®ESP32CPU 模块 1 块。
唯众®继电器模块 1 块。
Micro USB 连接线 1 根。
5 V 直流电源 1 个。

【程序流程图】

程序流程如图 3-2-29 所示。

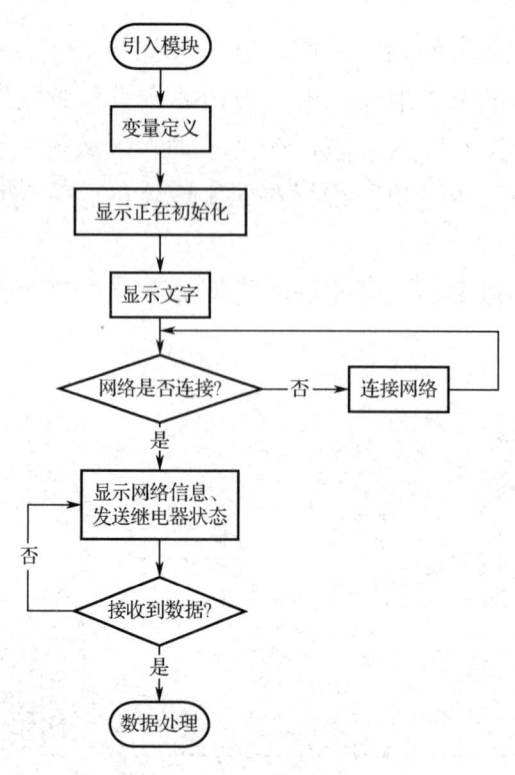

图 3-2-29　程序流程图

【实验步骤】

1. 引入网络模块 network 和 usocket

在 main.py 文件开头，加入以下代码。

```
import network, usocket

# 无线网络
nic = network.WLAN(network.STA_IF)
# UDP 通信套接字
s = usocket.socket(usocket.AF_INET, usocket.SOCK_DGRAM)
# 设置非阻塞模式
s.setblocking(False)
# 绑定通信端口 5678
s.bind(usocket.getaddrinfo('0.0.0.0', 5678)[0][-1])
# 服务器的 IP 地址，当收到服务器信息时主动保存，以后数据直接往服务器发
server = None
# 心跳计数，当循环 30 次仍然没有收到服务器信息时，认为与服务器断开连接
tick = 0
```

先引入 network 和 usocket，再定义无线网络 nic 变量，接着定义一个 UDP 的通信套接字 s，设置通信模式为非阻塞模式，同时绑定通信端口为 5678，用于接收服务器发过来的信息。最后定义一个变量 server 用于保存服务器的 IP 地址，添加一个心跳计数变量 tick，用于计算有多少次循环没有接收到服务器的信息。

2. 编写一个方法连接无线网络

在 main.py 里添加一个方法，方法名为 doConn，代码如下。

```
def doConn(ssid, pwd):
    global nic, s, server, tick, relay
    if not nic.isconnected():
        try:
            tick=-10
            nic.active(True)
            nic.connect(ssid, pwd)
            while  not nic.isconnected() or tick<0:
                tick+=1
                utime.sleep(1)
        except :
            pass
    if nic.isconnected():
        ip = (nic.ifconfig())[0]
        ip = ip.split('.')
        ip = ip[0] + '.' + ip[1] + '.' + ip[2] + '.255'
        s.sendto('client:RELAY var RELAY='+ str(relay.value()), usocket.getaddrinfo(server if server else ip, 5678)[0][-1])
        try:
            data, addr = s.recvfrom(1024)
            sss = data.decode('utf-8')
            port = addr[1]
            if sss.startswith('server'):
                server = addr[0]
                tick = tick%9
            if sss=='server:key=1':
                relay.on()       # 按指定的key进行动作，开
            elif sss=='server:key=2':
                relay.off()      # 按指定的key进行动作，关
        except:
            pass
    if tick>30:
        server = None
    tick += 1
```

代码前几行用来判断网络是否连接成功，没连接成功则进行连接，若等待10秒没有连接成功将不再等待。

若网络连接成功，则发送继电器状态到服务器，若服务器IP地址为空则发送广播地址。

然后接收数据，如果有数据是以 server 开头的，则将其视为服务器发送的信息，保存服务器的IP地址。

然后判断服务器的命令是否有开关命令，有则执行相关操作（此处的继电器外接的是电磁锁），根据命令进行打开与关闭。

最后计数加1，若计数值大于30则判定与服务器失联，server变量值置空。

3. 编写主程序

最后编写主程序，不断循环地检查连接状态，并相应地在 OLED 显示屏上显示状态，在 main.py 主程序最后加上以下代码。

```
while True:
    doConn('MERCURY_4918', 'wz-89014')

    oled.fill(0)
    oled.text((
nic.ifconfig(
)
[0] if nic.isconnected() else 'no Wi-Fi'),0,0)
    oled.text((
server if server else 'no server'),0,8)
    oled.rect(0,16, 128, 16, 1)
    oled.fill_rect(1+14*(tick%9),16,14,16,1)
    oled.show()
    utime.sleep_ms(500)
```

代码循环执行 doConn 方法，最后根据连接状态显示出本机 IP 地址和服务器 IP 地址，OLED 显示屏的最下方显示一个类似进度条的动画，表明程序正常运行。OLED 显示屏最终显示效果如图 3-2-30 所示。

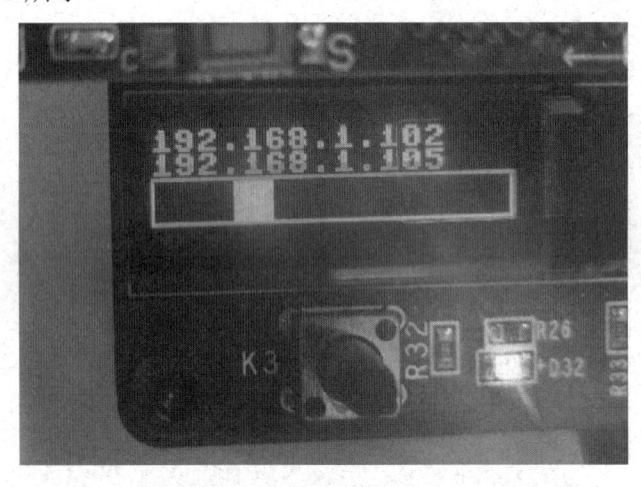

图 3-2-30　显示效果

四、继电器本地及远程控制实验

【实验内容】

远程控制继电器节点动作，实现开锁与关锁的控制。

【实验目的】

1. 了解远程连接方式。
2. 了解服务器与继电器节点间的交互流程。
3. 掌握继电器节点的开关控制。

【实验设备】

唯众®通用节点底板 1 块。

唯众®ESP32CPU 模块 1 块。

唯众®继电器模块 1 块。

Micro USB 连接线 1 根。

5 V 直流电源 1 个。

【程序流程图】

程序流程如图 3-2-31 所示。

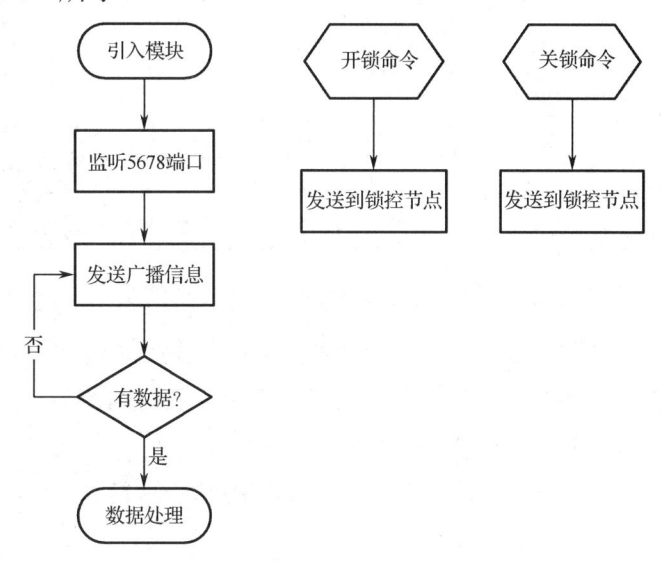

图 3-2-31　程序流程图

【实验步骤】

1. 服务器端 UDP 端口 5678 监听服务器端

现在还没有开始服务器端软件的编写，这里使用网络调试助手来实现继电器节点模块的控制，并熟悉数据的交互方式。

运行网络调试助手，进行网络设置，如图 3-2-32 所示。

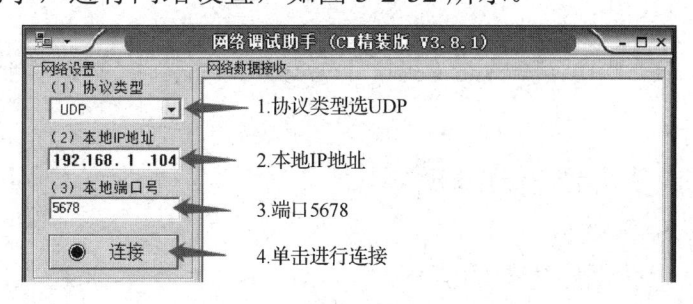

图 3-2-32　网络设置

由于通信协议是 UDP，所以这里的协议类型应选择 UDP。

填写本地 IP 地址时要注意：多网卡或装有虚拟机的计算机上会有多个 IP 地址，要填写与节点传感器连接的无线路由器的网络连接的 IP 地址。

本地端口号 5678 是固定的，单击"连接"按钮，即可接收数据，如图 3-2-33 所示。

图 3-2-33　网络调试助手中接收到的数据

图 3-2-33 中右上栏是网络数据接收区，接收的数据都显示在这里，可以看到每秒网络调试助手就接收到一次数据，数据内容为 client:RELAY var RELAY=0，此为继电器节点发送的数据，数据为 0 代表继电器是断开的状态。

右边中间栏目标节点则显示了目标主机的 IP 地址和目标端口，右下栏是数据发送区域。

2．发送命令控制继电器节点模块

在数据发送区里面输入 server:key=1，单击"发送"按钮。此时能听到继电器节点模块内继电器跳动的声音，同时在网络数据接收区接收到的数据内容为 client:RELAY var RELAY=1。

在数据发送区输入 server:key=2，单击"发送"按钮，继电器节点模块的继电器断开，同时接收到的数据内容变回 client:RELAY var RELAY=0。

五、RFID 卡号的读取和数据上传实验

【实验内容】

编写代码，实现 RFID 节点模块的 RFID 卡号读取，并上传至服务器。

【实验目的】

1．了解 RFID 节点模块的通信接口。

2．掌握 RFID 读卡的流程。

3．掌握刷卡数据上传至服务器的流程。

【实验设备】

唯众®RFID 节点底板 1 块。

唯众®ESP32CPU 模块 1 块。

Micro USB 连接线 1 根。

5 V 直流电源 1 个。

【程序流程图】

程序流程如图 3-2-34 所示。

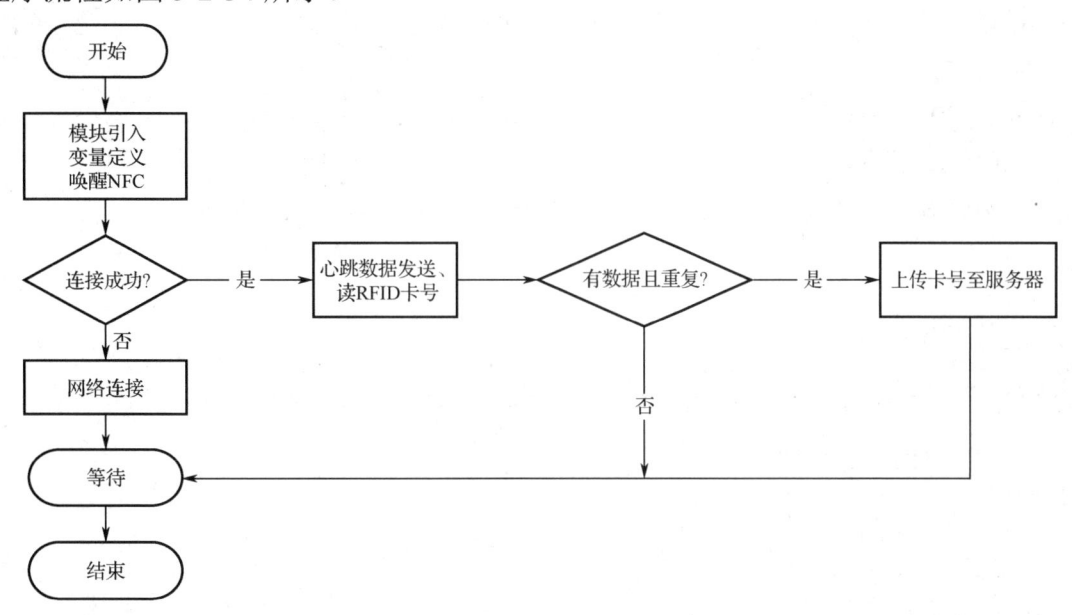

图 3-2-34　程序流程图

【实验步骤】

1. 组装好 RFID 节点模块

根据图 3-2-35 组装好实验设备。

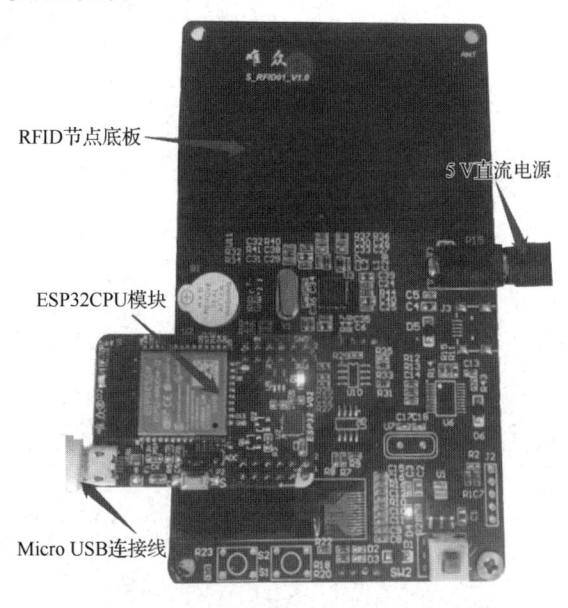

图 3-2-35　RFID 节点模块组装图

在 RFID 节点底板上，插上 ESP32CPU 模块，电源采用 5 V 直流电源。确认连接正确，避免排针错位，将 Micro USB 连接线与主机连接，ESP32CPU 模块蓝灯和 RFID 节点底板红灯将点亮。

2. 使用 Thonny 软件下载程序

打开 Thonny 软件下载程序，在解释器中选择正确的串口号，连接到目标设备后，把前面继电器节点模块的 2 个文件 main.py 和 ssd1306.py 都另存到当前目标设备上，此时目标设备上有三个文件。

由于 RFID 节点底板的 OLED 显示屏通信使用的 I²C 连接引脚不一样，所以要修改 I²C 的定义，方法如下。

```
I²C = I²C(sda=Pin(16), scl=Pin(17))    # I²C 初始化：sda--> 16, scl --> 17
```

由于 RFID 节点模块没有读到卡号的时候不需要发送空的卡号，也不接收服务器命令来执行动作，所以要修改网络连接发送和接收数据的代码。对图 3-2-36 所示的代码区域内容进行修改。

```
        pass
    if nic.isconnected():
        ip = (nic.ifconfig())[0]
        ip = ip.split('.')
        ip = ip[0] + '.' + ip[1] + '.' + ip[2] + '.255'
        s.sendto('client:RELAY var RELAY='+ str(relay.value()), usocket.getaddrinfo(server if server else ip, 5678)[0][-1])
        try:
            data, addr = s.recvfrom(1024)
            sss = data.decode('utf-8')
            port = addr[1]
            if sss.startswith('server'):
                server = addr[0]
                tick = tick%9
            if sss=='server:key=1':
                relay.on()   # 按指定的key进行动作，开
            elif sss=='server:key=2':
                relay.off()  # 按指定的key进行动作，关
        except:
            pass
    if tick>30:
        server = None
    tick += 1

oled.fill(0)
chinese('显示:关  0',0,0)
oled.text('press key ...',0,16)
oled.text('This is a demo !',0,24)
oled.show()

while True:
    doConn('MERCURY_4918', 'wz-89014')

    oled.fill(0)
    oled.text((nic.ifconfig()[0] if nic.isconnected() else 'no wifi'),0,0)
    oled.text((server if server else 'no server'),0,8)
    oled.rect(0,16, 128, 16, 1)
    oled.fill_rect(1+14*(tick%9),16,14,16,1)
    oled.show()
    utime.sleep_ms(500)
```

图 3-2-36　修改网络连接发送和接收数据代码区域

将图 3-2-36 方框中的代码修改为以下代码。

```
    s.sendto('client:RFID',usocket.getaddrinfo(server if server else bb, 5678)[0][-1])
try:
    data,addr=s.recvfrom(1024)
    sss=data.decode('utf-8')
    port=addr[1]
    if sss.startswith('server'):
        server=addr[0]
        tick = tick%9
```

心跳数据只发送 client:RFID，告知节点型号即可。接收数据也只判断其是否为服务器中的数据，并记录服务器的 IP 地址即可。

3. 读取 RFID 卡号

RFID 节点底板上的 RFID 读取模块与 ESP32CPU 模块采用串口通信,波特率为 115200 Baud。RFID 节点模块有两个命令,一个是唤醒命令,另一个是寻卡命令,因此编写代码,须引入串口通信模块 UART,定义串口变量和命令内容。

```
    from machine import UART
uart1 = UART(1, baudrate=115200, rx=15, tx=12, timeout=2)
# NFC 唤醒命令
NFC_Wakeup =
bytearray(b'\x55\x55\x00\x00\x00\x00\x00\x00\x00\x00\x00\x00\x00\x00\x00\x00\xFF\x03\xFD\xD4\x14\x01\x17\x00')
# NFC 寻卡命令
NFC_Detect = bytearray(b'\x00\x00\xFF\x04\xFC\xD4\x4A\x01\x00\xE1\x00')
```

接着发送唤醒命令,并读取串口数据判断是否已正确唤醒。

```
'''
功能:检测 uart1 收到的参数是否正确
(1) 读取 uart1 通道内的值
(2) 判断前 6 位的字节是否正确
(3) 错误代号为 0 时表示返回值正确,错误代号为 1 时表示返回值不正确,错误代号为 2 时表示没有返回值
'''
def recv_check():
    if uart1.any():
        recv = uart1.readline()
        if (recv[0] == 0x00) and (recv[1] == 0x00) and (recv[2] == 0xFF) and (recv[3] == 0x00) and (
            recv[4] == 0xFF) and (recv[5] == 0x00):
            return 0
        else:
            return 1
    else:
        return 2

                                # 唤醒 NFC
utime.sleep_ms(200)
oled.fill(0)
chinese('Wakeup NFC ......', 0, 0)
oled.show()                     # OLED 执行显示
uart1.write(NFC_Wakeup)
utime.sleep_ms(200)
error = recv_check()            # 获取错误返回代号
chinese("recv= "+str(error),0,16)
oled.show()                     # OLED 执行显示
utime.sleep(2)
```

运行代码是可以从 OLED 显示屏上看到的,先显示 Wakeup NFC……字样,然后显示 recv=0 字样,这说明唤醒卡返回无错误。

接着修改主循环程序,不停地去读卡号。

```
        oldID = '-1'                    #上次读到的卡号，避免卡放在那不停发送数据，须将卡号清空后再刷卡
def readRFID():
global oldID
if ~error:
        data_temp = bytearray(25)
        number_temp = bytearray(4)
                                    # 通过串口发送寻卡的命令
        uart1.write(NFC_Detect)
                                    # 判断串口中是否接收到回复的数据
        if uart1.any():
                                    # 将接收到的数据保存到缓存中
            recv = uart1.readinto(data_temp)
            if recv==25:
                ID=str(ubinascii.hexlify(data_temp))[40:-5]
                print(ID)
                if ID=='00000000':
                    ID=None
                if ID !=oldID:
                    oldID=ID
                    BEEP.value(1)    # 如果读取到卡号则蜂鸣器发声
                    utime.sleep_ms(200)
                    BEEP.value(0)
                                    # 发送卡号
                    aa=(nic.ifconfig())[0]
                    aa=aa.split('.')
                    bb=aa[0]+'.'+aa[1]+'.'+aa[2]+'.255'
                    s.sendto('client:RFID var RFID='+ID,usocket.getaddrinfo(server if server
else bb, 5678)[0][-1])
                    oled.fill(0)
                    chinese("RFID: "+ID,0,16)
                    oled.show()
                    utime.sleep(2)
        else:
            oldID=None

while True:
    doConn('MERCURY_4918', 'wz-89014')
    readRFID()
    oled.fill(0)
    oled.text((
nic.ifconfig(
)
[0] if nic.isconnected() else 'no Wi-Fi'),0,0)
    oled.text((
server if server else 'no server'),0,8)
    oled.rect(0,16, 128, 16, 1)
    oled.fill_rect(1+14*(tick%9),16,14,16,1)
    oled.show()
    utime.sleep_ms(500)
```

在循环中加上 readRFID，通过串口发送寻卡命令，返回数据长度是 25 字节时为有效卡号，取出有效卡号，跟上一次卡号对比，不相同则向服务器发送卡号，避免一次刷卡有多次卡号读出来的情况，同时避免重复向服务器发送数据。没有读到卡时数据长度是 6 字节，此时把卡号清空，再次刷卡时又可以向服务器发送数据了。

4．验证 RFID 节点模块功能的正确性

启动网络调试助手，监听 5678 端口，能看到以下数据，如图 3-2-37 所示。

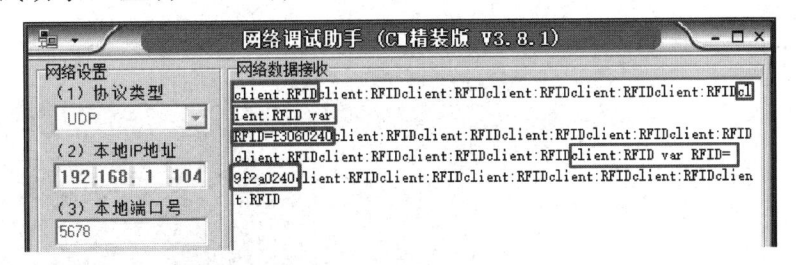

图 3-2-37　网络调试助手监听数据

client:RFID 为心跳数据，每半分钟发一次，收到的数据为 client:RFID var RFID=f3060240，这是刷卡时发送的数据，它只发送了一次没有重复发送。换一张卡进行刷卡后所收到的数据为 client:RFID var RFID=9f2a0240，这就说明通信和功能正常。

六、语音播放及远程控制实验

【实验内容】

编写代码，实现语音播放节点模块的语音播放功能，通过接收网络命令来实现远程控制播放语音。

【实验目的】

1．了解语音播放模块的通信接口。
2．掌握语音播放指定的文字。
3．掌握使用文本控制标签、控制语音播放特征。
4．掌握接收服务器命令，播放服务器发送的文字。

【实验设备】

唯众®通用节点底板 1 块。
唯众®ESP32CPU 模块 1 块。
唯众®语音播放节点模块一块。
Micro USB 连接线 1 根。
5 V 直流电源 1 个。

【程序流程图】

程序流程如图 3-2-38 所示。

【实验步骤】

1．组装好语音播放节点模块

如图 3-2-39 所示，把实验设备组装好，确认连接无误，排针没有错位。用 USB 连接线将

Micro USB 连接线与计算机连接，在解释器界面选择正确的端口，将继电器节点模块的 main.py 和 ssd1306.py 复制进目标设备。

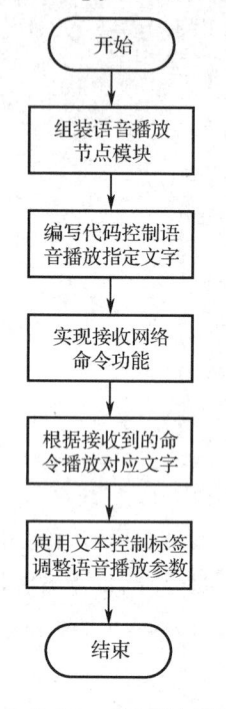

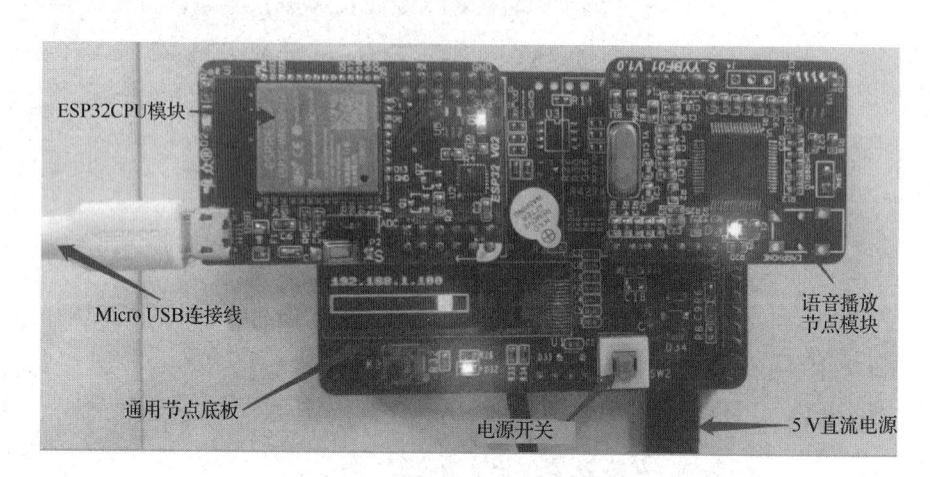

图 3-2-38　程序流程图　　　　图 3-2-39　语音播放模块组装示意图

2. 编写代码控制语音播放指定文字

语音播放节点模块与 ESP32CPU 模块间也采用串口连接，波特率为 115200 Baud，

```
uart1 = UART(1, baudrate=115200, rx-15, tx-12, timeout=10)
```
语音播放智能控制使用 gpio18，低电平有效
```
TX_EN = Pin(18, Pin.OUT)
utime.sleep(1)
TX_EN.value(0)
```

由于语音播放传入的字符格式采用 GBK 编码，而 MicroPython 采用 UTF-8 编码，并不支持 GBK 编码，无法将 UTF-8 直接转码到 GBK 格式，所以需播放的文字要先定义好，服务器传来的字符也要先进行 GBK 转码后才能发送过来。

首先定义字典，定义好固定的语音文字。

```
txt_say={
1:[0xbf,0xaa,0xcb,0xf8],                                      #开锁
2:[0xb9,0xf1,0xc3,0xc5,0xd2,0xd1,0xb4,0xf2,0xbf,0xaa],        #柜门已打开
3:[0xb9,0xf1,0xc3,0xc5,0xd2,0xd1,0xb9,0xd8,0xb1,0xd5],        #柜门已关闭
4:[0xce,0xef,0xc6,0xb7,0xd2,0xd1,0xc7,0xe5,0xb5,0xe3,0xcd,0xea,0xb1,0xcf,0x20,0xc7,0xeb,0xb9,0xd8,0xb1,0xd5,0xb9,0xf1,0xc3,0xc5],  #物品已清点完毕，请关闭柜门
15:[0xbb,0xb6,0xd3,0xad,0xca,0xb9,0xd3,0xc3],                 #欢迎使用
}
```

接着按语音播放的协议，增加一个播放文字的方法。

```
def spk(bs):
    if bs is None:
```

```
    return
i=len(bs)
temp = bytearray(7+i)
temp[0] = 0xfd
temp[1] = 0x00
temp[2] =  i + 4
temp[3] = 0x01
temp[4] = 0x01
for j in range(i):
    temp[5+j]=bs[j]
temp[( i) + 5] = 0x0d
temp[( i) + 6] = 0x0a
uart1.write(temp)
```

在按键中断的回调里,播放序号为 15 的文字"欢迎使用",用于测试。

```
def say_demo(tim):
    spk(txt_say.get(15))
```

```
key.irq(say_demo, Pin.IRQ_FALLING)    # 定义中断,下降沿触发
```

最后运行程序,按下按键,能清晰听到语音播放出"欢迎使用"的中文语音。

3. 接收服务器命令语音播放所对应的文字

修改数据接收方法的代码,如图 3-2-40 所示。

```
def doConn(ssid, pwd):
    global nic, s, server, tick, relay
    if not nic.isconnected():
        try:
            tick=-10
            nic.active(True)
            nic.connect(ssid, pwd)
            while  not nic.isconnected() or tick<0:
                tick+=1
                utime.sleep(1)
        except :
            pass
    if nic.isconnected():
        ip = (nic.ifconfig())[0]
        ip = ip.split('.')
        ip = ip[0] + '.' + ip[1] + '.' + ip[2] + '.255'
        s.sendto('client:SPEAKER', usocket.getaddrinfo(server if server else ip, 5678)[0][-1])
        try:
            data, addr = s.recvfrom(1024)
            sss = data.decode('utf-8')
            port = addr[1]
            if sss.startswith('server'):
                server = addr[0]
                tick = tick%9
            if data.startswith('server:key='.encode()):
                spk(txt_say.get(int(data[11:].decode())))
            elif data.startswith('server:spk='.encode()):#语音朗读
                spk(data[11:])
        except:
            pass
    if tick>30:
        server = None
    tick += 1
```

图 3-2-40 修改数据接收方法的代码

当接收到的服务器命令是播放 server:key=开头的预定义的文字时,语音播放会直接播放

server:spk=后面的字符，其中汉字要以 GBK 编码格式发送。

当在网络调试助手里分别发送 server:key=2 和 server:spk=123，可以听到语音播放"柜门已打开"和"一百二十三"的中文语音。

4．使用文本控制标签控制语音播放特征

在语音播放过程中，会使用一些相关的标签命令来控制播放特征，例如，音量、语速、单词发音方式、是否识别汉语拼音、发音人、数字处理方式等。举个例子，123 是读"一二三"还是读"一百二十三"呢？这就需要采用文本控制标签。

文本控制标签采用半角中括号（即[ ]），其中输入一个小写字母加一个阿拉伯数字，如[v3]设置音量 3，[n1]数字作为号码进行处理，这时就需要一个个读。

语音播放的属性由服务器发送的内容来控制。例如，网络调试助手：发送命令 server:spk=[v1][n1]112，可以听到音量变小，数字读"幺幺二"；发送命令 server:spk=[v1][n1][y1]112，数字读"一一二"。

至此，硬件模块的功能已全部实现，接下来将在 Android 平板里实现服务器的功能。

七、Android 软件主界面实验

【实验内容】

在 Android Studio 编写主界面中，广播服务器信息整个系统的网络组建已完成，接收节点设备上传数据，完成管理员卡的注册。

【实验目的】

1．熟悉 Android Studio 开发工具。

2．完成项目主界面的编写，掌握线性布局。

3．完成管理员卡的注册，掌握 UDP 数据的接收和发送。

【实验设备】

Android 平板或手机一个，也可使用 Android 模拟器。

唯众®RFID 节点套件。

【程序流程图】

在主界面需实现服务器信息网络广播、接收节点设备上传的数据并在界面上显示。当有卡号上传，但系统还没有将其设为管理员时，则提示是否将此卡进行注册，选择"确定"选项将此卡注册为管理员。当系统存在管理员卡时，若卡号是管理员的卡号则直接进入管理界面，否则将提示其为"无效卡"。程序流程如图 3-2-41 所示。

【实验步骤】

1．创建新的项目

利用 Android Studio 创建新的项目，将资源包 Android 源码的资源文件复制进去，文件说明如表 3-2-3 所示。

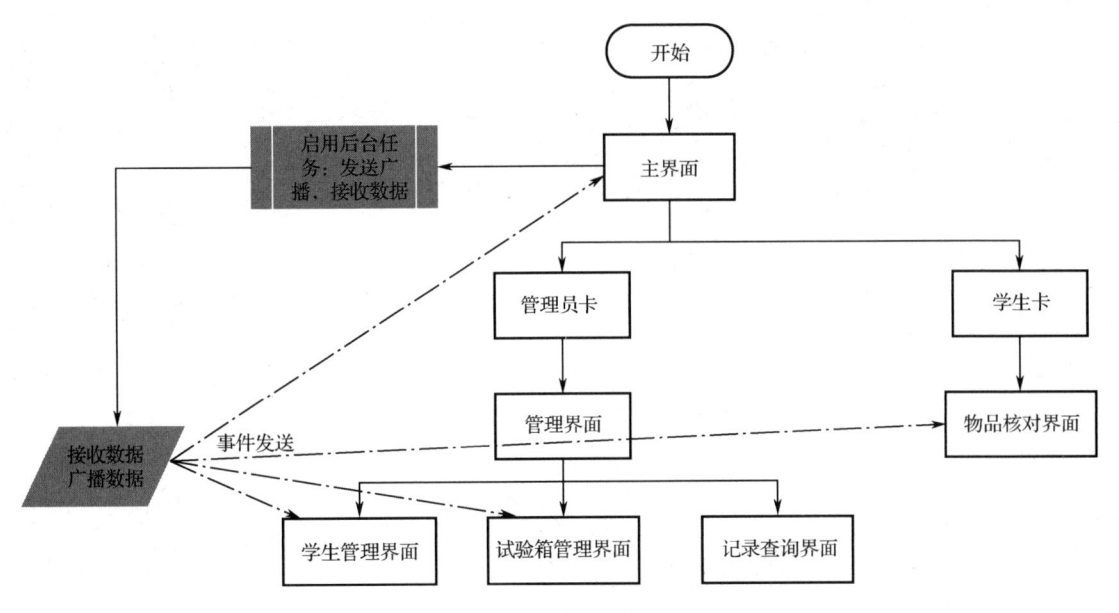

图 3-2-41　程序流程图

表 3-2-3　文件说明

文件夹	文件	说明
drawable	ic_lock.xml	门锁关闭状态矢量图
	ic_unlock	门锁打开状态矢量图
	ic_rfid.xml	RFID 图标矢量图
	ic_speaker.xml	语音播放图标矢量图
mipmap-hdpi	*.png	项目使用的相关图片

在 Android 程序中，每个界面地图都统一采用 mipmap-hdpi 中的 bg.png，为了不重复设置底图，需在主题中统一设置，在资源文件夹 values 里的 themes.xml 的 style 里添加一行代码，代码如下。

```
<item name = "android:windowBackground">@mipmap/bg</item>
```

2．增加一个文件名为 item.xml 布局文件

此布局文件主要用于显示节点设备的状态，左边是图标，右边分别是 IP 地址、通信时间、上传数据，代码如下。

```xml
<?xml version="1.0" encoding="utf-8"?>
<LinearLayout xmlns:android="http://schemas.android.com/apk/res/android"
    android:layout_width="match_parent"
    android:layout_height="match_parent"
    android:orientation="horizontal">
<ImageView
    android:id="@+id/img"
    android:layout_width="50dp"
    android:layout_height="match_parent" />
<LinearLayout
    android:layout_width="match_parent"
```

```xml
            android:layout_height="match_parent"
            android:orientation="vertical">
            <TextView
                android:id="@+id/tv_ip"
                android:layout_width="match_parent"
                android:layout_height="wrap_content" />
            <TextView
                android:id="@+id/tv_time"
                android:layout_width="match_parent"
                android:layout_height="wrap_content" />
            <TextView
                android:id="@+id/tv_var"
                android:layout_width="match_parent"
                android:layout_height="wrap_content" />
    </LinearLayout>
</LinearLayout>
```

3. 修改 activity_main.xml 布局文件

修改主界面，在底部放置 3 个 item 用于显示节点设备，代码如下。

```xml
<?xml version="1.0" encoding="utf-8"?>
<FrameLayout xmlns:android="http://schemas.android.com/apk/res/android"
    xmlns:tools="http://schemas.android.com/tools"
    android:layout_width="match_parent"
    android:layout_height="match_parent"
    tools:context=".MainActivity">
    <TextView android:id="@+id/fullscreen_content"
        android:layout_width="match_parent"
        android:layout_height="match_parent"
        android:gravity="center"
        android:keepScreenOn="true"
        android:text="@string/dummy_content"
        android:textColor="@color/light_blue_600"
        android:textSize="32sp"
        android:textStyle="bold" />
    <LinearLayout android:id="@+id/linearLayout"
        android:layout_width="match_parent"
        android:layout_height="60dp"
        android:layout_gravity="bottom"
        android:orientation="horizontal"
        android:baselineAligned="false">
        <include android:id="@+id/rfid"
            layout="@layout/item"
            android:layout_width="100dp"
            android:layout_height="match_parent"
            android:layout_weight="1" />
        <include android:id="@+id/relay"
```

```xml
            layout="@layout/item"
            android:layout_width="100dp"
            android:layout_height="match_parent"
            android:layout_weight="1" />
        <include android:id="@+id/speak"
            layout="@layout/item"
            android:layout_width="100dp"
            android:layout_height="match_parent"
            android:layout_weight="1" />
    </LinearLayout>
</FrameLayout>
```

主界面最底层是 FrameLayout 布局，上面放置了一个 TextView 控件，全屏显示项目名称的简单操作提示，底部的横向线性布局里均匀放置三个控件，采用 include 来引用 layout/item 布局，使用 android:layout_weight="1"属性来控制三个控件在里面的占用比重保持一致，避免因文字长短不同导致占用宽度不一致。

4．编写设备相关的类文件

在项目中使用的节点设备有继电器节点模块、语音播放节点模块、RFID 节点模块，交互方式是一样的，可新建一个类 WZ_DEV，代码如下。

```java
package com.wz.dev;

import java.io.Serializable;
import java.util.Date;
import java.util.HashMap;
import java.util.Map;

public class WZ_DEV implements Serializable {
    private static final long            serialVersionUID = 1L;
    public              String           ip;
    public              int              port              = 5678;
    public              Date             doTime;
    public              Map<String, Object> vars           = new HashMap<>();

    public String getVar() {
        StringBuilder s = new StringBuilder();
        for (Map.Entry<String, Object> key : vars.entrySet()) {
            s.append(key.getKey()).append(":").append(key.getValue());
        }
        return s.toString();
    }
}
```

在设备类中，定义了 IP 地址、通信端口、数据交互时间，以及保存设备信息的 Map 列表。考虑日后项目会有多种数据，如温度、湿度、光照等，因此在这里定义 Map 对象作为预留。

在项目中，与节点设备的通信交互模式也是一样的，因此定义一个通信类 WZ_SOCKET 进行统一处理，代码如下。

```java
    package com.wz.dev;

import java.io.IOException;
import java.io.UnsupportedEncodingException;
import java.net.DatagramPacket;
import java.net.DatagramSocket;
import java.net.InetSocketAddress;
import java.nio.charset.StandardCharsets;

public class WZ_SOCKET {
    public DatagramSocket mySocket = null;

    public void init() {
        try {
            if (mySocket == null) {
                mySocket = new DatagramSocket(5678);
                mySocket.setSoTimeout(100);
            }
        }
 catch (IOException e) {
            mySocket = null;
        }
    }

    public void sendBuf(String ip, int port, byte[] msg) {
        new Thread(new Runnable() {
            @Override
            public void run() {
                try {
                    DatagramPacket sendPacket = new DatagramPacket(msg, msg.length, new InetSocketAddress(ip, port));
                    mySocket.send(sendPacket);
                }
 catch (IOException e) {
                    e.printStackTrace();
                }
            }
        }).start();
    }

    public void open(String ip, int key) {
        sendBuf(ip, 5678, ("server:key=" + key).getBytes(StandardCharsets.UTF_8));
```

```
    }
    public void say(String ip, String s) {
        try {
            sendBuf(ip, 5678, ("server:spk=[v1]" + s).getBytes("GBK"));
        }
catch (UnsupportedEncodingException e) {
            e.printStackTrace();
        }
    }
}
```

在网络通信类中，定义了 UDP 变量 mySocket，在 init 里绑定端口 5678，抽象出 2 个方法。其中，open 方法用于闭合或断开继电器；say 方法用于语音播放，二者统一转码为 GBK 编码。

5. 编写数据相关的类文件

在本试验箱借用方案中，涉及的人员分为管理员和学生两类，管理员只有一个，学生则会有多个。

新建管理员类，只保存 RFID 卡号，代码如下。

```
    package com.wz.db;

import java.io.Serializable;

public class WZ_Admin implements Serializable {
    private static final long  serialVersionUID = 85318978373949794L;
    public              String rfid;
}
```

新建学生类，保存姓名和 RFID 卡号，代码如下。

```
    package com.wz.db;

import java.io.Serializable;
import java.util.ArrayList;

public class WZ_Student implements Serializable {
    private static final long  serialVersionUID = -7595475354695994369L;
    public              String name;
    public              String rfid;

    public WZ_Student(String name, String rfid) {
        this.name = name;
        this.rfid = rfid;
    }

    public static WZ_Student get(ArrayList<WZ_Student> wz_students, String rfid) {
        for (WZ_Student student : wz_students) {
```

```
            if (rfid.equalsIgnoreCase(student.rfid))
                return student;
        }
        return null;
    }
}
```

在类文件中添加构造方法和根据 RFID 卡号查找学生的方法。

试验箱已有多个，试验箱中的物品也会有多个，当然不同的试验箱类中也可能有相同的物品，要对相同物品使用 RFID 标签做逐一绑定，即相同的物品不可以互相替换。

新建试验箱类 WZ_BOX，代码如下。

```
    package com.wz.db;

import java.io.Serializable;
import java.util.ArrayList;

public class WZ_Box implements Serializable {
    private static final long          serialVersionUID = -2700941182026349438L;
    public            String           name;
    public            String           rfid;
    public            ArrayList<WZ_Object> ls = new ArrayList<>();

    public WZ_Box(String name, String rfid) {
        this.name = name;
        this.rfid = rfid;
        ls.add(new WZ_Object("", "万用表", "01.png", false));
        ls.add(new WZ_Object("", "跳线测试仪", "02.png", false));
        ls.add(new WZ_Object("", "光纤测试仪", "03.png", false));
        ls.add(new WZ_Object("", "端接测试仪", "04.png", false));
        ls.add(new WZ_Object("", "示波器", "05.png", false));
        ls.add(new WZ_Object("", "工具箱", "06.png", false));
    }

    public static WZ_Box get(ArrayList<WZ_Box> wz_boxes, String rfid) {
        for (WZ_Box box : wz_boxes)
           if (rfid.equalsIgnoreCase(box.rfid))
                return box;
        return null;
    }

    public static WZ_Object getDev(ArrayList<WZ_Box> wz_boxes, String rfid) {
        for (WZ_Box box : wz_boxes) {
            for (WZ_Object dev : box.ls)
                if (rfid.equalsIgnoreCase(dev.rfid))
                    return dev;
        }
```

```
        return null;
    }

    public int getNum() {
        int num = 0;
        for (WZ_Object dev : ls) {
            if (dev.use) num++;
        }
        return num;
    }
}
```

在构造函数里加入了固定的 6 种物品，默认是否包含为 False，在试验箱管理界面去编辑修改，当前物品种类的演示代码是固定的，可根据需要自行修改为动态的。

新建物品种类，代码如下。

```
package com.wz.db;

import java.io.Serializable;

public class WZ_Object implements Serializable {
    private static final long    serialVersionUID = -6590576339945697866L;
    public          String   rfid;
    public          String   name;
    public          String   pic_name;
    public          boolean  use;

    public WZ_Object(String rfid, String name, String pic_name, boolean use) {
        this.rfid     = rfid;
        this.name     = name;
        this.pic_name = pic_name;
        this.use      = use;
    }
}
```

在本方案设计中，提到了要将试验箱借用和归还的数据进行记录以供查询，因此要新建一个数据记录类 WZ_Record，代码如下。

```
package com.wz.db;

import java.io.Serializable;
import java.util.Date;

public class WZ_Record implements Serializable {
    private static final long    serialVersionUID = -4890067252893893505L;
    public          Date     dotime;
    public          String   student_name;
    public          String   student_rfid;
    public          String   box_name;
```

```
    public              String box_rdif;
    public              String option;

    public WZ_Record(Date dotime, String student_name, String student_rfid, String box_name,
String box_rdif, String option) {
        this.dotime       = dotime;
        this.student_name = student_name;
        this.student_rfid = student_rfid;
        this.box_name     = box_name;
        this.box_rdif     = box_rdif;
        this.option       = option;
    }
}
```

数据记录了操作时间、学生姓名、RFID 卡号、试验箱名称、试验箱 RFID 卡号以及操作的方式——借用或归还。

为方便各数据在各界面间交叉使用，不采用数据传递的方式，而采用全局数据。新建一个名称为 MyApp 的 Application 类，代码如下。

```
    package com.wz.xwhebox;

import android.app.Application;
import android.content.Context;

import com.wz.db.WZ_Admin;
import com.wz.db.WZ_Box;
import com.wz.db.WZ_Record;
import com.wz.db.WZ_Student;
import com.wz.dev.WZ_DEV;
import com.wz.dev.WZ_SOCKET;

import java.io.FileOutputStream;
import java.io.IOException;
import java.io.ObjectInputStream;
import java.io.ObjectOutputStream;
import java.util.ArrayList;

public class MyApp extends Application {
    /*
     * 当前流程位置
     * 0 等待
     * 10 管理员编辑，此时刷卡无效；11 等待试验箱刷卡，此时刷卡号码存入当前试验箱；12 等待物品刷卡，此时刷
卡存入当前物品
     * 20 学生卡，选择借用或归还；21 借用界面，此时等待刷试验箱卡；22 归还界面，此时等待刷试验箱卡；23 物品
核对界面，此时循环刷卡，直到所有物品均刷卡
     * */
```

```java
    public static int              now_flow = 0;
    static      MyApp              myApp    = null;
    public      WZ_Admin           wz_admin;
    public      ArrayList<WZ_Student> wz_students;
    public      ArrayList<WZ_Box>    wz_boxes;
    public      ArrayList<WZ_Record> wz_records;
    public      WZ_DEV             wz_rfid  = new WZ_DEV();
    public      WZ_DEV             wz_relay = new WZ_DEV();
    public      WZ_DEV             wz_speak = new WZ_DEV();
    public      WZ_SOCKET          wz_socket = new WZ_SOCKET();

    public static MyApp getInstance() {
        return myApp;
    }

    public boolean hasUse(String rfid) {
        boolean has = rfid.equalsIgnoreCase(wz_admin.rfid);
        if (WZ_Student.get(wz_students, rfid) != null) has = true;
        if (WZ_Box.get(wz_boxes, rfid) != null) has = true;
        if (WZ_Box.getDev(wz_boxes, rfid) != null) has = true;
        return has;
    }

    @Override
    public void onCreate() {
        super.onCreate();
        myApp = this;
        wz_socket.init();
        load();
    }

    public void save() {
        try {
            FileOutputStream  file = getApplicationContext().openFileOutput("WZ_COMM", Context.MODE_PRIVATE);
            ObjectOutputStream fos = new ObjectOutputStream(file);
            fos.writeObject(wz_admin);
            fos.writeObject(wz_students);
            fos.writeObject(wz_boxes);
            fos.writeObject(wz_records);
            fos.flush();
            fos.close();
        }
        catch (IOException e) {
```

```java
            e.printStackTrace();
        }
    }

    public void load() {
        try {
            ObjectInputStream ois = new ObjectInputStream(getApplicationContext().openFileInput("WZ_COMM"));
            Object          o1 = ois.readObject();
            Object          o2 = ois.readObject();
            Object          o3 = ois.readObject();
            Object          o4 = ois.readObject();
            if (o1 != null) wz_admin = (WZ_Admin) o1;
            if ((o2 instanceof ArrayList)) wz_students = (ArrayList<WZ_Student>) o2;
            if ((o3 instanceof ArrayList)) wz_boxes = (ArrayList<WZ_Box>) o3;
            if ((o4 instanceof ArrayList)) wz_records = (ArrayList<WZ_Record>) o4;
        } catch (IOException | ClassNotFoundException e) {
            e.printStackTrace();
        }
        if (wz_admin == null) wz_admin = new WZ_Admin();
        if (wz_students == null) wz_students = new ArrayList<>();
        if (wz_boxes == null) wz_boxes = new ArrayList<>();
        if (wz_records == null) wz_records = new ArrayList<>();
        save();
    }
}
```

程序采用状态机方式，即对应的步骤有其所对应的状态，对应的状态下只能执行相对应的操作，可用全局变量 now_flow 记录当前状态。

hasUse 方法用于在所有数据中查找当前卡号是否正在使用。当前类还实现了数据保存方法 save 和数据读取方法 load。

6. 编写主界面代码，实现管理员注册

修改 MainActivity 的代码。首先在创建时新建一个线程，每隔 5 秒发送一次广播信息，内容为 server，通知节点设备当前服务器的 IP 地址。然后新建一个后台异步任务 checkNet，对循环接收节点传来的数据进行解析显示。

当有卡号上传时，调用 doRFID 方法处理。若此时程序停留在当前界面，先判断管理员卡号是否为空，为空则提示是否注册此卡为管理员，不为空则判断此卡是否为管理员卡。是管理员卡则进入管理界面，不是则判断此卡是否为学生卡，是学生卡则提示借用或归还。若此卡不是管理员卡和学生卡，则提示此卡为无效卡。

若程序不停留在当前界面，将卡号发送出去，则由对应界面处理。最终主界面显示如图 3-2-42 所示。

图 3-2-42　主界面

代码如下。

```java
package com.wz.xwhebox;

import android.content.DialogInterface;
import android.content.Intent;
import android.net.Wi-Fi.Wi-FiInfo;
import android.net.Wi-Fi.Wi-FiManager;
import android.os.AsyncTask;
import android.os.Bundle;
import android.os.SystemClock;
import android.text.TextUtils;
import android.view.View;
import android.view.WindowManager;

import androidx.annotation.Nullable;
import androidx.appcompat.app.AlertDialog;
import androidx.appcompat.app.AppCompatActivity;

import com.wz.db.WZ_Admin;
import com.wz.db.WZ_Student;
import com.wz.dev.WZ_DEV;
import com.wz.xwhebox.databinding.ActivityMainBinding;
import com.wz.xwhebox.databinding.DOptionBinding;

import org.greenrobot.eventbus.EventBus;

import java.io.IOException;
import java.io.UnsupportedEncodingException;
import java.lang.ref.WeakReference;
import java.net.DatagramPacket;
import java.net.InetAddress;
import java.nio.charset.StandardCharsets;
```

```java
import java.text.SimpleDateFormat;
import java.util.Date;
import java.util.Locale;
import java.util.Objects;

public class MainActivity extends AppCompatActivity {
    static boolean           needRun      = true;
    static String            ip           = "";
    static String            ip_broadcast = "";
    static SimpleDateFormat sdf          = new SimpleDateFormat("yyyy-MM-dd HH:mm:ss", Locale.CHINA);
    static MyApp             a            = MyApp.getInstance();
    ActivityMainBinding b;

    public static String intToIp(int ipInt) {
        return (ipInt & 0xFF) + "." + ((ipInt >> 8) & 0xFF) + "." + ((ipInt >> 16) & 0xFF) + "." + ((ipInt >> 24) & 0xFF);
    }

    @Override
    protected void onCreate(Bundle savedInstanceState) {
        super.onCreate(savedInstanceState);
        getWindow().setFlags(WindowManager.LayoutParams.FLAG_FULLSCREEN, WindowManager.LayoutParams.FLAG_FULLSCREEN);
        b = ActivityMainBinding.inflate(getLayoutInflater());
        setContentView(b.getRoot());
        initView();
        new checkNet(this).execute();
    }

    private void initView() {
        Wi-FiManager Wi-FiManager = (Wi-FiManager) getApplicationContext().getSystemService(Wi-Fi_SERVICE);
        Wi-FiInfo    Wi-FiInfo    = Wi-FiManager.getConnectionInfo();
        int          addr         = Wi-FiInfo.getIpAddress();
        ip           = intToIp(addr);
        ip_broadcast = intToIp(addr | 0xFF000000);
        b.rfid.img.setImageResource(R.drawable.ic_rfid);
        b.speak.img.setImageResource(R.drawable.ic_speaker);
        b.relay.img.setImageResource(R.drawable.ic_lock);
        new Thread(new Runnable() {
            @Override
            public void run() {
                byte[] buf_send = ("server:").getBytes(StandardCharsets.UTF_8);
                while (needRun) {
                    if (a.wz_socket.mySocket != null) {
```

```java
                    a.wz_socket.sendBuf(ip_broadcast, 5678,
"server".getBytes(StandardCharsets.UTF_8));
                }
                SystemClock.sleep(5000);
            }
        }
    }).start();
}


@Override
protected void onActivityResult(int requestCode, int resultCode, @Nullable Intent data) {
    super.onActivityResult(requestCode, resultCode, data);
    MyApp.now_flow = 0;
}

private void doRFID(String no) {
    //根据当前状态以及卡号对应的类型，进行逻辑处理
    if (MyApp.now_flow == 0) {
        if (a.wz_admin == null || TextUtils.isEmpty(a.wz_admin.rfid)) {
            AlertDialog.Builder many = new AlertDialog.Builder(this);
            many.setTitle("是否注册管理员卡号？");
            many.setMessage("当前系统还没有注册管理员卡号\n请问是否注册当前卡号为管理员？卡号： " + no);
            many.setPositiveButton("确定", new DialogInterface.OnClickListener() {
                @Override
                public void onClick(DialogInterface dialogInterface, int i) {
                    a.wz_admin       = new WZ_Admin();
                    a.wz_admin.rfid = no;
                    a.save();
                    MyApp.now_flow =0;
                }
            });
            many.setOnCancelListener(new DialogInterface.OnCancelListener() {
                @Override
                public void onCancel(DialogInterface dialog) {
                    MyApp.now_flow =0;
                }
            });
            MyApp.now_flow = -1;
            many.show();
        } else if (no.equalsIgnoreCase(a.wz_admin.rfid)) {//进入管理界面
            MyApp.now_flow = 10;
            //TODO 显示管理员界面
            Intent intent = new Intent(this, A_Admin.class);
            startActivityForResult(intent, 10);
```

```java
            } else if (WZ_Student.get(a.wz_students, no) != null) {
                WZ_Student         student = WZ_Student.get(a.wz_students, no);
                AlertDialog.Builder builder = new AlertDialog.Builder(this);
                DOptionBinding     d       = DOptionBinding.inflate(getLayoutInflater());
                builder.setView(d.getRoot());
                AlertDialog dialog = builder.create();
                d.bBack.setOnClickListener(new View.OnClickListener() {
                    @Override
                    public void onClick(View view) {
                        Intent intent = new Intent(MainActivity.this, A_Option.class);
                        intent.putExtra("Mode", "Back");
                        intent.putExtra("student", student);
                        startActivityForResult(intent, 20);
                        dialog.dismiss();
                    }
                }
)
;


                d.bTake.setOnClickListener(new View.OnClickListener() {
                    @Override
                    public void onClick(View view) {
                        Intent intent = new Intent(MainActivity.this, A_Option.class);
                        intent.putExtra("Mode", "Take");
                        intent.putExtra("student", student);
                        startActivityForResult(intent, 20);
                        dialog.dismiss();
                    }
                });
                dialog.setOnCancelListener(new DialogInterface.OnCancelListener() {
                    @Override
                    public void onCancel(DialogInterface dialog) {
                        MyApp.now_flow=0;
                    }
                });
                MyApp.now_flow = -1;
                dialog.show();
            }
else {
                a.wz_socket.say(a.wz_speak.ip, "无效卡!");
            }
        }
else {
            //广播卡号
            EventBus.getDefault().post(no);
        }
    }
```

```java
private static class checkNet extends AsyncTask<Void, String, Void> {
    WeakReference<MainActivity> w;

    public checkNet(MainActivity activity) {
        w = new WeakReference<>(activity);
    }

    @Override
    protected Void doInBackground(Void... voids) {
        byte[]         buf_recv   = new byte[1024];
        DatagramPacket recvPacket = new DatagramPacket(buf_recv, buf_recv.length);
        // 创建udp
        while (needRun && w.get() != null) {
            if (a.wz_socket.mySocket == null) {
                a.wz_socket.init();
            }
            // 接收数据
            if (a.wz_socket.mySocket != null)
                try {
                    a.wz_socket.mySocket.receive(recvPacket);
                    InetAddress address = recvPacket.getAddress();
                    String     clientIP =
Objects.requireNonNull(address.getHostAddress()).replaceAll("/", "");
                    int        port     = recvPacket.getPort();
                    if (!clientIP.equals(ip)) {
                        String clientMsg = new String(recvPacket.getData(), 0, recvPacket.getLength());
                        if (clientMsg.startsWith("client:")) {
                            WZ_DEV dev = null;
                            if (clientMsg.startsWith("client:RFID")) {
                                dev = a.wz_rfid;
                            }
                            if (clientMsg.startsWith("client:RELAY")) {
                                dev = a.wz_relay;
                            }
                            if (clientMsg.startsWith("client:SPEAK")) {
                                dev = a.wz_speak;
                            }
                            if (dev != null) {
                                dev.ip     = address.getHostAddress().replaceAll("/", "");
                                dev.port   = port;
                                dev.doTime = new Date();
                                publishProgress(clientMsg);
                            }
                        }
```

```
                    }
                }
catch (IOException e) {
                    SystemClock.sleep(100);
                }
            }
        return null;
    }

        @Override
        protected void onProgressUpdate(String... values) {
            MainActivity m = w.get();
            if (m != null) {
                for (String s : values) {
                    if (s.length() < 12) continue;
                    if (s.startsWith("client:RFID")) {
                        // client:RFID var RFID=9F6A0240
                        String[] str = s.substring(16).split("=");
                        a.wz_rfid.vars.put(str[0], str[1].toUpperCase());
                        if ("RFID".equalsIgnoreCase(str[0])) {
                            m.doRFID(str[1].toUpperCase());
                        }
                    }
                    if (s.startsWith("client:RELAY")) {
                        String[] str = s.substring(17).split("=");
                        a.wz_relay.vars.put(str[0], str[1]);
                        if (m.b.relay.img.getTag() == null || m.b.relay.img.getTag() !=
a.wz_relay.vars.get("RELAY")) {
                            m.b.relay.img.setTag(a.wz_relay.vars.get("RELAY"));
m.b.relay.img.setImageResource("1".equals(a.wz_relay.vars.get("RELAY")) ?
R.drawable.ic_unlock : R.drawable.ic_lock);
                        }
                    }
                }
                m.b.rfid.tvIp.setText(a.wz_rfid.ip);
                m.b.rfid.tvTime.setText(a.wz_rfid.doTime == null ? "" :
sdf.format(a.wz_rfid.doTime));
                m.b.rfid.tvVar.setText(a.wz_rfid.getVar());
                m.b.relay.tvIp.setText(a.wz_relay.ip);
                m.b.relay.tvTime.setText(a.wz_relay.doTime == null ? "" :
sdf.format(a.wz_relay.doTime));
                m.b.relay.tvVar.setText(a.wz_relay.getVar());
                m.b.speak.tvIp.setText(a.wz_speak.ip);
                m.b.speak.tvTime.setText(a.wz_speak.doTime == null ? "" :
sdf.format(a.wz_speak.doTime));
```

```
            m.b.speak.tvVar.setText(a.wz_speak.getVar());
        }
    }
}
```

在 initView 方法中，按节点设备的类型设置相应的图标。在 checkNet 后台异步任务中，循环读取 socket 接收的数据，显示节点的 IP 地址和数据接收时间，以及 RFID 卡号和门锁的状态，若是 RFID 上传卡号，则调用 doRFID 方法处理。

八、管理员功能的实现实验

【实验内容】

完成管理员对应功能：学生的添加、删除、绑卡，试验箱的添加、删除、绑卡，试验箱内设备的定义和绑卡等。

【实验目的】

1. 完善管理员的数据管理功能。
2. 掌握 ListView 的基本使用方法。

【实验设备】

Android 平板或手机一个，也可使用 Android 模拟器。

唯众®RFID 节点套件一套。

唯众®语音模块节点套件一套。

【实验步骤】

1. 实现基本管理界面

系统管理界面有三个按钮，单击按钮可分别进入对应的管理功能界面，系统管理界面，如图 3-2-43 所示。

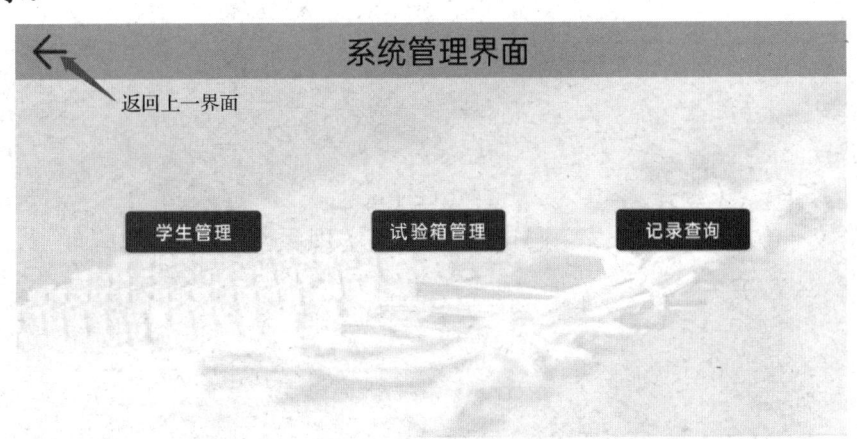

图 3-2-43 系统管理界面

首先新建样式文件 a_admin.xml

```
<?xml version="1.0" encoding="utf-8"?>
<androidx.constraintlayout.widget.ConstraintLayout
xmlns:android="http://schemas.android.com/apk/res/android"
```

```xml
    xmlns:app="http://schemas.android.com/apk/res-auto"
    android:layout_width="match_parent"
    android:layout_height="match_parent"
    android:background="@mipmap/bg">
    <include android:id="@+id/title"
        layout="@layout/lay_title"
        app:layout_constraintEnd_toEndOf="parent"
        app:layout_constraintStart_toStartOf="parent"
        app:layout_constraintTop_toTopOf="parent" />
    <Button android:id="@+id/b_student"
        android:layout_width="120dp"
        android:layout_height="wrap_content"
        android:text="学生管理"
        app:layout_constraintBottom_toBottomOf="parent"
        app:layout_constraintEnd_toStartOf="@id/b_box"
        app:layout_constraintStart_toStartOf="parent"
        app:layout_constraintTop_toTopOf="parent" />
    <Button android:id="@+id/b_box"
        android:layout_width="120dp"
        android:layout_height="wrap_content"
        android:text="试验箱管理"
        app:layout_constraintBottom_toBottomOf="parent"
        app:layout_constraintEnd_toStartOf="@id/b_record"
        app:layout_constraintStart_toEndOf="@+id/b_student"
        app:layout_constraintTop_toTopOf="parent" />
    <Button android:id="@+id/b_record"
        android:layout_width="120dp"
        android:layout_height="wrap_content"
        android:text="记录查询"
        app:layout_constraintBottom_toBottomOf="parent"
        app:layout_constraintEnd_toEndOf="parent"
        app:layout_constraintStart_toEndOf="@+id/b_box"
        app:layout_constraintTop_toTopOf="parent" />
</androidx.constraintlayout.widget.ConstraintLayout>
```

接着新建类文件 A_Admin.java，通过单击按钮实现系统管理，代码如下。

```java
package com.wz.xwhebox;

import android.content.Intent;
import android.os.Bundle;
import android.view.View;
import android.view.WindowManager;

import androidx.annotation.Nullable;
import androidx.appcompat.app.AppCompatActivity;
```

```java
import com.wz.xwhebox.databinding.AAdminBinding;

public class A_Admin extends AppCompatActivity implements View.OnClickListener {
    AAdminBinding b;

    @Override
    protected void onCreate(Bundle savedInstanceState) {
        super.onCreate(savedInstanceState);
        getWindow().setFlags(WindowManager.LayoutParams.FLAG_FULLSCREEN,
WindowManager.LayoutParams.FLAG_FULLSCREEN);
        b = AAdminBinding.inflate(getLayoutInflater());
        setContentView(b.getRoot());
        initView();
    }

    private void initView() {
        b.title.tvTitle.setText("系统管理界面");
        b.bStudent.setOnClickListener(this);
        b.bBox.setOnClickListener(this);
        b.bRecord.setOnClickListener(this);
        b.title.bBack.setOnClickListener(this);
    }

    @Override
    public void onClick(View view) {
        if (view == b.title.bBack) {
            MyApp.now_flow = 0;
            finish();
        }
        if (view == b.bStudent) {
            MyApp.now_flow = 11;
            Intent intent = new Intent(this, A_Student.class);
            startActivityForResult(intent, 11);
        }
        if (view == b.bBox) {
            MyApp.now_flow = 12;
            Intent intent = new Intent(this, A_Box.class);
            startActivityForResult(intent, 12);
        }
        if (view == b.bRecord) {
            MyApp.now_flow = 13;
            Intent intent = new Intent(this, A_Record.class);
            startActivityForResult(intent, 12);
        }
    }
```

```
    @Override
    protected void onActivityResult(int requestCode, int resultCode, @Nullable Intent data)
{
        super.onActivityResult(requestCode, resultCode, data);
        MyApp.now_flow = 10;
    }
}
```

2. 实现学生管理功能

首先新建样式文件 item_student.xml，用于显示单条学生信息及删除按钮。

```xml
    <?xml version="1.0" encoding="utf-8"?>
<LinearLayout xmlns:android = "http://schemas.android.com/apk/res/android"
    android:layout_width = "match_parent"
    android:layout_height = "wrap_content"
    android:orientation = "horizontal">
    <TextView android:id = "@+id/tv_index"
        android:layout_width = "100dp"
        android:layout_height = "wrap_content"
        android:layout_weight = "1"
        android:gravity = "center"
        android:text = "序号" />
    <TextView android:id = "@+id/tv_name"
        android:layout_width = "100dp"
        android:layout_height = "wrap_content"
        android:layout_weight = "1"
        android:gravity = "center"
        android:text = "姓名" />
    <TextView android:id = "@+id/tv_rfid"
        android:layout_width = "100dp"
        android:layout_height = "wrap_content"
        android:layout_weight = "1"
        android:gravity = "center"
        android:text = "卡号" />
    <Button android:id = "@+id/b_del"
        android:layout_width = "60dp"
        android:layout_height = "wrap_content"
        android:layout_weight = "1"
        android:focusable = "false"
        android:focusableInTouchMode = "false"
        android:gravity = "center"
        android:text = "删除" />
</LinearLayout>
```

其次新建样式文件 a_student.xml 用于显示学生管理界面。

```xml
    <?xml version="1.0" encoding="utf-8"?>
<LinearLayout xmlns:android = "http://schemas.android.com/apk/res/android"
    android:layout_width = "match_parent"
```

```
        android:layout_height = "match_parent"
        android:orientation = "vertical">
        <include layout="@layout/lay_title" android:id="@+id/title"/>
        <include android:id = "@+id/head"
            layout = "@layout/item_student" />
        <ListView android:id = "@+id/ls_student"
            android:layout_width = "match_parent"
            android:layout_height = "match_parent"
            android:layout_weight = "1"
            android:choiceMode = "singleChoice"
            android:descendantFocusability = "blocksDescendants" />
</LinearLayout>
```

最后新建类文件 A_Student.java，实现学生编辑功能。学生管理界面，如图 3-3-44 所示。

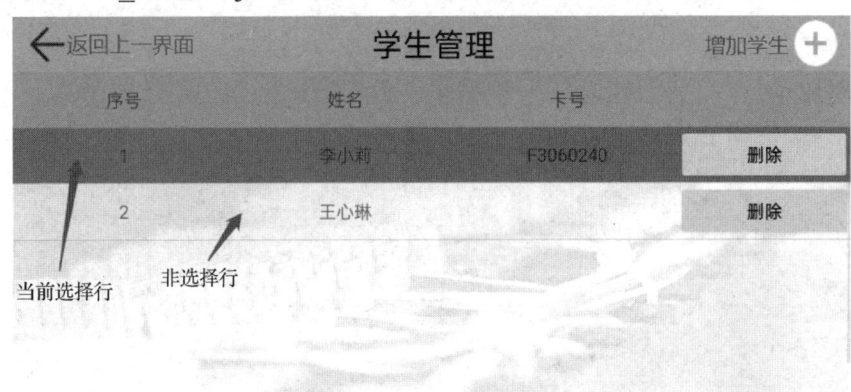

图 3-2-44　学生管理界面

单击右上角加号，增加空白行，在新增行中输入姓名即可增加一条学生信息。

单击当前行后面的"删除"按钮，将删除当前学生信息，卡号也一并删除。

选中行后，选中行的底色变绿色，此时刷卡上传卡号，将替换现有卡号，若当前卡号被其他学生、试验箱或箱内设备绑定，将在语音播放节点模块播放"此卡已使用"中文语音。

学生信息修改会保存在本地。按左上角"返回上一界面"按钮即可返回上一界面。

代码如下。

```
        package com.wz.xwhebox;

import android.content.DialogInterface;
import android.graphics.Color;
import android.os.Bundle;
import android.view.View;
import android.view.ViewGroup;
import android.view.WindowManager;
import android.widget.AdapterView;
import android.widget.BaseAdapter;
import android.widget.EditText;
import android.widget.Toast;
```

```java
import androidx.activity.ComponentActivity;
import androidx.annotation.Nullable;
import androidx.appcompat.app.AlertDialog;

import com.wz.db.WZ_Student;
import com.wz.xwhebox.databinding.AStudentBinding;
import com.wz.xwhebox.databinding.ItemStudentBinding;

import org.greenrobot.eventbus.EventBus;
import org.greenrobot.eventbus.Subscribe;
import org.greenrobot.eventbus.ThreadMode;

public class A_Student extends ComponentActivity {
    AStudentBinding b;
    StudentAdapter adapter;
    MyApp          a = MyApp.getInstance();

    @Override
    protected void onCreate(@Nullable Bundle savedInstanceState) {
        super.onCreate(savedInstanceState);
        getWindow().setFlags(WindowManager.LayoutParams.FLAG_FULLSCREEN,
WindowManager.LayoutParams.FLAG_FULLSCREEN);
        b = AStudentBinding.inflate(getLayoutInflater());
        setContentView(b.getRoot());
        initView();
    }

    private void initView() {
        EventBus.getDefault().register(this);
        b.title.tvTitle.setText("学生管理");
        b.head.bDel.setVisibility(View.INVISIBLE);
        b.head.getRoot().setBackgroundColor(0x7F007FFF);
        adapter = new StudentAdapter();
        b.lsStudent.setAdapter(adapter);
        b.lsStudent.setOnItemClickListener(new AdapterView.OnItemClickListener() {
            @Override
            public void onItemClick(AdapterView<?> adapterView, View view, int i, long l) {
                adapter.setSelected(adapter.getSelected() == i ? -1 : i);
                adapter.notifyDataSetChanged();
            }
        });
        b.title.bBack.setOnClickListener(new View.OnClickListener() {
            @Override
            public void onClick(View view) {
                finish();
            }
```

```java
        });
        b.title.bMenu.setVisibility(View.VISIBLE);
        b.title.bMenu.setOnClickListener(new View.OnClickListener() {
            @Override
            public void onClick(View view) {
                AlertDialog.Builder builder = new AlertDialog.Builder(A_Student.this);
                EditText            ed      = new EditText(builder.getContext());
                builder.setTitle("请输入学生姓名");
                builder.setView(ed);
                builder.setPositiveButton("确定", new DialogInterface.OnClickListener() {
                    @Override
                    public void onClick(DialogInterface dialogInterface, int i) {
                        String s = ed.getText().toString();
                        if (!s.isEmpty()) {
                            a.wz_students.add(new WZ_Student(s, ""));
                            a.save();
                            adapter.notifyDataSetChanged();
                        }
                    }
                });
                builder.show();
            }
        });
    }

    @Override
    protected void onDestroy() {
        super.onDestroy();
        EventBus.getDefault().unregister(this);
    }

    @Subscribe(threadMode = ThreadMode.MAIN)
    public void onMessageEvent(String rfid) {
        // 判断当前卡号是否已经使用
        boolean has = a.hasUse(rfid);
        if (has) {
            Toast.makeText(this, "卡号已经被使用", Toast.LENGTH_LONG).show();
            a.wz_socket.say(a.wz_speak.ip, "此卡已使用!");
        }
        else {
            if (adapter.getSelected() != -1) {// 置当前选择的学生卡号
                WZ_Student student = (WZ_Student) adapter.getItem(adapter.getSelected());
                student.rfid = rfid;
                adapter.notifyDataSetChanged();
                a.save();
            }
```

```
else {
            Toast.makeText(this, "请选择学生，刷卡设置卡号", Toast.LENGTH_LONG).show();
        }
    }
}

public class StudentAdapter extends BaseAdapter {
    private int selected = -1;

    @Override
    public int getCount() {
        return a.wz_students.size();
    }

    @Override
    public Object getItem(int i) {
        if (i < 0 || i >= a.wz_students.size()) return null;
        return a.wz_students.get(i);
    }

    @Override
    public long getItemId(int i) {
        return i;
    }

    @Override
    public View getView(int i, View view, ViewGroup viewGroup) {
        WZ_Student       student = (WZ_Student) getItem(i);
        ItemStudentBinding b;
        if (view == null) {
            b    = ItemStudentBinding.inflate(getLayoutInflater());
            view = b.getRoot();
        } else b = ItemStudentBinding.bind(view);
        b.tvIndex.setText(String.valueOf(i + 1));
        b.tvName.setText(student.name);
        b.tvRfid.setText(student.rfid);
        view.setBackgroundColor(i == selected ? Color.GREEN : Color.TRANSPARENT);
        b.bDel.setOnClickListener(new View.OnClickListener() {
            @Override
            public void onClick(View view) {
                a.wz_students.remove(i);
                a.save();
                notifyDataSetChanged();
            }
        });
)
```

```
;
        return view;
    }

    public int getSelected() {
        return selected;
    }

    public void setSelected(int selected) {
        this.selected = selected;
    }
}
```

3．实现试验箱管理功能

试验箱管理界面相对学生界面稍微复杂一点，因为它要显示试验箱内有哪些物品，最终试验箱管理界面，如图3-2-45所示。

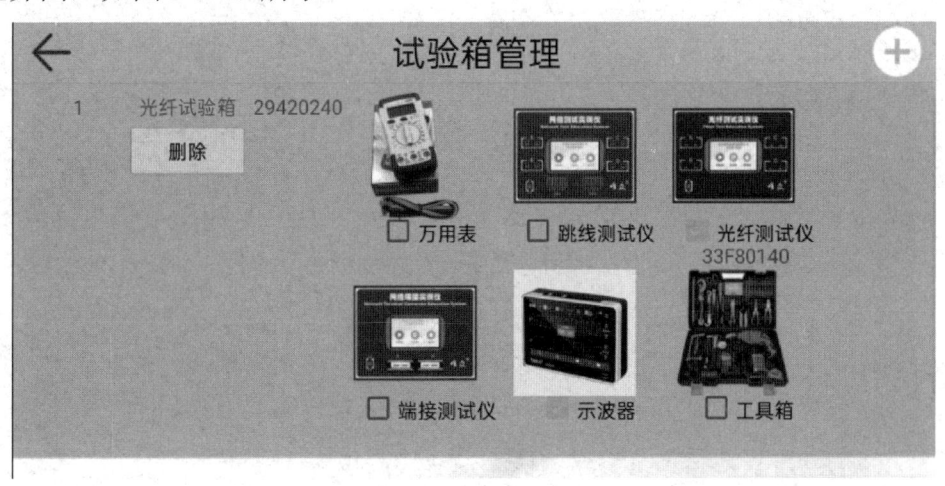

图 3-2-45　试验箱管理界面

界面左侧显示试验箱名称和 RFID 卡号，右侧显示所有备选设备，选择符号选中的表示当前试验箱包含此设备，未选中表示不包含。

每个试验箱都有这样的多行记录，选中的行底色为绿色，未选中的行为白色底色，选中行才能进行绑卡操作。

因为试验箱本身及其包含的设备都需要一个 RFID 卡号与之绑定，界面中黄色底色区域代表当前想绑卡的设备，需要哪个物品就单击其对应的图片进行绑卡，未选中物品在试验箱卡号所处区域底色仍为黄色。

4．实现记录显示

所有的试验箱借用和归还均须进行记录，记录保存在本地。

首先新建一个布局文件 a_record.xml，用于显示记录列表，代码如下。

```xml
<?xml version="1.0" encoding="utf-8"?>
<LinearLayout xmlns:android = "http://schemas.android.com/apk/res/android"
    android:layout_width = "match_parent"
```

```
        android:layout_height = "match_parent"
        android:orientation = "vertical">
        <include android:id = "@+id/title"
            layout = "@layout/lay_title" />
        <ListView android:id = "@+id/ls"
            android:layout_width = "match_parent"
            android:layout_height = "match_parent" />
</LinearLayout>
```

然后新建一个布局文件 item_record.xml，用于显示每天记录的内容，代码如下。

```
    <?xml version="1.0" encoding="utf-8"?>
<LinearLayout xmlns:android = "http://schemas.android.com/apk/res/android"
    android:layout_width = "match_parent"
    android:layout_height = "match_parent"
    android:orientation = "horizontal">
    <TextView android:id = "@+id/tv_time"
        android:layout_width = "100dp"
        android:layout_height = "wrap_content"
        android:layout_weight = "1"
        android:gravity = "center"
        android:text = "时间" />
    <TextView android:id = "@+id/tv_student"
        android:layout_width = "100dp"
        android:layout_height = "wrap_content"
        android:layout_weight = "1"
        android:gravity = "center"
        android:text = "学生" />
    <TextView android:id = "@+id/tv_box"
        android:layout_width = "100dp"
        android:layout_height = "wrap_content"
        android:layout_weight = "1"
        android:gravity = "center"
        android:text = "试验箱" />
    <TextView android:id = "@+id/tv_option"
        android:layout_width = "100dp"
        android:layout_height = "wrap_content"
        android:layout_weight = "1"
        android:gravity = "center"
        android:text = "操作" />
</LinearLayout>
```

最后新建一个类文件 A_Record，实现记录的列表显示，代码如下。

```
    package com.wz.xwhebox;

import android.content.DialogInterface;
import android.graphics.Color;
import android.os.Bundle;
import android.view.View;
```

```java
import android.view.ViewGroup;
import android.view.WindowManager;
import android.widget.AdapterView;
import android.widget.BaseAdapter;
import android.widget.EditText;
import android.widget.Toast;

import androidx.activity.ComponentActivity;
import androidx.annotation.Nullable;
import androidx.appcompat.app.AlertDialog;

import com.wz.db.WZ_Student;
import com.wz.xwhebox.databinding.AStudentBinding;
import com.wz.xwhebox.databinding.ItemStudentBinding;

import org.greenrobot.eventbus.EventBus;
import org.greenrobot.eventbus.Subscribe;
import org.greenrobot.eventbus.ThreadMode;

public class A_Student extends ComponentActivity {
    AStudentBinding b;
    StudentAdapter  adapter;
    MyApp           a = MyApp.getInstance();

    @Override
    protected void onCreate(@Nullable Bundle savedInstanceState) {
        super.onCreate(savedInstanceState);
        getWindow().setFlags(WindowManager.LayoutParams.FLAG_FULLSCREEN,
WindowManager.LayoutParams.FLAG_FULLSCREEN);
        b = AStudentBinding.inflate(getLayoutInflater());
        setContentView(b.getRoot());
        initView();
    }

    private void initView() {
        EventBus.getDefault().register(this);
        b.title.tvTitle.setText("学生管理");
        b.head.bDel.setVisibility(View.INVISIBLE);
        b.head.getRoot().setBackgroundColor(0x7F007FFF);
        adapter = new StudentAdapter();
        b.lsStudent.setAdapter(adapter);
        b.lsStudent.setOnItemClickListener(new AdapterView.OnItemClickListener() {
            @Override
            public void onItemClick(AdapterView<?> adapterView, View view, int i, long l) {
                adapter.setSelected(adapter.getSelected() == i ? -1 : i);
                adapter.notifyDataSetChanged();
            }
        });
        b.title.bBack.setOnClickListener(new View.OnClickListener() {
```

```java
            @Override
            public void onClick(View view) {
                finish();
            }
        });
        b.title.bMenu.setVisibility(View.VISIBLE);
        b.title.bMenu.setOnClickListener(new View.OnClickListener() {
            @Override
            public void onClick(View view) {
                AlertDialog.Builder builder = new AlertDialog.Builder(A_Student.this);
                EditText           ed      = new EditText(builder.getContext());
                builder.setTitle("请输入学生姓名");
                builder.setView(ed);
                builder.setPositiveButton("确定", new DialogInterface.OnClickListener() {
                    @Override
                    public void onClick(DialogInterface dialogInterface, int i) {
                        String s = ed.getText().toString();
                        if (!s.isEmpty()) {
                            a.wz_students.add(new WZ_Student(s, ""));
                            a.save();
                            adapter.notifyDataSetChanged();
                        }
                    }
                });
                builder.show();
            }
        });
    }


    @Override
    protected void onDestroy() {
        super.onDestroy();
        EventBus.getDefault().unregister(this);
    }


    @Subscribe(threadMode = ThreadMode.MAIN)
    public void onMessageEvent(String rfid) {
        // 判断当前卡号是否已经使用
        boolean has = a.hasUse(rfid);
        if (has) {
            Toast.makeText(this, "卡号已经被使用", Toast.LENGTH_LONG).show();
            a.wz_socket.say(a.wz_speak.ip, "此卡已使用!");
        }
else {
            if (adapter.getSelected() != -1) {// 置当前选择的学生卡号
                WZ_Student student = (WZ_Student) adapter.getItem(adapter.getSelected());
                student.rfid = rfid;
                adapter.notifyDataSetChanged();
                a.save();
```

```java
        }
    } else {
        Toast.makeText(this, "请选择学生,刷卡设置卡号", Toast.LENGTH_LONG).show();
    }
}

public class StudentAdapter extends BaseAdapter {
    private int selected = -1;

    @Override
    public int getCount() {
        return a.wz_students.size();
    }

    @Override
    public Object getItem(int i) {
        if (i < 0 || i >= a.wz_students.size()) return null;
        return a.wz_students.get(i);
    }

    @Override
    public long getItemId(int i) {
        return i;
    }

    @Override
    public View getView(int i, View view, ViewGroup viewGroup) {
        WZ_Student       student = (WZ_Student) getItem(i);
        ItemStudentBinding b;
        if (view == null) {
            b   = ItemStudentBinding.inflate(getLayoutInflater());
            view = b.getRoot();
        } else b = ItemStudentBinding.bind(view);
        b.tvIndex.setText(String.valueOf(i + 1));
        b.tvName.setText(student.name);
        b.tvRfid.setText(student.rfid);
        view.setBackgroundColor(i == selected ? Color.GREEN : Color.TRANSPARENT);
        b.bDel.setOnClickListener(new View.OnClickListener() {
            @Override
            public void onClick(View view) {
                a.wz_students.remove(i);
                a.save();
                notifyDataSetChanged();
            }
        }
        );
        return view;
```

```
    }

    public int getSelected() {
        return selected;
    }

    public void setSelected(int selected) {
        this.selected = selected;
    }
}
```

九、学生刷卡借用和归还的实现

【实验内容】

在 Android Studio 编写物品核对界面中，实现学生刷卡后借用或归还试验箱的功能。

【实验目的】

1. 完成学生借用试验箱功能。
2. 完成学生归还试验箱功能。
3. 记录借用或归还的信息，掌握本地数据的保存方式。

【实验设备】

Android 平板或手机一个，也可使用 Android 模拟器。

唯众®RFID 节点套件。

唯众®语音播放节点套件。

唯众®继电器节点套件（带柜体和门锁）。

【实验步骤】

1. 在主界面实现学生刷卡提示

在实验七的 doRFID 方法中，已经实现了判断卡号是否为学生卡，若在主界面检查到当前的卡是学生卡，则弹出对话框用于选择是借用试验箱还是归还试验箱，如图 3-2-46 所示。

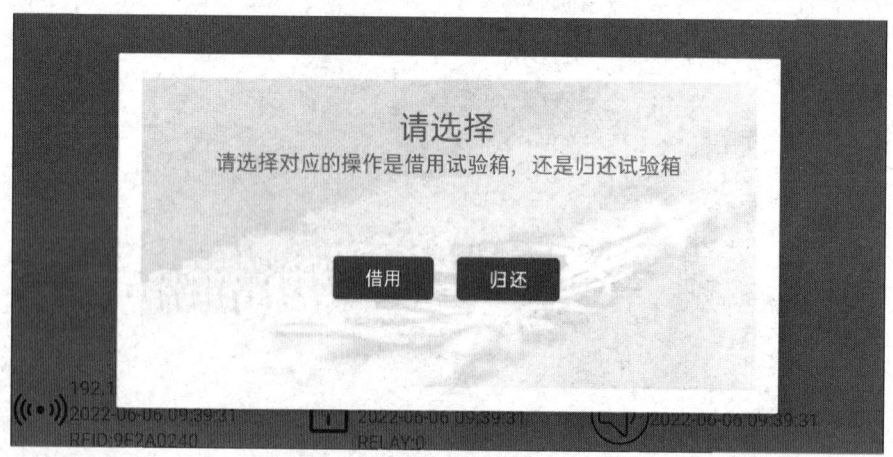

图 3-2-46　借用还是归还试验箱选项图

当选择借用时，传入 Mode 值为 Take，如选择归还时，传入 Mode 值为 Back，接着进入物品核对界面。

在显示选择对话框时，由于对话框是弹出的，所以界面并没有切换，也就是说此时界面还在主界面，为避免此时刷卡引起其他操作，特意在弹出对话框前，将全局变量 now_flow 设置为-1，在取消选择时还原为 0，在进入物品核对界面时置为 20。

2．实现物品核对功能

在物品核对界面中，首先显示一个空界面，如图 3-2-47 所示。

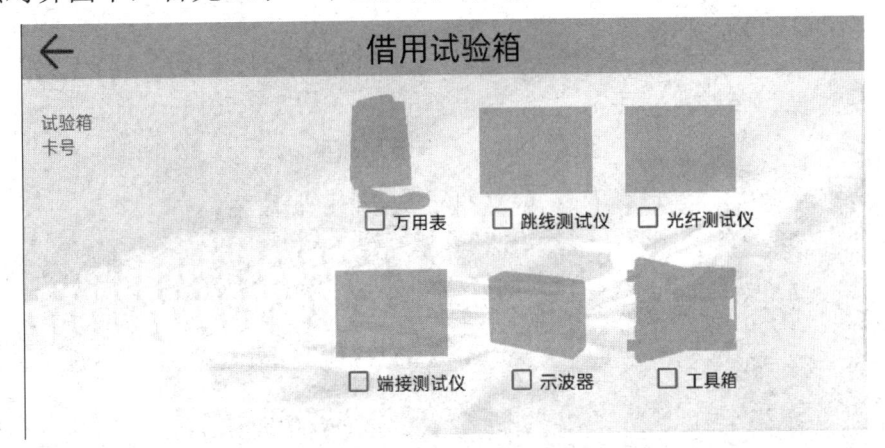

图 3-2-47　借用试验箱

学生应先扫描试验箱体的 RFID 标签，刷其他卡会被提示为无效卡。当刷的卡号是试验箱的卡号时，则显示试验箱的名称以及试验箱里绑定的物品，界面如图 3-2-48 所示。

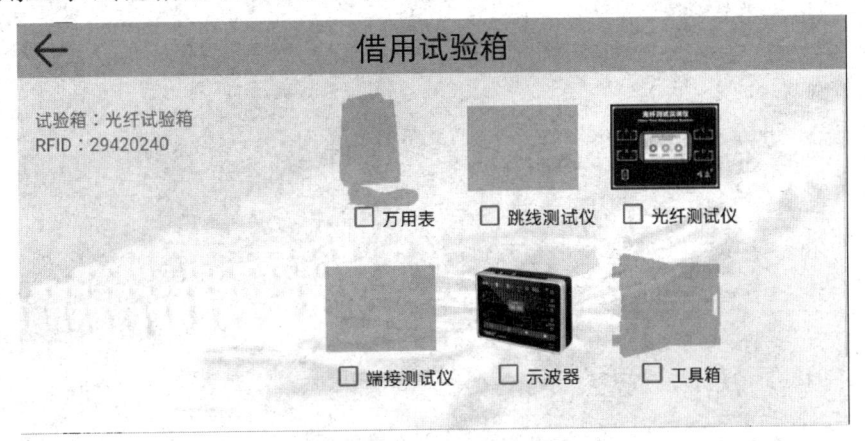

图 3-2-48　扫描试验箱标签

此时可以看到界面左侧显示的是试验箱名称和 RFID 号，右侧图片显示有光纤测试仪和示波器等物品。此时扫描物品上的 RFID 标签，每扫描一个物品的标签，语音就会播放其名称，同时自动勾选并显示选中状态。

当所有物品都核对成功，语音将播放"所有物品核对完成，请确认"，此时单击"确认"按钮将完成借用或归还流程，并且将本次记录保存起来，如图 3-2-49 所示。

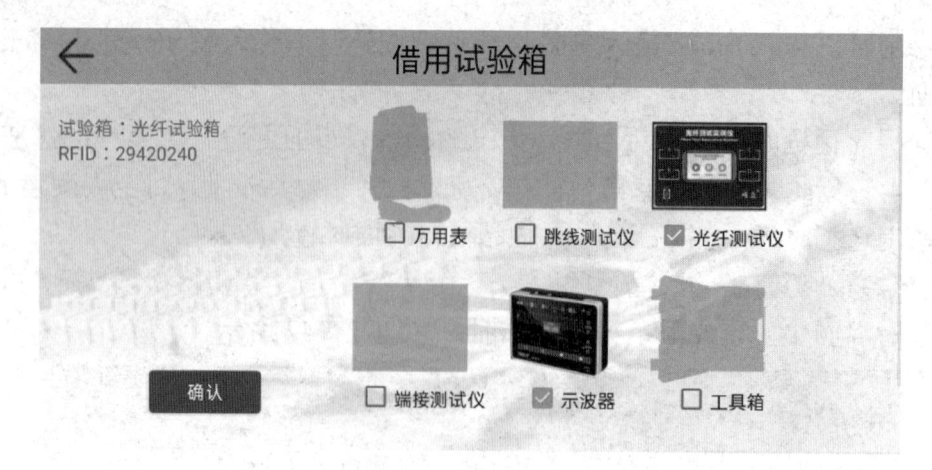

图 3-2-49　确认借用试验箱

为实现物品核对功能，新建界面布局文件 a_record.xml。

```xml
    <?xml version="1.0" encoding="utf-8"?>
<LinearLayout xmlns:android = "http://schemas.android.com/apk/res/android"
    android:layout_width = "match_parent"
    android:layout_height = "match_parent"
    android:orientation = "vertical">
    <include android:id = "@+id/title"
        layout = "@layout/lay_title" />
    <ListView android:id = "@+id/ls"
        android:layout_width = "match_parent"
        android:layout_height = "match_parent" />
</LinearLayout>
```

新建类文件 A_Option.java。

```java
    package com.wz.xwhebox;

import android.content.Intent;
import android.os.Bundle;
import android.os.SystemClock;
import android.view.View;
import android.view.WindowManager;

import androidx.annotation.Nullable;
import androidx.appcompat.app.AppCompatActivity;

import com.wz.db.WZ_Box;
import com.wz.db.WZ_Object;
import com.wz.db.WZ_Record;
import com.wz.db.WZ_Student;
import com.wz.xwhebox.databinding.AOptionBinding;

import org.greenrobot.eventbus.EventBus;
import org.greenrobot.eventbus.Subscribe;
import org.greenrobot.eventbus.ThreadMode;
```

```java
import java.util.Date;

public class A_Option extends AppCompatActivity {
    static MyApp        a   = MyApp.getInstance();
    AOptionBinding b;
    WZ_Box          box     = null;
    int             pos     = 0;//0 等待箱体标签，1 等待物品标签，完成后显示借用或归还界面，单击完成操作并退出
    String          Mode    = "";
    WZ_Student      student = null;

    @Override
    protected void onCreate(@Nullable Bundle savedInstanceState) {
        super.onCreate(savedInstanceState);
        getWindow().setFlags(WindowManager.LayoutParams.FLAG_FULLSCREEN,
WindowManager.LayoutParams.FLAG_FULLSCREEN);
        b = AOptionBinding.inflate(getLayoutInflater());
        setContentView(b.getRoot());
        Intent intent = getIntent();
        MyApp.now_flow=20;
        Mode    = intent.getStringExtra("Mode");
        student = (WZ_Student) intent.getSerializableExtra("student");
        if (Mode.equals("Back")) {
            b.title.tvTitle.setText("归还试验箱");
            a.wz_socket.say(a.wz_speak.ip, "请扫描箱体标签");
        }
        if (Mode.equals("Take")) {
            b.title.tvTitle.setText("借用试验箱");
            a.wz_socket.open(a.wz_relay.ip, 1);
            a.wz_socket.say(a.wz_speak.ip, "开锁");
        }
        initView();
        new Thread(new Runnable() {
            @Override
            public void run() {
                int tick = 0;
                while (!"1".equalsIgnoreCase((String) a.wz_relay.vars.get("RELAY"))) {
                    SystemClock.sleep(500);
                    tick++;
                    if (tick > 5) break;
                }
                if ("1".equalsIgnoreCase((String) a.wz_relay.vars.get("RELAY"))) {
                    a.wz_socket.say(a.wz_speak.ip, "开锁成功,请取出箱体,扫描箱体标签");
                }
                a.wz_socket.open(a.wz_relay.ip, 2);
```

```java
        }
    }).start();
}

private void initView() {
    MyApp.now_flow = 20;
    EventBus.getDefault().register(this);
    b.bOK.setOnClickListener(new View.OnClickListener() {
        @Override
        public void onClick(View view) {
            if (Mode.equals("Back")) {
                a.wz_records.add(new WZ_Record(new Date(), student.name, student.rfid, box.name, box.rfid, "归还"));
                a.save();
                a.wz_socket.say(a.wz_speak.ip, "开锁。");
                a.wz_socket.open(a.wz_relay.ip, 1);
                SystemClock.sleep(2000);
                a.wz_socket.open(a.wz_relay.ip, 2);
                a.wz_socket.say(a.wz_speak.ip, "物品归还成功。");
            }
            if (Mode.equals("Take")) {
                a.wz_records.add(new WZ_Record(new Date(), student.name, student.rfid, box.name, box.rfid, "借用"));
                a.save();
                a.wz_socket.say(a.wz_speak.ip, "物品借用成功。");
            }
            SystemClock.sleep(2000);
            finish();
        }
    });
    b.title.bBack.setOnClickListener(new View.OnClickListener() {
        @Override
        public void onClick(View view) {
            finish();
        }
    });
}

private void show() {
    if (box.ls.get(0).use) b.img1.setImageResource(R.mipmap.png01);
    if (box.ls.get(1).use) b.img2.setImageResource(R.mipmap.png02);
    if (box.ls.get(2).use) b.img3.setImageResource(R.mipmap.png03);
    if (box.ls.get(3).use) b.img4.setImageResource(R.mipmap.png04);
    if (box.ls.get(4).use) b.img5.setImageResource(R.mipmap.png05);
    if (box.ls.get(5).use) b.img6.setImageResource(R.mipmap.png06);
}
```

```java
@Subscribe(threadMode = ThreadMode.MAIN)
public void onMessageEvent(String rfid) {
    if (pos == 0) {
        box = WZ_Box.get(a.wz_boxes, rfid);
        if (box == null) {
            a.wz_socket.say(a.wz_speak.ip, "无效卡");
        }
        else {
            a.wz_socket.say(a.wz_speak.ip, "箱体名称: " + box.name + ", 物品数量" + box.getNum() + ", 请逐一扫描物品标签");
            b.tvName.setText("试验箱: " + box.name);
            b.tvRfid.setText("RFID: " + box.rfid);
            pos = 1;
            show();
        }
    } else if (pos == 1) {
        WZ_Object dev   = null;
        int       index = 0;
        for (WZ_Object d : box.ls) {
            if (d.use && rfid.equalsIgnoreCase(d.rfid)) {
                dev = d;
                break;
            }
            index++;
        }
        if (dev != null) {
            a.wz_socket.say(a.wz_speak.ip, dev.name);
            if (index == 0) b.ck1.setChecked(true);
            if (index == 1) b.ck2.setChecked(true);
            if (index == 2) b.ck3.setChecked(true);
            if (index == 3) b.ck4.setChecked(true);
            if (index == 4) b.ck5.setChecked(true);
            if (index == 5) b.ck6.setChecked(true);
            //判断是否全部获取
            if ((!box.ls.get(0).use || b.ck1.isChecked())
                    && (
            !box.ls.get(1).use || b.ck2.isChecked())
                    && (
            !box.ls.get(2).use || b.ck3.isChecked())
                    && (
            !box.ls.get(3).use || b.ck4.isChecked())
                    && (
            !box.ls.get(4).use || b.ck5.isChecked())
                    && (
            !box.ls.get(5).use || b.ck6.isChecked())) {
```

```
                b.bOK.setVisibility(View.VISIBLE);
                a.wz_socket.say(a.wz_speak.ip, "物品核对完成，请确认");
            }
        }
else {
            a.wz_socket.say(a.wz_speak.ip, "无效卡");
        }
    }
}

    @Override
    protected void onDestroy() {
        super.onDestroy();
        EventBus.getDefault().unregister(this);
    }
}
```

十、历史记录查询实验

【实验内容】

在 Android Studio 编写记录界面中，查询学生刷卡后借用或归还试验箱的历史记录。

【实验目的】

1. 完成学生借用或归还试验箱的历史记录查询。
2. 掌握本地数据的读取方式。

【实验设备】

Android 平板或手机一个，也可使用 Android 模拟器。

【实验步骤】

1. 新建布局文件 a_record.xml，用于显示记录

```xml
    <?xml version="1.0" encoding="utf-8"?>
<LinearLayout xmlns:android = "http://schemas.android.com/apk/res/android"
    android:layout_width = "match_parent"
    android:layout_height = "match_parent"
    android:orientation = "vertical">
    <include android:id = "@+id/title"
        layout = "@layout/lay_title" />
    <ListView android:id = "@+id/ls"
        android:layout_width = "match_parent"
        android:layout_height = "match_parent" />
</LinearLayout>
```

2. 新建布局文件 item_record.xml，用于显示单条历史记录

```xml
    <?xml version="1.0" encoding="utf-8"?>
<LinearLayout xmlns:android = "http://schemas.android.com/apk/res/android"
    android:layout_width = "match_parent"
```

```
    android:layout_height = "match_parent"
    android:orientation = "horizontal">
    <TextView android:id = "@+id/tv_time"
        android:layout_width = "100dp"
        android:layout_height = "wrap_content"
        android:layout_weight = "1"
        android:gravity = "center"
        android:text = "时间" />
    <TextView android:id = "@+id/tv_student"
        android:layout_width = "100dp"
        android:layout_height = "wrap_content"
        android:layout_weight = "1"
        android:gravity = "center"
        android:text = "学生" />
    <TextView android:id = "@+id/tv_box"
        android:layout_width = "100dp"
        android:layout_height = "wrap_content"
        android:layout_weight = "1"
        android:gravity = "center"
        android:text = "试验箱" />
    <TextView android:id = "@+id/tv_option"
        android:layout_width = "100dp"
        android:layout_height = "wrap_content"
        android:layout_weight = "1"
        android:gravity = "center"
        android:text = "操作" />
</LinearLayout>
```

3. 新建类文件 A_Record.java，实现历史记录的显示

试验箱使用记录如图 3-2-50 所示。

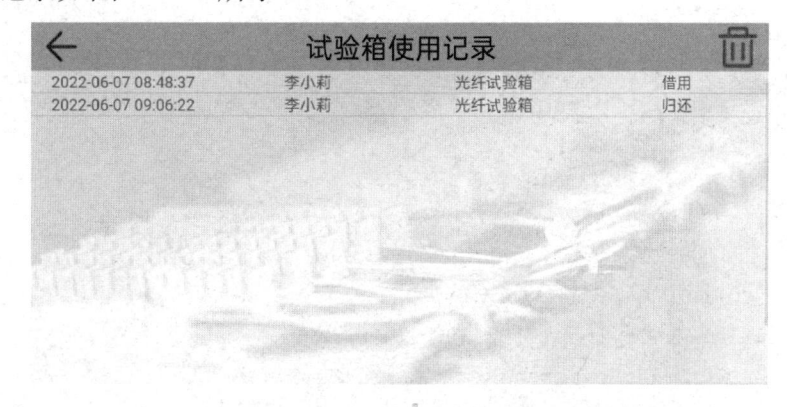

图 3-2-50　试验箱使用记录

界面中间区域显示历史记录，从本地保存的数据中获取，单击右上角 🗑 图标清空历史记录，单击左上角 ← 图标返回上界面，程序代码如下。

```
package com.wz.xwhebox;

import android.graphics.Color;
```

```java
import android.os.Bundle;
import android.view.View;
import android.view.ViewGroup;
import android.view.WindowManager;
import android.widget.AdapterView;
import android.widget.BaseAdapter;

import androidx.annotation.Nullable;
import androidx.appcompat.app.AppCompatActivity;

import com.wz.db.WZ_Record;
import com.wz.xwhebox.databinding.ARecordBinding;
import com.wz.xwhebox.databinding.ItemRecordBinding;

import java.text.SimpleDateFormat;
import java.util.Locale;

// 此界面显示试验箱的借用和归还记录
public class A_Record extends AppCompatActivity implements View.OnClickListener {
    MyApp           a;
    ARecordBinding b;
    RecordAdapter   adapter;

    @Override
    protected void onCreate(@Nullable Bundle savedInstanceState) {
        super.onCreate(savedInstanceState);
        getWindow().setFlags(WindowManager.LayoutParams.FLAG_FULLSCREEN,
WindowManager.LayoutParams.FLAG_FULLSCREEN);
        b = ARecordBinding.inflate(getLayoutInflater());
        setContentView(b.getRoot());
        a = MyApp.getInstance();
        initView();
    }

    private void initView() {
        b.title.tvTitle.setText("试验箱使用记录");
        b.title.bBack.setOnClickListener(this);
        b.title.bMenu.setVisibility(View.VISIBLE);
        b.title.bMenu.setImageResource(R.mipmap.clear);
        b.title.bMenu.setOnClickListener(this);
        adapter = new RecordAdapter();
        b.ls.setAdapter(adapter);
        b.ls.setOnItemClickListener(new AdapterView.OnItemClickListener() {
            @Override
            public void onItemClick(AdapterView<?> adapterView, View view, int i, long l) {
                adapter.setSelected(i);
```

```java
                    adapter.notifyDataSetChanged();
                }
            });
        }

        @Override
        public void onClick(View view) {
            if (view == b.title.bBack) finish();
            if (view == b.title.bMenu) {
                a.wz_records.clear();
                a.save();
                adapter.notifyDataSetChanged();
            }
        }

        public class RecordAdapter extends BaseAdapter {
            int              selected = -1;
            SimpleDateFormat sdf      = new SimpleDateFormat("yyyy-MM-dd HH:mm:ss", Locale.CHINA);

            public void setSelected(int selected) {
                this.selected = selected;
            }

            @Override
            public int getCount() {
                return a.wz_records.size();
            }

            @Override
            public Object getItem(int i) {
                return a.wz_records.get(i);
            }

            @Override
            public long getItemId(int i) {
                return i;
            }

            @Override
            public View getView(int i, View view, ViewGroup viewGroup) {
                ItemRecordBinding b;
                if (view == null) {
                    b    = ItemRecordBinding.inflate(getLayoutInflater());
                    view = b.getRoot();
                }
else b = ItemRecordBinding.bind(view);
```

```
            WZ_Record record = (WZ_Record) getItem(i);
            b.tvTime.setText(sdf.format(record.dotime));
            b.tvStudent.setText(record.student_name);
            b.tvBox.setText(record.box_name);
            b.tvOption.setText(record.option);
            view.setBackgroundColor(i == selected ? Color.GREEN : 0);
            return view;
        }
    }
}
```

至此整个项目全部完成,界面之间的关系,如图 3-2-51 所示。

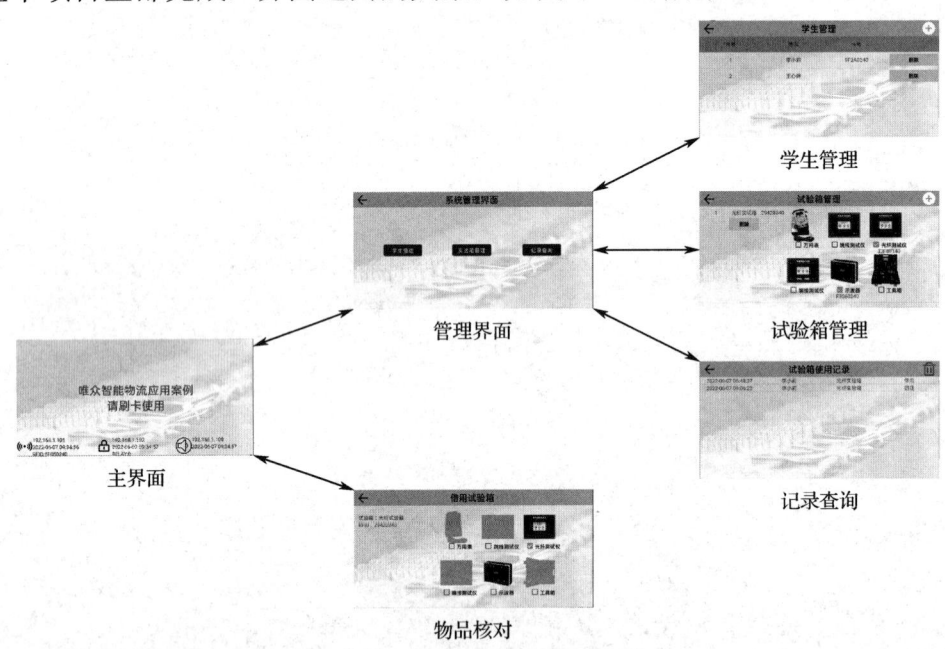

图 3-2-51 各界面之间的关系

任务评价

物流系统之试验箱管理任务评分表

评价项目	评价指标	评价标准	自评	互评	教师评价
过程性评价	学习能力	1. 学习过程中对新知识的接受与理解能力 2. 对所遇问题的解决策略 3. 学习方法的运用			
	协作能力	1. 在小组中的沟通与交流 2. 分享知识与经验 3. 团队协作完成任务的情况			
	工作态度	1. 对任务的认真程度 2. 参与活动的积极性 3. 遵守实验室规则与安全操作			
终结性评价	工具使用	1. 是否正确选择和使用工具 2. 工具使用的熟练程度			

续表

评价项目	评价指标	评价标准	自评	互评	教师评价
终结性评价	布线合理性	1. 布线是否整齐、合理 2. 是否考虑了电路的优化			
	检测方法	1. 是否采用了正确的检测方法 2. 检测结果的准确性			
	操作顺序	1. 操作步骤是否合理 2. 是否遵循了操作规范			
	预期效果达成	1. 是否达到学习目标 2. 实际操作效果与预期的一致性			
综合评价	综合表现	1. 综合考虑学生在整个任务过程中的表现 2. 学生对评价反馈的接受与改进情况			

评价等级：

- A：优秀
- B：良好
- C：一般
- D：需要改进

评价说明：

- 自评：学生根据自身完成任务的情况进行自我评价。
- 互评：学生之间相互评价，促进互相学习与提高。
- 教师评价：教师根据学生的表现给予客观、公正的评价。

项目总结

通过本项目中两个任务的实践，成功搭建了安防报警系统和物流系统中的试验箱管理系统。这两个任务不仅锻炼了同学们的传感器技术应用能力，还提升了系统设计和问题解决的综合素质。本项目深化了对传感器技术的理解，提高了实际操作能力，为未来工程应用打下了坚实基础。

思考与练习题

一、单选题

1. 在安防报警系统中，下列哪种传感器通常用于检测人体移动？（   ）

    A．红外传感器　　　B．声音传感器　　　C．光电传感器　　　D．温度传感器

2. 试验箱管理总体方案是基于什么模式来设计的？（   ）

    A．销售模式　　　B．物流模式　　　C．生产模式　　　D．维修模式

3. 在安防报警系统中，下列哪种报警方式不属于常见报警方式？（　　）
   A．声音报警　　　B．光报警　　　C．短信报警　　　D．电子邮件报警
4. 物流系统中，试验箱的管理通常采用哪种技术？（　　）
   A．条码技术　　　　　　　　B．射频识别技术（RFID）
   C．二维码技术　　　　　　　D．红外识别技术
5. 在安防报警系统中，下列哪种设备用于实时监控视频？（　　）
   A．摄像机　　　B．报警主机　　　C．显示器　　　D．录像机
6. 在实验过程中，为了实现远程控制继电器节点动作，应该使用哪种网络协议？（　　）
   A．TCP　　　B．UDP　　　C．HTTP　　　D．FTP
7. 在安防报警系统中，下列哪种设备用于接收和处理报警信号？（　　）
   A．报警主机　　　B．摄像机　　　C．显示器　　　D．录像机
8. 在网络调试助手中，如果接收到的数据内容为 client:RELAY var RELAY=1，这代表继电器处于什么状态？（　　）
   A．开锁状态　　　B．关锁状态　　　C．未连接状态　　　D．故障状态
9. 在安防报警系统中，下列哪种设备用于传输报警信号？（　　）
   A．报警主机　　　B．传输设备　　　C．显示器　　　D．录像机
10. 本项目的物联网系统主节点采用的是什么设备？（　　）
    A．手机　　　B．Android 平板　　　C．Windows 电脑　　　D．Mac 电脑

二、填空题

1. 安防报警系统中，常用的传感器类型包括_____、_____、_____等。
2. 在搭建安防报警系统时，需要使用到微控制器，常见的微控制器有_____、_____、_____等。
3. 物流系统中的试验箱管理案例中，常用的识别技术有_____、_____、_____等。
4. 在试验箱管理系统中，用于实时监控试验箱状态的传感器有_____、_____、_____等。
5. PCtoLCD2002 软件生成点阵字库时，若程序中计算点阵存放原则是阴码、逐行式、顺向，在自定义格式中，须将行前后缀改为_____。
6. 安防报警系统中，报警信号的传输方式有_____、_____、_____等。
7. RFID 身份标签在试验箱管理系统中分为两类，分别是_____和人员身份标签。
8. 在搭建安防报警系统时，可以使用_____、_____、_____等软件平台进行编程。
9. 在 OLED 显示屏上显示中文字符时，需要将字库点阵的一维数组转换为_____，然后叠加到 framebuf 中去。
10. 安防报警系统中，常用的报警设备有_____、_____、_____等。

三、简答题

1. 简述安防报警系统的工作原理。
2. 请列举三种物流系统中试验箱管理的应用场景。
3. 简述试验箱管理系统中传感器的作用。
4. 请简述试验箱管理任务中继电器的作用。
5. 请简述安防报警系统中，报警信号传输方式的选择原则。

项目四

物联网系统集成及工程实施

物联网系统集成及工程实施是构建物联网系统的重要环节，涉及将各种设备、传感器、网络和云服务进行集成，以实现设备间的通信和数据交换。这一过程不仅需要综合考虑硬件、软件、网络和安全等方面的知识和技能，还需关注系统的可扩展性、可用性、并发处理能力和易于维护性，以满足系统在复杂应用场景中的需求。物联网系统集成及工程实施对推动我国信息化建设和智慧城市发展具有重要意义。

知识目标

1. 掌握物联网系统的基本概念、组成及工作原理。
2. 理解物联网系统集成过程中涉及的关键技术，如传感器技术、网络通信技术、数据处理技术等。
3. 学习物联网工程实施的基本流程和方法。
4. 熟悉物联网系统的典型应用场景和解决方案。
5. 了解物联网系统中针对安全性和可靠性所采取的保障措施。

能力目标

1. 能够根据实际需求选择合适的传感器和设备，进行物联网系统的设计和搭建。
2. 掌握物联网系统的安装、调试和运维技能。
3. 能够使用相关软件和工具进行物联网系统的数据采集、处理和分析。
4. 具备物联网系统集成项目管理和团队的协作能力。
5. 能够解决物联网系统集成过程中遇到的技术问题和挑战。

素养目标

1. 培养良好的职业道德和职业素养，遵循物联网工程实施的相关规范和标准。
2. 增强创新意识，提高创新能力，积极探索物联网技术的新应用。
3. 培养沟通协调能力，能够与团队成员、客户和供应商进行有效沟通。

4. 培养自主学习能力，跟随物联网技术发展趋势，不断更新知识和技能。
5. 培养环保意识，关注物联网系统在环境保护和可持续发展方面的应用。

项目描述

本项目旨在通过智慧教室系统的集成与实施，将传感器技术与物联网相结合，实现教室环境的智能化管理。

任务 智慧教室系统集成与实施

随着教育信息化的不断深入，智慧教室已成为学校提升教学质量的重要手段。智慧教室系统集成与实施任务旨在通过整合现代信息技术，构建一个智能化、网络化、数字化的教学环境，以实现教学资源配置的优化和教育教学模式的创新。本项目将围绕中职学校的实际需求，打造一个贯穿课前、课中、课后全过程的智慧教室系统，为师生提供便捷、高效、互动性强的教学体验。

任务分析

在智慧教室系统集成与实施过程中，使用 Android Studio 进行软件开发。主要任务包括：设计并编写基本用户界面，实现与设备通信以此获取相关信息，如教室温度、湿度等；编写程序代码以主动控制设备动作，如调节空调、灯光等；实现联动控制，确保各设备间协同工作，提升教室智能化水平。

任务实施

一、开发工具（Android Studio）的使用

【实验内容】

利用 Android Studio 创建项目、编译项目、运行项目、调试项目、签名打包。

1. 安装 Java 环境。
2. 下载与安装 Android Studio。
3. 创建实例项目。
4. 创建 Android 虚拟机。
5. 编译运行实例项目。
6. 断点调试实例项目。
7. 签名打包。

【实验目的】

搭建 Android 开发环境，熟悉 Android Studio 的基本使用方法，能创建基本的 Android 项目，能进行项目的运行、调试、签名打包，学会 Android Studio 开发通用应用程序的入门操作。

【实验步骤】

（一）安装 Java 环境

1. 安装 Java1.8.0_181

JDK 安装非常方便，可在官网或百度搜索内安装，也可以使用开发工具目录下的 jdk-8u181-windows-x64.exe 文件直接安装。

2. 安装 Java

（1）双击运行 jdk-8u181-windows-x64.exe，如图 4-1-1 所示。

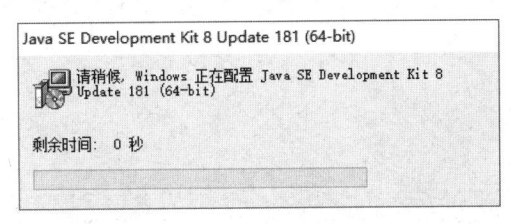

图 4-1-1 安装 JDK 程序（1）

（2）安装前检查运行环境，检查完毕后进入安装界面，如图 4-1-2 所示。

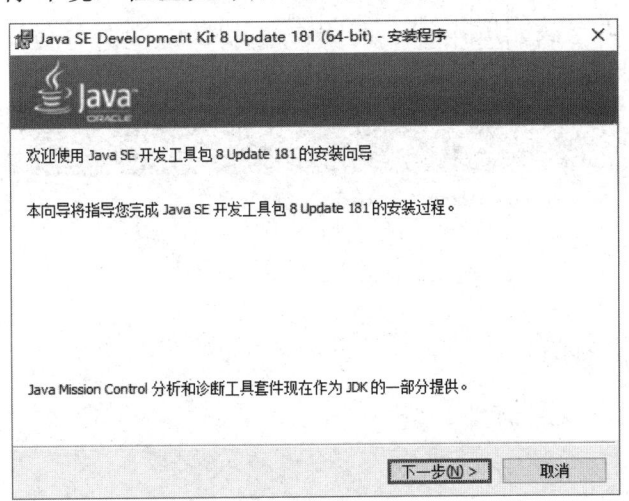

图 4-1-2 安装 JDK 程序（2）

（3）在安装界面内，单击"下一步"按钮，显示定制安装界面，如图 4-1-3 所示。

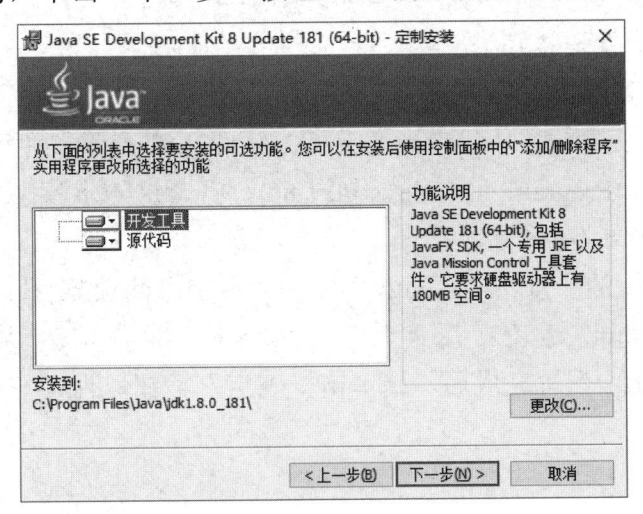

图 4-1-3 安装 JDK 程序（3）

（4）这里可修改安装位置，还可选择安装需要的组件，在定制安装界面单击"下一步"按钮，显示出安装进度，如图 4-1-4 所示。

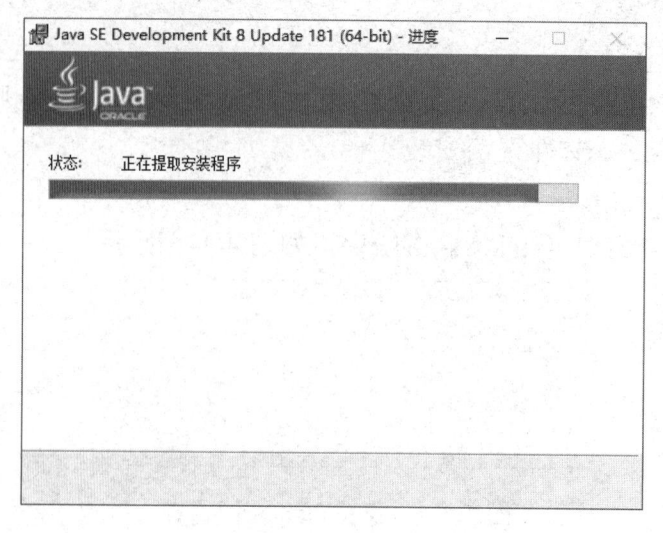

图 4-1-4　安装 JDK 程序（4）

（5）安装完毕则显示安装完成界面，如图 4-1-5 所示。

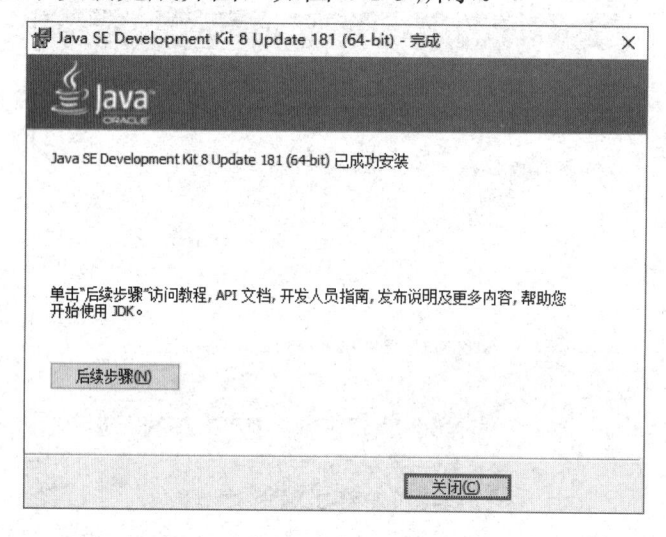

图 4-1-5　安装 JDK 程序（5）

这样 Java1.8.0_181 就安装好了。

3. Java 环境变量设置

（1）在系统的环境变量配置中，应当增设 JAVA_HOME 变量，并将其值设定为 Java 程序的实际安装路径，即 C:\Program Files\Java\jdk1.8.0_181。这一步骤确保了系统能够正确识别并调用 Java 环境，如图 4-1-6 所示。

（2）为完成环境变量的配置，需在 Path 变量的值中增添两项条目，分别指向 JAVA_HOME 的 bin 目录以及 jre/bin 目录。这两项条目详细名称分别为 %JAVA_HOME%\bin 与 %JAVA_HOME%\jre\bin。配置完成后，请单击"确定"按钮以保存修改，如图 4-1-7 所示。

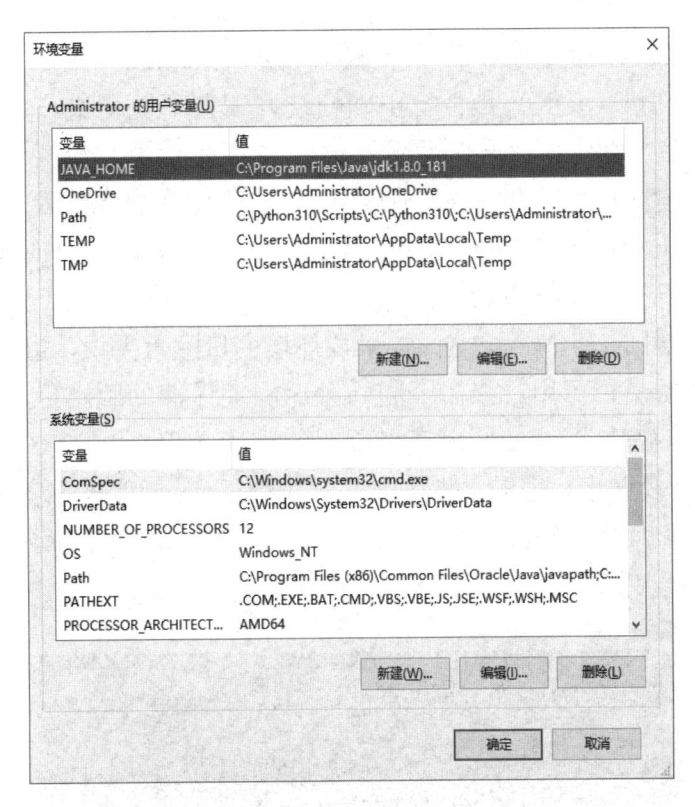

图 4-1-6　环境变量配置

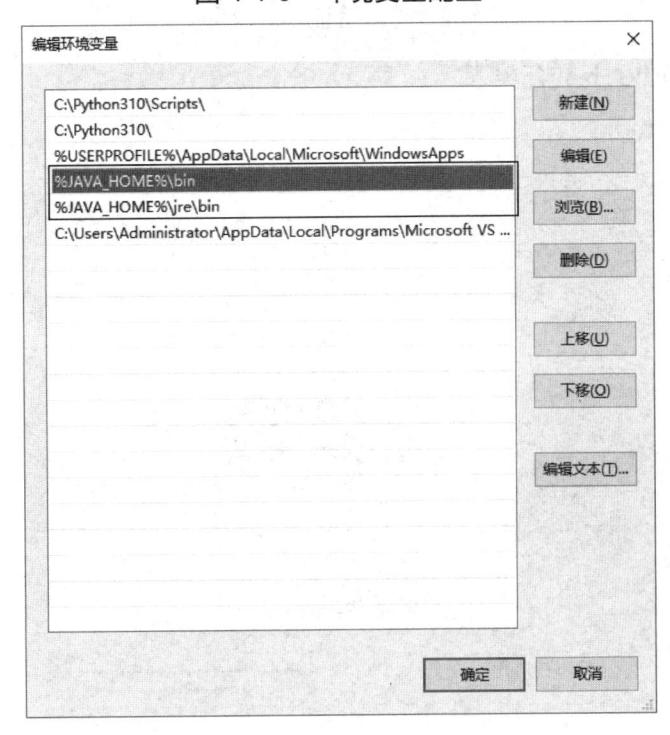

图 4-1-7　添加条目

4. Java 验证 Java 环境的正确性

在 Java 及其环境变量配置完成后,为了验证环境变量是否已配置正确,可采取以下步骤进行验证。

(1) 打开命令行界面。打开计算机的命令行界面(在 Windows 系统中通常是 CMD 或 PowerShell,而在 Linux 或 Mac OS 系统中则是终端 Terminal)。

（2）输入验证命令。在命令行界面中，输入"java -version"命令并按回车执行。此命令用于验证 Java 开发工具包（JDK）是否已正确安装并配置环境变量。

（3）观察输出结果。若命令行窗口返回了 Java 的版本信息，包括但不限于版本号、构建号以及 Java 运行时环境（JRE）的版本，则说明 Java 环境变量已正确配置。输出的内容可能类似于"java version "1.8.0_181" Java(TM) SE Runtime Environment (build 1.8.0_181-b13) Java HotSpot(TM) 64-Bit Server VM (build 25.181-b13, mixed mode)"，如图 4-1-8 所示。

（4）进一步检查（可选）。为了更全面地确认环境变量配置无误，也可以输入 javac -version 命令来检查 Java 编译器是否可用。该命令同样会返回编译器的版本信息，若成功显示编译器的版本信息，则进一步确认了 Java 环境变量配置的准确无误。

通过以上步骤，可以严谨、稳重、准确且官方地验证 Java 及其环境变量是否已正确配置。在运行中输出 cmd 进入命令行模式，输入命令 java -version，如正确显示 Java 的版本即可验证，如图 4-1-8 所示。

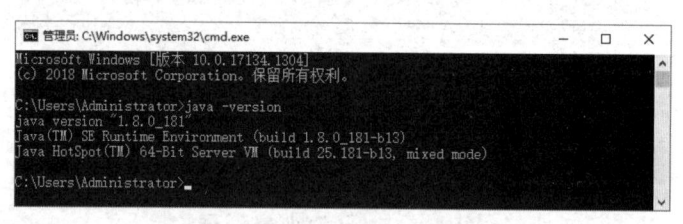

图 4-1-8　验证 JDK 环境

（二）Android Studio 下载与安装

1. 下载 Android Studio

（1）打开浏览器，进入官网直接下载即可，如图 4-1-9 所示。

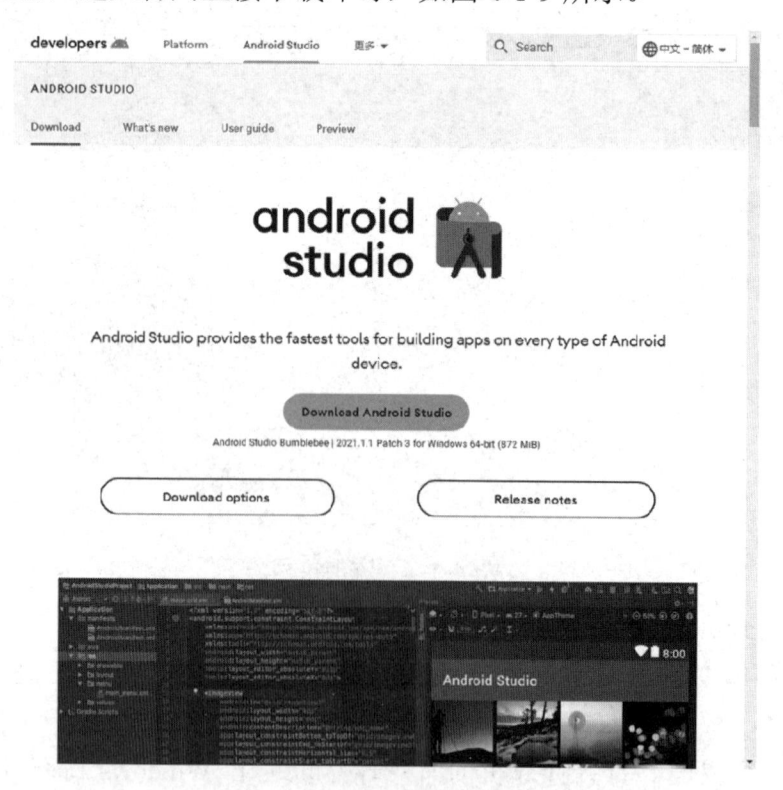

图 4-1-9　官网下载

（2）如要安装指定的版本，单击“Download options”按钮，按照自己计算机的操作系统选择对应的版本下载，如图 4-1-10 所示。

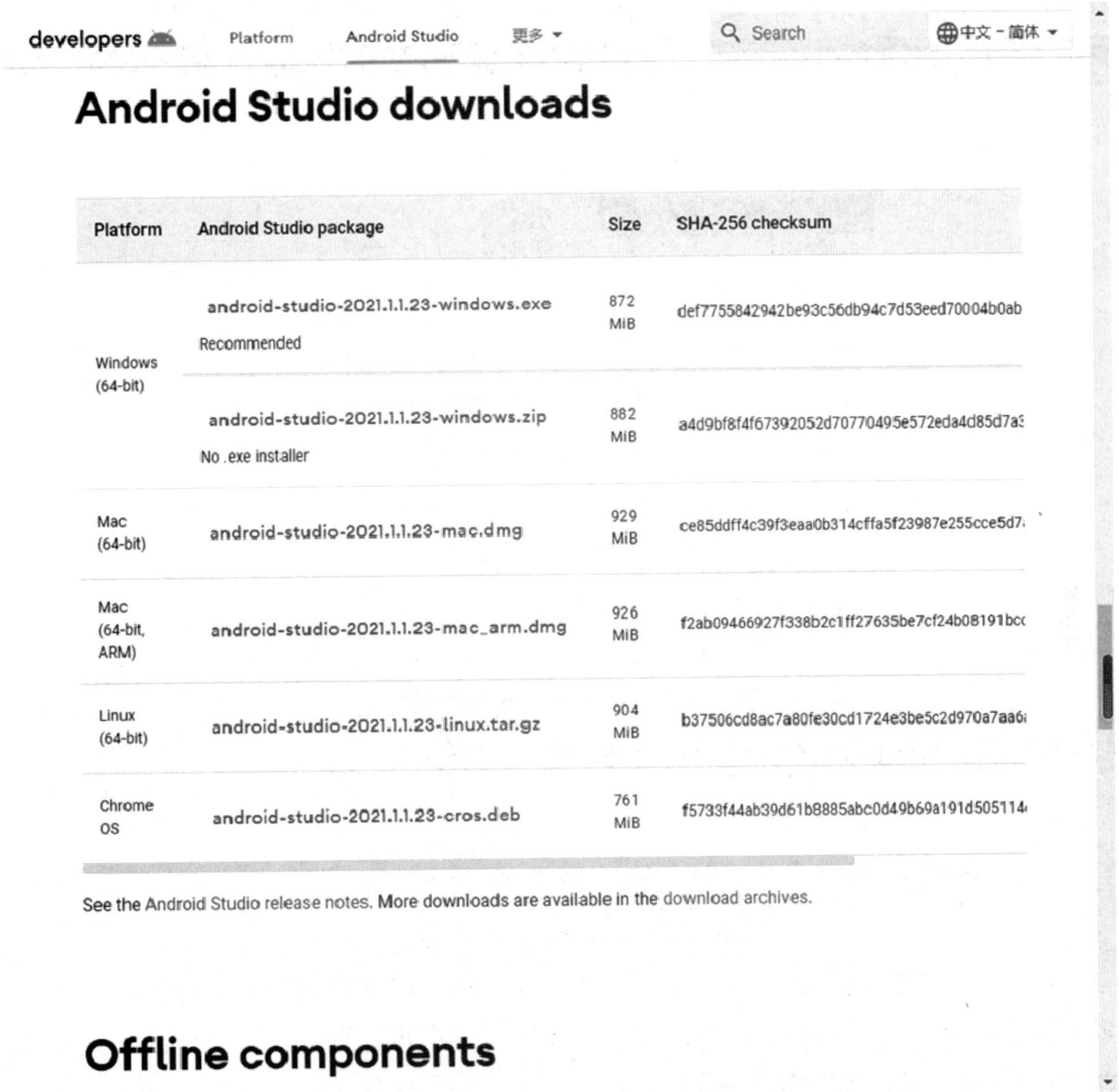

Platform	Android Studio package	Size	SHA-256 checksum
Windows (64-bit)	android-studio-2021.1.1.23-windows.exe Recommended	872 MiB	def7755842942be93c56db94c7d53eed70004b0ab
	android-studio-2021.1.1.23-windows.zip No .exe installer	882 MiB	a4d9bf8f4f67392052d70770495e572eda4d85d7a3
Mac (64-bit)	android-studio-2021.1.1.23-mac.dmg	929 MiB	ce85ddff4c39f3eaa0b314cffa5f23987e255cce5d7
Mac (64-bit, ARM)	android-studio-2021.1.1.23-mac_arm.dmg	926 MiB	f2ab09466927f338b2c1ff27635be7cf24b08191bc
Linux (64-bit)	android-studio-2021.1.1.23-linux.tar.gz	904 MiB	b37506cd8ac7a80fe30cd1724e3be5c2d970a7aa6
Chrome OS	android-studio-2021.1.1.23-cros.deb	761 MiB	f5733f44ab39d61b8885abc0d49b69a191d505114

图 4-1-10 选择版本下载

在开发工具目录下，有已经下载好的相关文件，可以直接使用。

2. 安装 Android Studio

文件下载后情况大致如下。

（1）若下载的是 exe 文件，双击安装，按提示一步步完成即可。

（2）若下载的是 zip 文件，解压到合适的文件夹，执行文件在 bin 目录内，注意 studio64.exe 是 64 位版本，studio.exe 是 32 位版本。文件下载后格式，如图 4-1-11 所示。

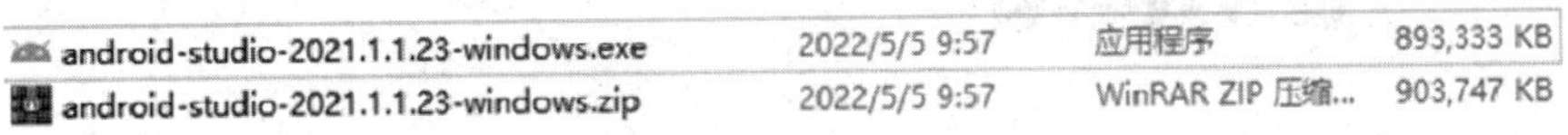

android-studio-2021.1.1.23-windows.exe	2022/5/5 9:57	应用程序	893,333 KB
android-studio-2021.1.1.23-windows.zip	2022/5/5 9:57	WinRAR ZIP 压缩...	903,747 KB

图 4-1-11 文件格式

3. 利用 Toolbox App 安装 Android Studio

（1）Toolbox App 能够对旗下多款开发工具进行下载安装、升级、更换版本、卸载，但它需要连接因特网，在官方界面下载对应的操作系统下的文件，如图 4-1-12 所示。

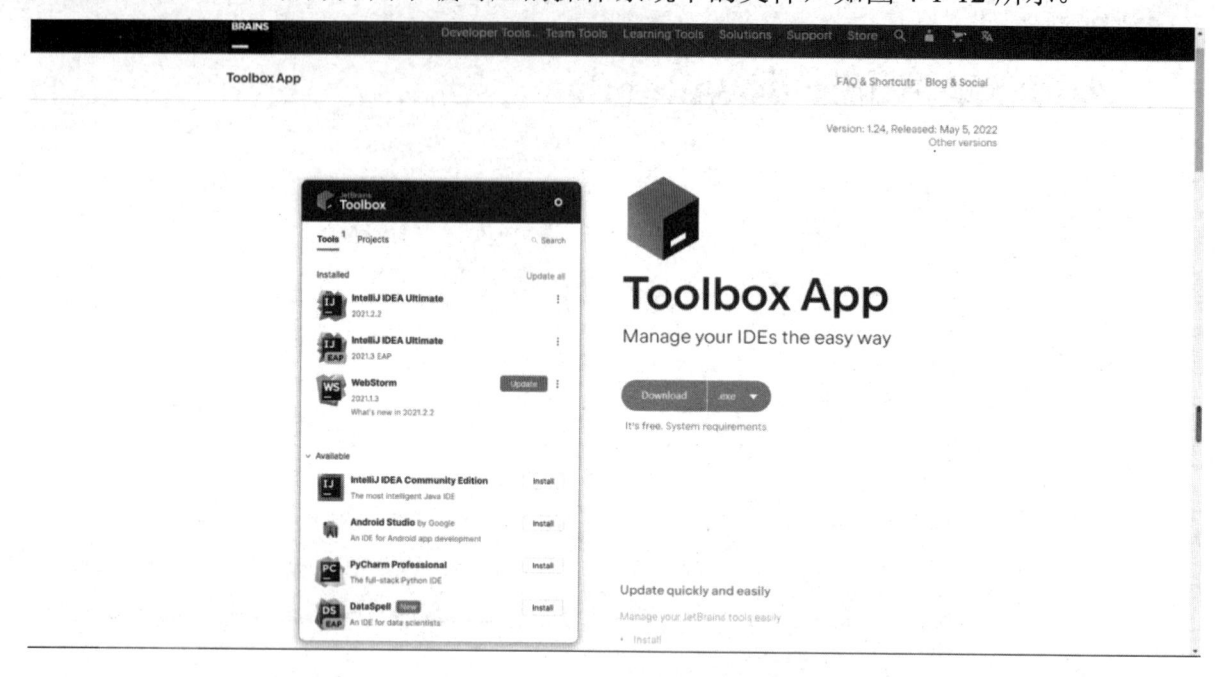

图 4-1-12　Toolbox App 官方界面

（2）本教程以 Windows 10 操作系统为环境进行演示，Toolbox 软件安装程序，如图 4-1-13 所示。

图 4-1-13　Toolbox 软件安装程序

（3）程序文件下载完成后，请双击打开该文件，随后根据安装向导进行操作。仔细阅读每一步的提示，进行相应的操作。遵循安装向导的所有指示，直至安装向导提示安装完成。JetBrains Toolbox 安装流程，如图 4-1-14 所示。

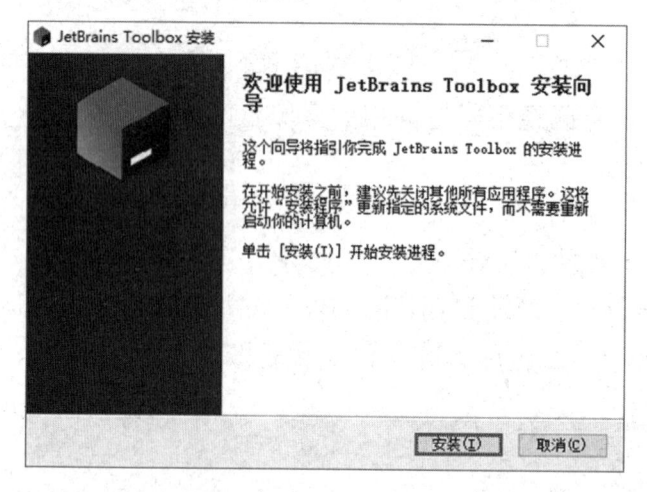

(a) 安装向导

图 4-1-14　JetBrains Toolbox 安装流程

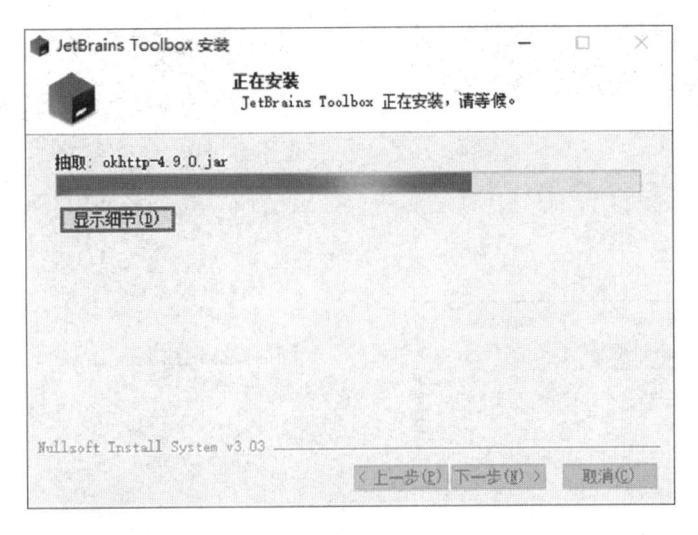

(b)安装进度

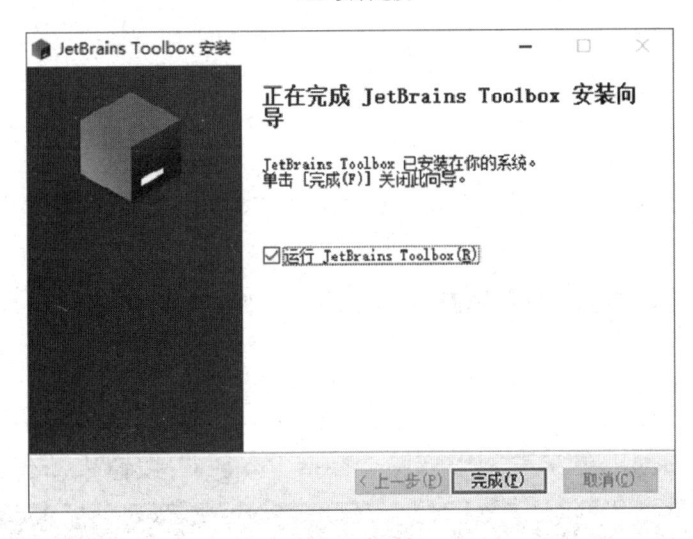

(c)安装完成

图 4-1-14　JetBrains Toolbox 安装流程（续）

（4）在安装完成后，启动 JetBrains Toolbox。然后，将在任务栏右下角的系统托盘中观察到该应用程序的图标，如图 4-1-15 所示。

图 4-1-15　系统托盘

（5）单击该图标打开相应的界面，随后在该界面中找到 Android Studio，执行安装流程，如图 4-1-16 所示。

（6）如需安装特定版本，请单击"Android Studio"进入并选择相应版本进行安装，如图 4-1-17 所示。

注意：各版本有细微差别，特别是 Grade 版本，可在官网查看具体信息。本次教程以 Bumlebee 版本为例进行演示。

图 4-1-16　Android Studio 安装界面　　　　图 4-1-17　Android Studio 版本选择

（三）创建新项目

（1）启动 Android Studio 后，用户将看到如图 4-1-18 所示的新建项目界面，选择左侧分类栏里的"Projects"选项。单击右侧上方的"New Project"按钮来新建项目。

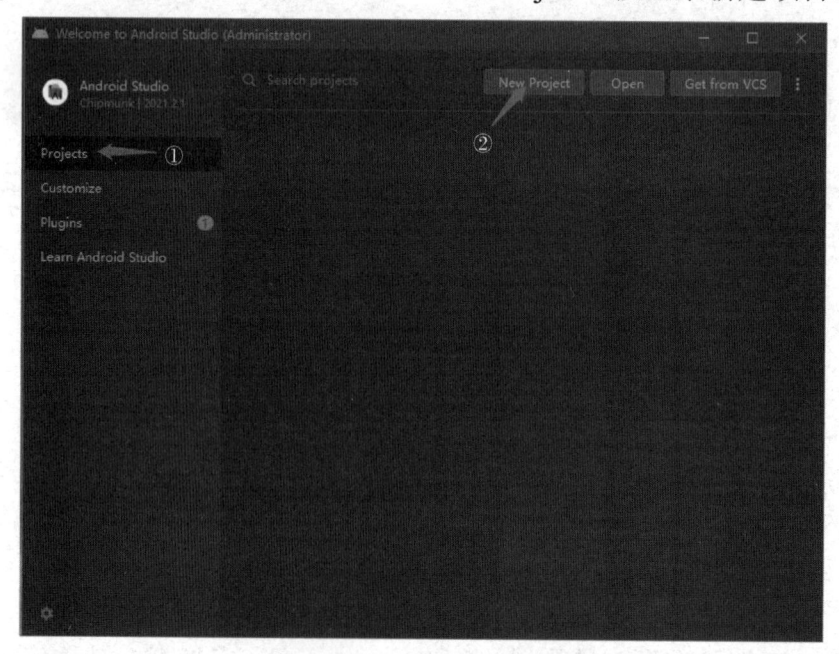

图 4-1-18　新建项目界面

（2）在左侧的模板列表中，选择"Phone and Tablet"选项，然后在右侧界面中选择"Empty Activity"模板，并单击"Next"按钮继续操作，如图 4-1-19 所示。

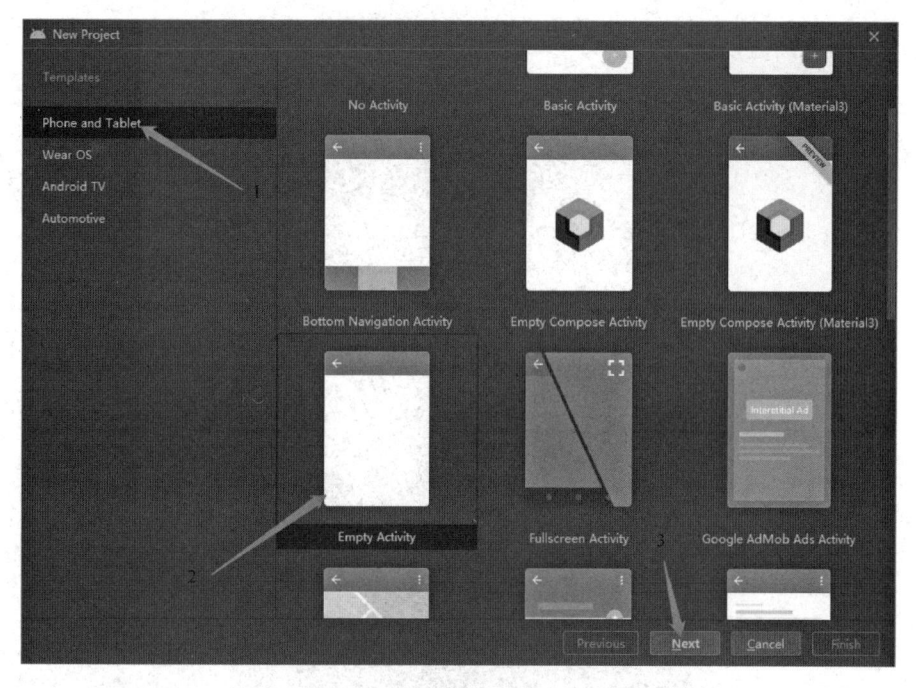

图 4-1-19 选择手机界面

(3) 在项目配置界面,按表 4-1-1 的内容进行填写。

表 4-1-1 配置界面栏目含义

序号	栏目	含义
1	Name	项目名称
2	Package name	项目包名
3	Save location	存储路径
4	Language	开发语言
5	Minimum SDK	最小 sdk 版本

填写完成效果,如图 4-1-20 所示,填写完单击"Finish"按钮。

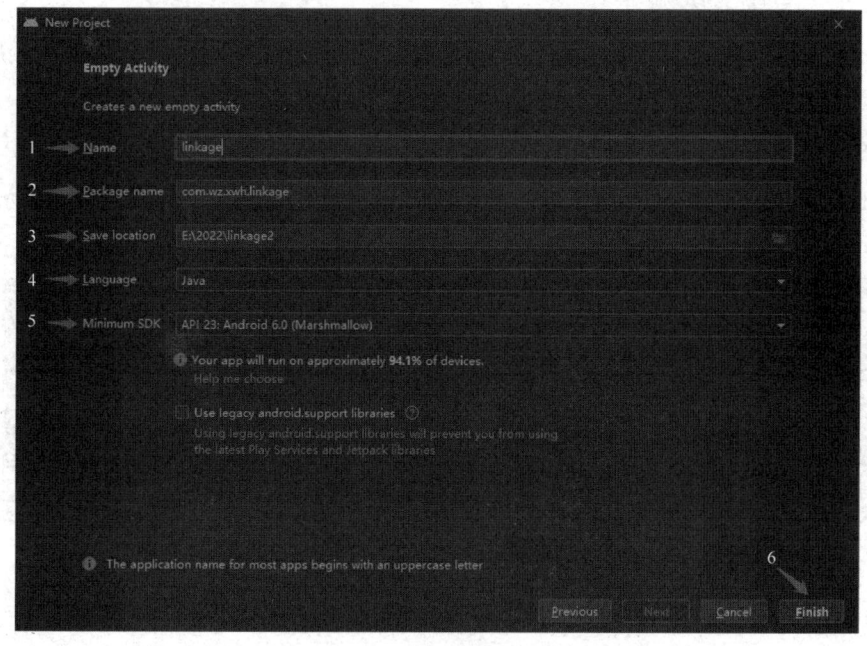

图 4-1-20 配置项目

（4）单击"Finish"按钮后即可查看项目目录，如图 4-1-21 所示。

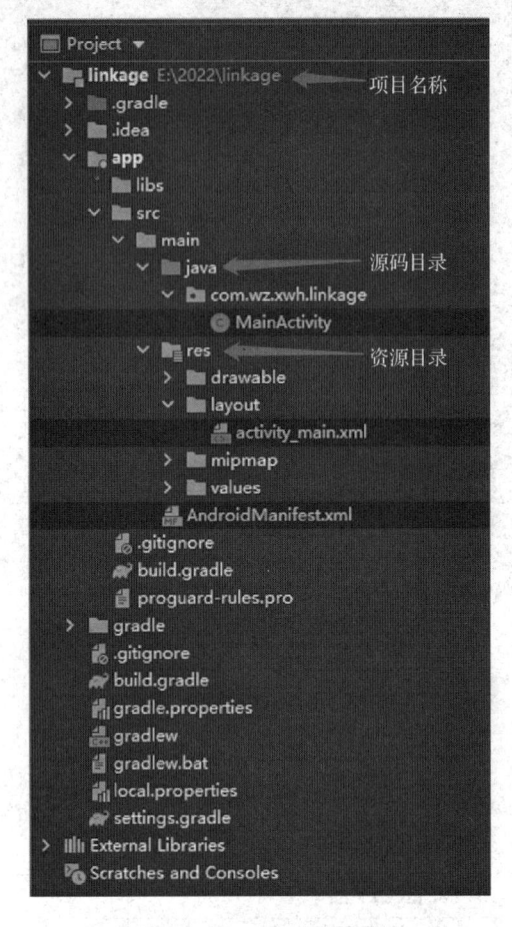

图 4-1-21　项目目录

其中 MainActivity 为源码文件，activity_main.xml 为布局文件，AndroidManifest.xml 为项目描述文件。

（四）创建 Android 虚拟机

在没有 Android 手机或平板计算机的情况下，为了执行调试程序，可以采用 Android 虚拟机进行操作，或者利用第三方的 Android 模拟器，如 Genymotion、Nox 等，以实现调试目的。若具备 Android 手机或平板计算机，则此步骤可忽略，用户可选择跳过。

（1）单击主界面右上工具栏的"Device Manager"按钮（设备管理），然后单击"Create device"按钮（创建设备），如图 4-1-22 所示。

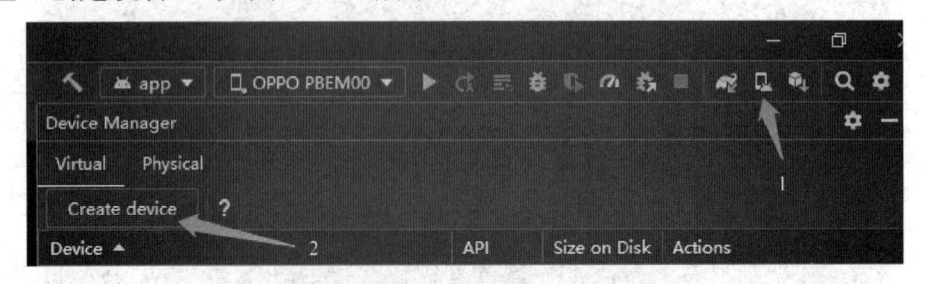

图 4-1-22　创建 Android 虚拟机

（2）在进行操作时，先在左侧选择"Phone"选项，在其中选择适合的虚拟机的类型与尺寸，然后单击"Next"按钮以继续，如图 4-1-23 所示。

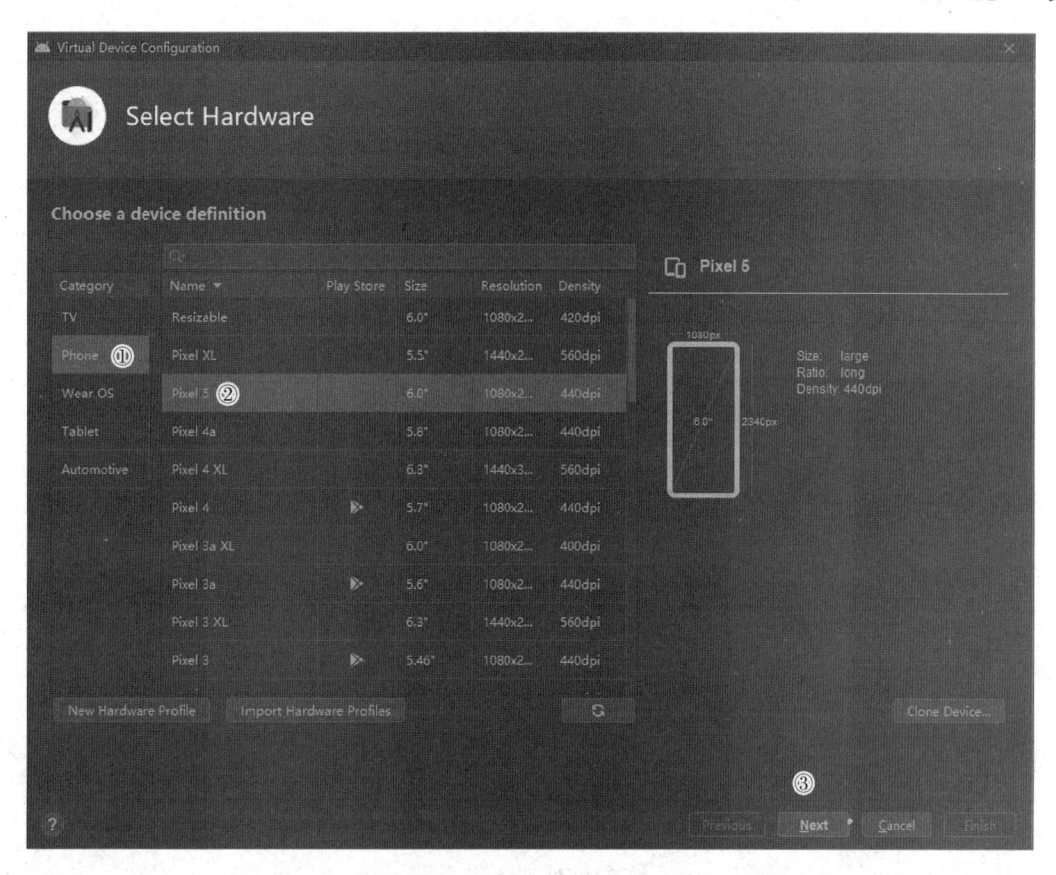

图 4-1-23　选择虚拟机型号

（3）选择相应的 Android 版本，如图 4-1-24 所示。

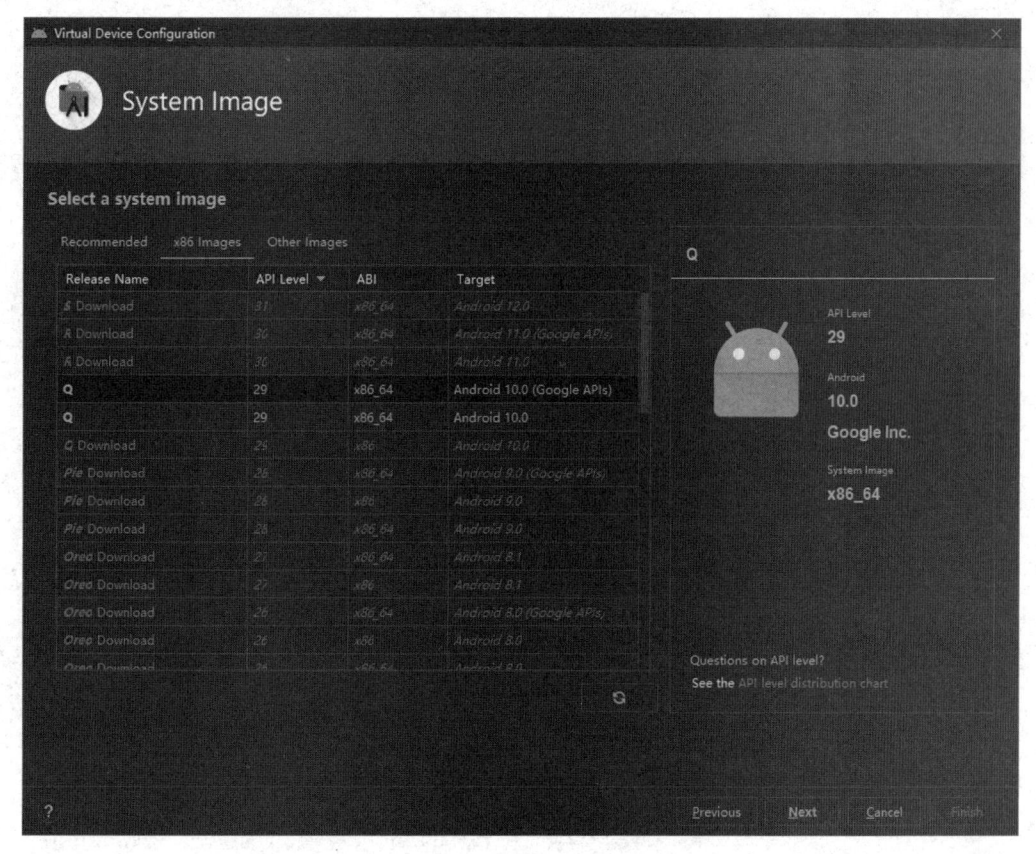

图 4-1-24　选择 Android 版本

（4）若该版本尚未进行安装，单击"Download"按钮进行下载并安装，如图 4-1-25 所示。

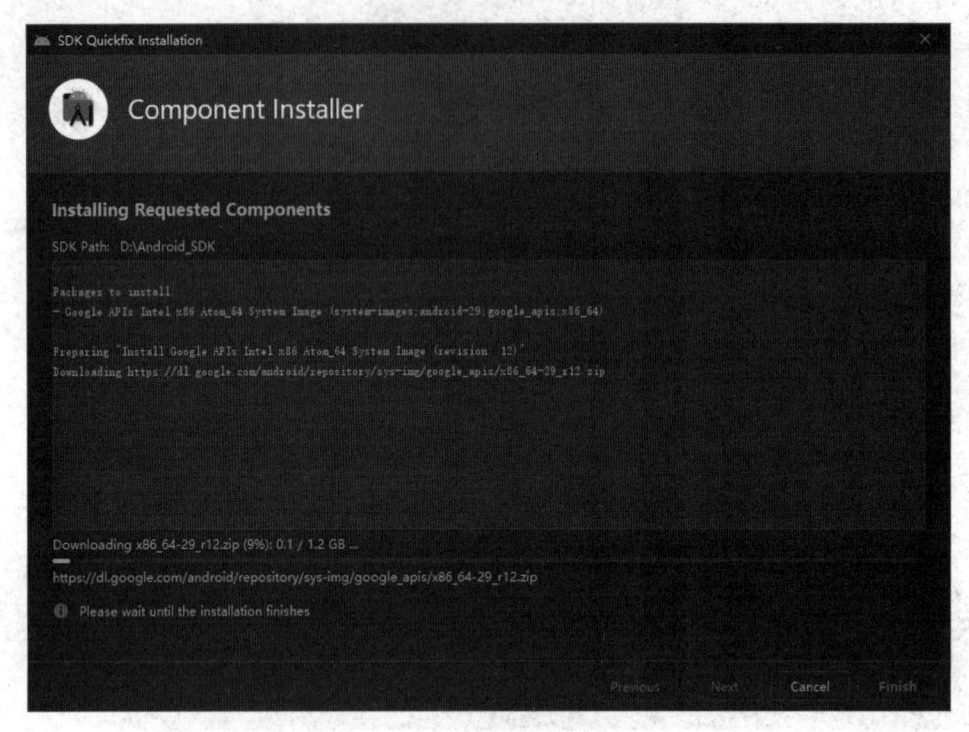

图 4-1-25　版本下载

（5）下载到对应的 Android 镜像文件之后，单击"Next"按钮以进行下一步操作，如图 4-1-26 所示。

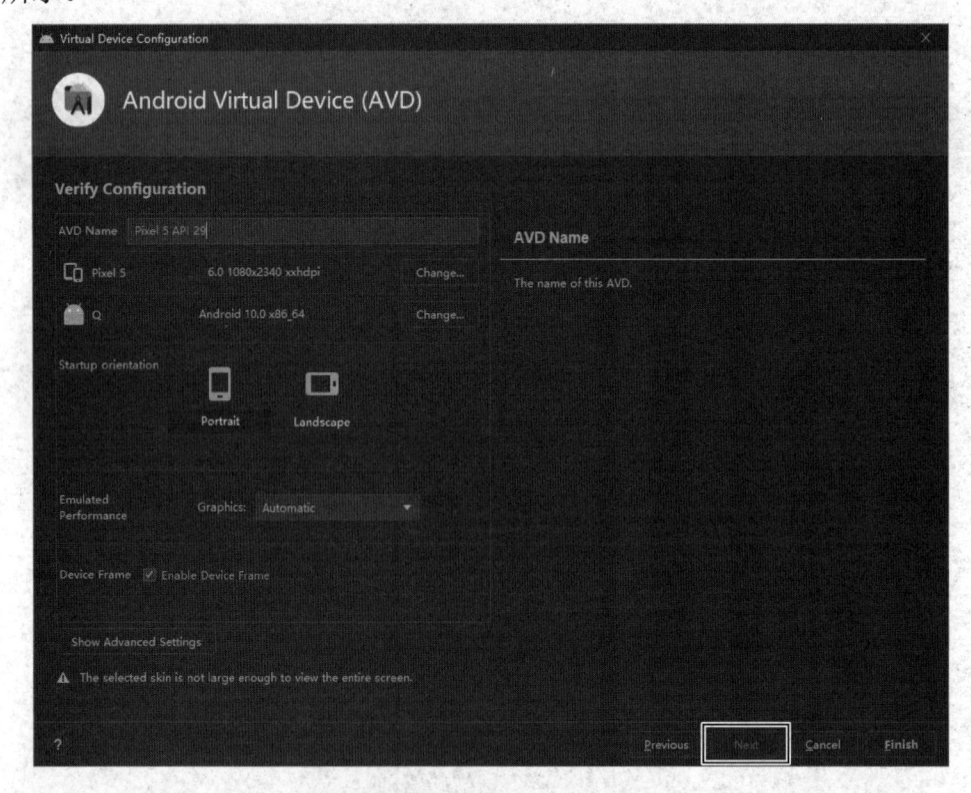

图 4-1-26　虚拟机配置

（6）输入 AVD Name，按需调整部分参数，单击"Finish"按钮，对应的虚拟机就创建好了，如图 4-1-27 所示。

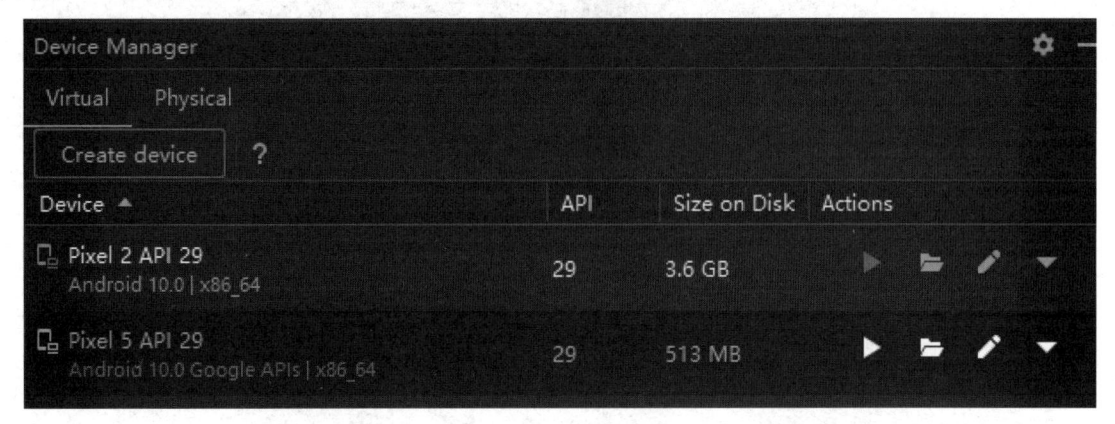

图 4-1-27　虚拟机创建

在虚拟机运行之后，由于所选择的镜像版本不同，其呈现的运行界面也会有所不同。

虚拟机在启动后，通常会默认显示英文界面。为了改善用户体验，用户可以在虚拟机的设置选项中，将语言设置为简体中文。同时，为确保时间的准确性，建议将时区调整为北京时区，以避免因时区差异导致的时间不一致问题。

（五）编译运行

（1）在设备的下拉菜单中，用户应根据实际运行需求，选择相应的设备类型，如图 4-1-28 所示。

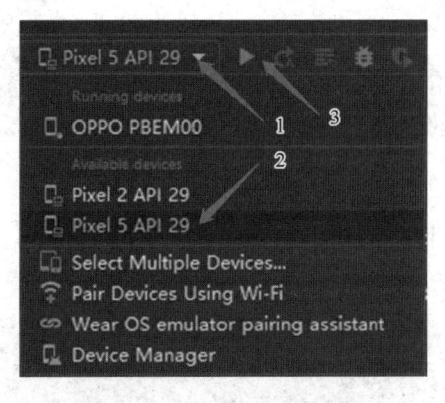

图 4-1-28　选择设备类型

（2）虚拟机运行，如图 4-1-29 所示。当进展至此阶段时，一个简易的 Android 应用程序（App）已成功开发。

（六）断点调试

正常开发 Android 应用程序，难免会遇到错误，一般情况下会用到断点调试，也就是在程序中设置断点，程序运行到断点位置会暂停，此时可以查看和修改运行环境下程序的变量值，可逐步运行代码并查看代码的变化以此分析错误的原因。

图 4-1-29 运行示例

在源码 MainActivity 左侧的行数的显示区域，单击对应的行，就可以设置或取消断点了。单击第 11 行设置一个断点，单击"debug"按钮 开始断点调试，如图 4-1-30 所示。

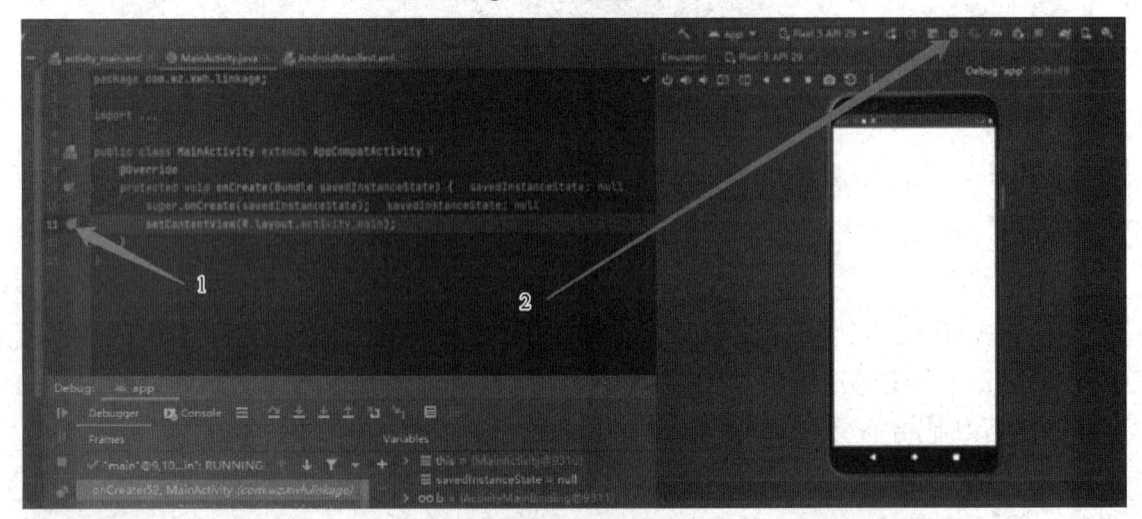

图 4-1-30 断点调试

可以看到程序运行到第 11 行，就停在了断点位置处，当前行的行高将突出显示，接下来就可以查看当前状态、查看或修改变量值、单步运行调试等常规操作。

（七）签名打包

创作好的 Android 应用程序要如何给其他人使用呢？

鉴于 Android 系统的权限要求，未签名的 APK 文件在物理设备上运行时，通常会收到不安全性的提示。因此，为确保应用的正常安装与运行，需对 APK 文件进行签名处理。

（1）选择"Build"菜单下的"Generate Signed Bundle/APK"选项进行签名打包，如图 4-1-31 所示。

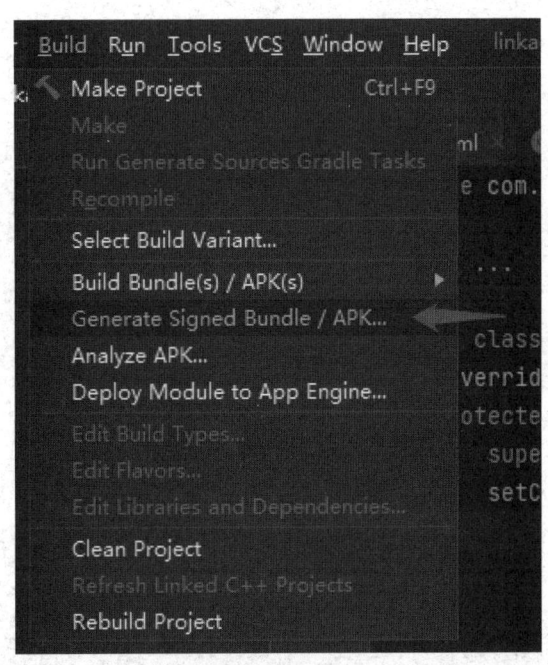

图 4-1-31　签名打包

（2）勾选"APK"复选框，并单击"Next"按钮以生成 APK 文件，如图 4-1-32 所示。

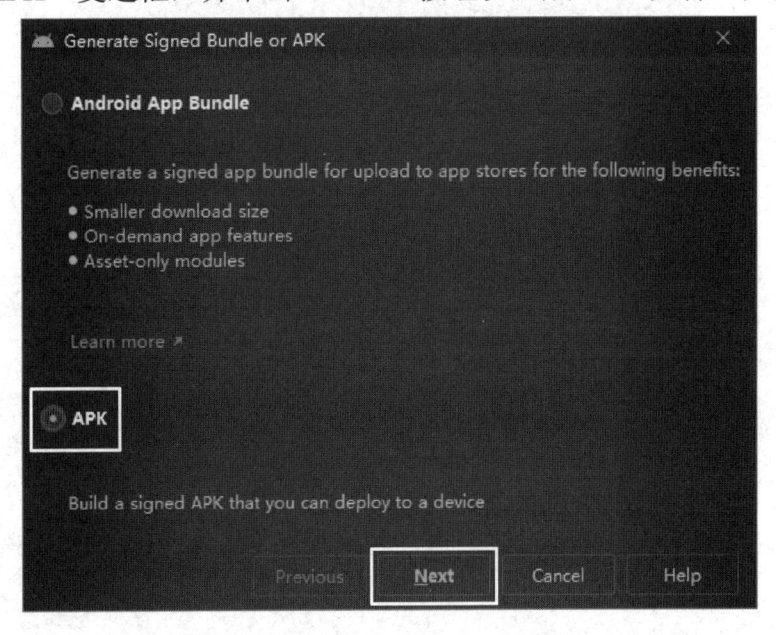

图 4-1-32　生成 APK 文件

（3）在此界面中，用户既可选择现有的签名文件进行使用，也可通过单击"Create new…"按钮来新建一个签名文件，如图 4-1-33 所示。

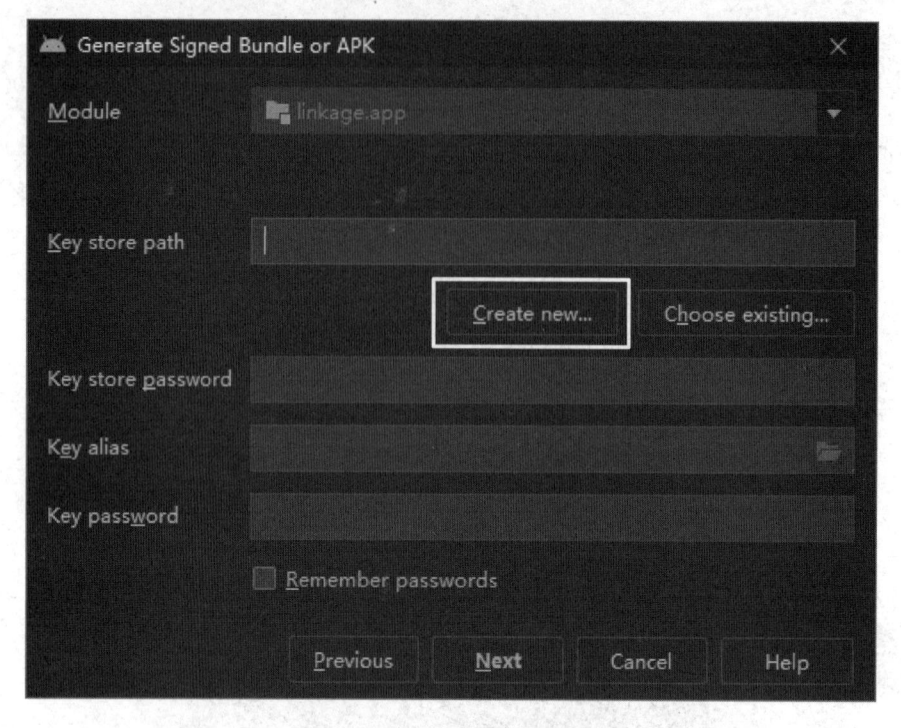

图 4-1-33　新建签名文件

（4）按照要求填写相关信息，并单击"OK"按钮进行确认，如图 4-1-34 所示。

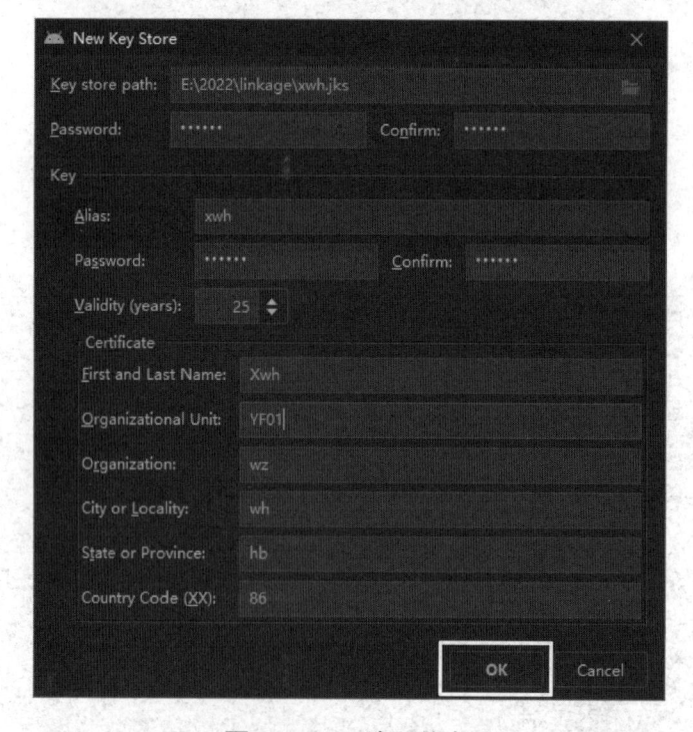

图 4-1-34　填写信息

（5）选定签名文件后，输入相应的密码，随后单击"Next"按钮继续操作，如图 4-1-35 所示。

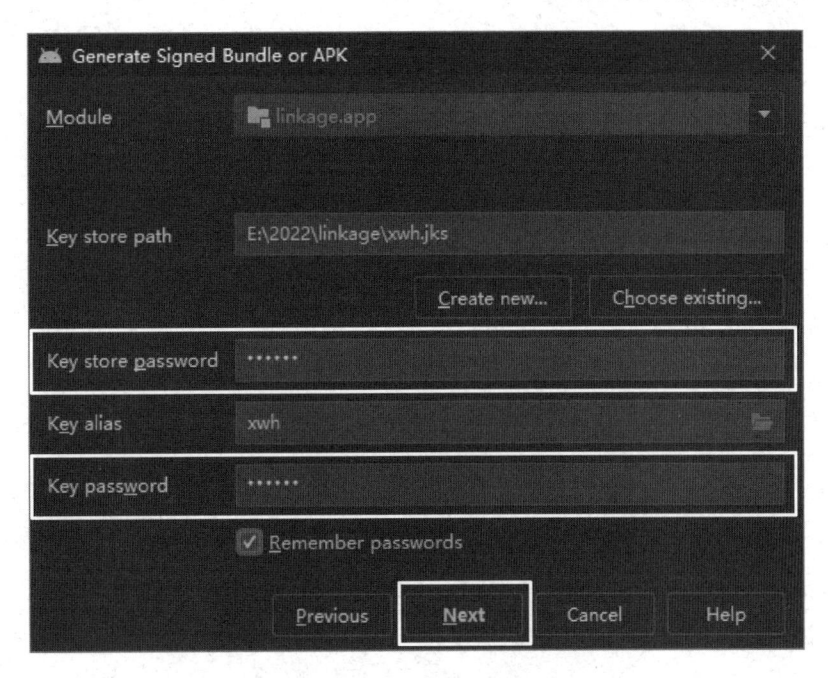

图 4-1-35　输入密码界面

（6）选择存放位置，编译变量（Build Variants）中选择 release，单击"Finish"按钮即可，如图 4-1-36 所示。

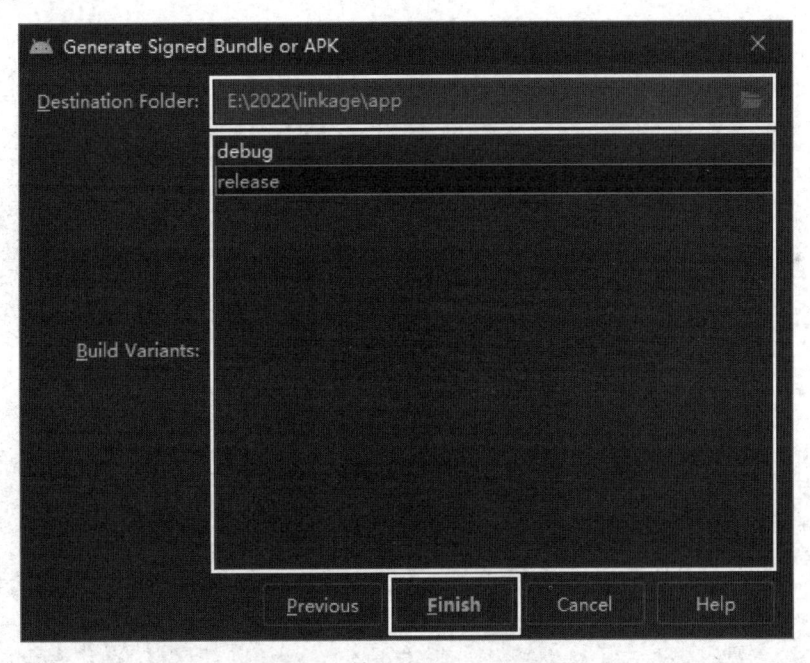

图 4-1-36　选择存放位置

编译完成的 APK 文件，在物理设备上进行安装时，会附带相应的证书信息。鉴于新建的签名文件尚未通过官方认证，因此在部分物理设备上安装时，用户须在设备设置中选择"允许安装来自未知来源的应用"选项。正规企业在进行软件开发时，通常会从互联网上获取有效的授权签名，以确保软件的合法性和安全性。

完成签名并打包文件后，在指定存放位置会生成具有".apk"后缀的文件。此文件可直接分发给其他用户进行安装，同时也可在 Android 软件平台进行发布与分发。

二、编写基本界面

【实验内容】

针对实训平台创建基本显示界面。

1. 创建样式资源。
2. 创建主界面布局文件。
3. 创建各节点设备布局文件。
4. 建立公用抽象类。
5. 实现各节点子类。

【实验目的】

学习 Android Studio 开发通用应用软件的界面布局，了解布局文件 layout 的基本结构，了解 LinearLayout 和 GridLayout 的基本用法，了解样式的定义和使用。

同时为本项目创建基本界面，为每个类型的节点传感器创建相应的显示布局，为下一步工程项目显示做准备。

【实验步骤】

（一）创建样式资源

为统一显示效果，减少代码重复，把相同的属性提取为样式文件，统一定义。

在资源文件 themes.xml 里添加样式 cardView、txtView1、txtView2，如图 4-1-37 所示。

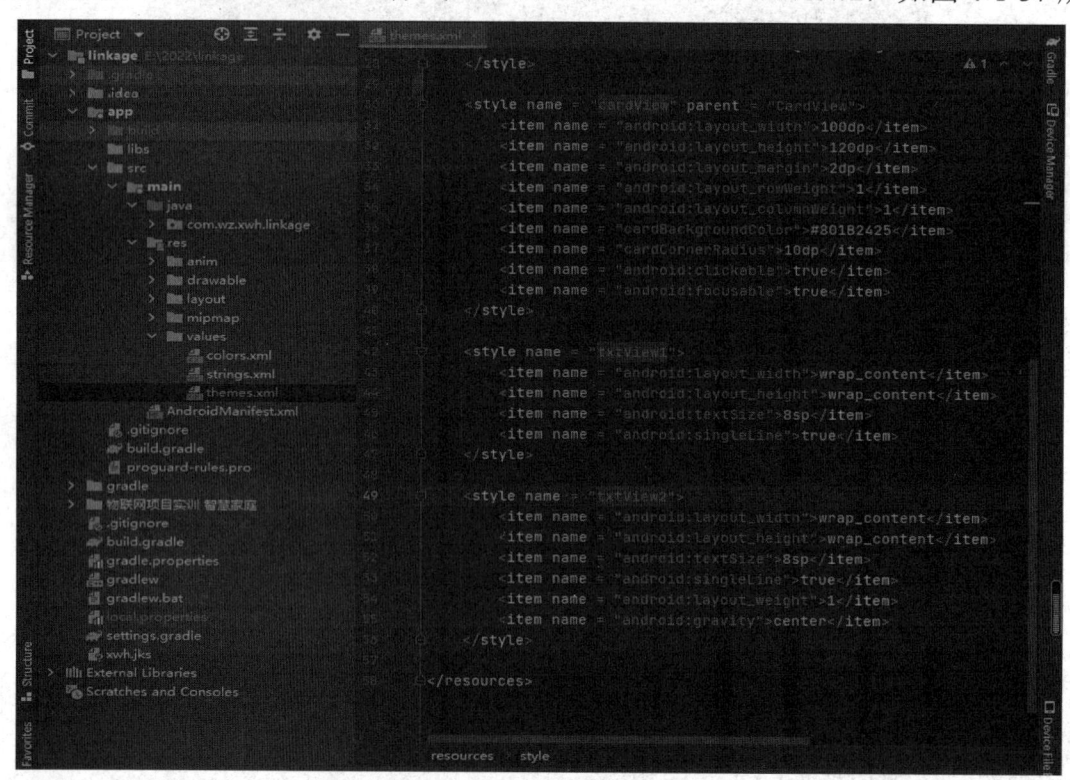

图 4-1-37　创建样式资源

Android 中的样式是用来复用标签的，有点类似在 Java 中抽取公共属性，其他类继承即可拥有，Android 中的主题其实是一堆样式的集合，Android 已经定义了一些样式，在布局文件中可以进行引用。

在 themes.xml 中定义样式。

```xml
<style name = "cardView" parent = "CardView">
    <item name = "android:layout_width">100dp</item>
    <item name = "android:layout_height">120dp</item>
    <item name = "android:layout_margin">2dp</item>
    <item name = "android:layout_rowWeight">1</item>
    <item name = "android:layout_columnWeight">1</item>
    <item name = "cardBackgroundColor">#801B2425</item>
    <item name = "cardCornerRadius">10dp</item>
    <item name = "android:clickable">true</item>
    <item name = "android:focusable">true</item>
</style>

<style name = "txtView1">
    <item name = "android:layout_width">wrap_content</item>
    <item name = "android:layout_height">wrap_content</item>
    <item name = "android:textSize">8sp</item>
    <item name = "android:singleLine">true</item>
</style>

<style name = "txtView2">
    <item name = "android:layout_width">wrap_content</item>
    <item name = "android:layout_height">wrap_content</item>
    <item name = "android:textSize">8sp</item>
    <item name = "android:singleLine">true</item>
    <item name = "android:layout_weight">1</item>
    <item name = "android:gravity">center</item>
</style>
```

项目使用的图片资源保存在项目源代码对应的目录里，可从源代码里复制使用，当然也可以找自己喜欢的图片资源进行替代，如图 4-1-38，表 4-1-2 所示。

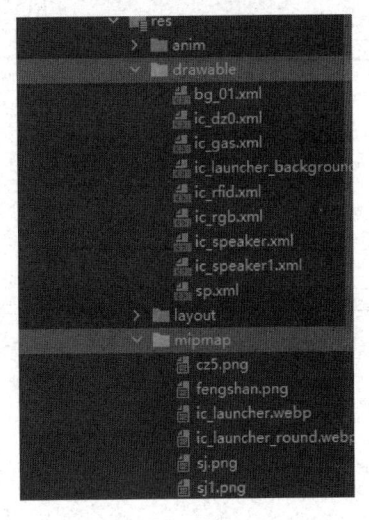

图 4-1-38　图片资源

表 4-1-2 文件含义

文件名	含义	图片	说明	目录
fengshan.png	风扇	fengshan.png	风扇打开时旋转	png 图片 res\mipmap
sj.png	人体红外传感器	sj.png	正常时图片	
sj1.png		sj1.png	报警时图片	
cz5.png	5 孔插座	cz5.png		
Ic_rfid.xml	RFID	ic_rfid.xml		vector 矢量图 res\drawable
Ic_gas.xml	燃气	ic_gas.xml		
Ic_rgb.xml	RGB 指示灯	ic_rgb.xml		

续表

文件名	含义	图片	说明	目录
Ic_speaker.xml	语音播放	ic_speaker.xml	正常图片	
Ic_speaker1.xml			按下时图片	

其中 png 文件为常规图片，vector 矢量图片是类似 SVG 格式，采用描述方式，不仅文件体积小，还能无限放大缩小且不损失精度。

在这里可以使用 3 种不同的资源形式，来了解不同的资源文件在实际项目中的应用方式。bg_01.xml 定义了控件在正常显示和按下时不同的显示效果，也明确了控件单击效果。

```xml
<?xml version="1.0" encoding="utf-8"?>
<selector xmlns:android = "http://schemas.android.com/apk/res/android">
    <item android:state_pressed = "true">
        <shape android:shape = "rectangle">
            <corners android:radius = "12dp" />   <!-- 设置圆角弧度 -->
            <solid android:color = "#20FF07" />   <!-- 设置背景颜色 -->
            <stroke android:width = "2dp" android:color = "#80839349" /> <!-- 设置边框颜色以及宽度 -->
        </shape>
    </item>
    <item>
        <shape android:shape = "rectangle">
            <corners android:radius = "12dp" />   <!-- 设置圆角弧度 -->
            <solid android:color = "#042B3D" />   <!-- 设置背景颜色 -->
            <stroke android:width = "2dp" android:color = "#80000000" /> <!-- 设置边框颜色以及宽度 -->
        </shape>
    </item>
</selector>
```

这个资源文件定义了一个选择器，该控件在按下的状态情况下为绿色背景，其他状态为藏青色背景。

（二）创建主界面布局文件

本项目很简单，运行时只有一个主界面，用于显示各节点的当前状态，单击即可进行简单交互操作。

主界面布局是网格的形式，与 唯众®物联网工程应用实训装置：WZ-IOT1-ATP1 大致对应，如图 4-1-39 所示。主界面分 4 行 3 列，格子里放对应的节点传感器。

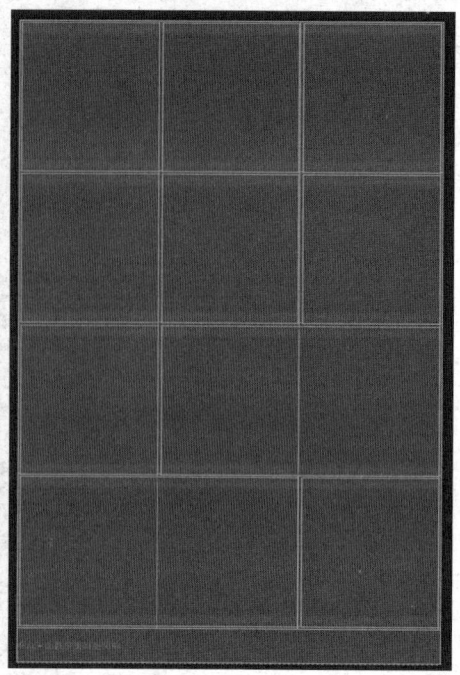

图 4-1-39　与设备对应的布局界面

知识要点：

（1）LinearLayout。

LinearLayout（线性布局）是一个常用的布局，它会将其中的控件在线性方向上（水平或垂直）依次排列，排列方向通过 android:orientation 属性进行指定，其中 vertical 为垂直方向，horizontal 为水平方向。

（2）GridLayout。

GridLayout（网格布局管理器）使用纵横线将容器分成 n 行 m 列的网格。每个网格中可放置一个组件。添加到容器中的组件首先放置在第 1 行第 1 列（左上角）的网格中，然后在第 1 行的网格中从左向右依次放置其他组件。一行满后，转到下一行中从左到右依次放置组件。可通过指定 android:layout_row 和 android:layout_column 来直接指定组件的放置位置，以此更加精准地定位组件。

修改 layout 资源文件 activity_main 的布局文件，代码如下。

```xml
<?xml version="1.0" encoding="utf-8"?>
<LinearLayout xmlns:android = "http://schemas.android.com/apk/res/android"
    xmlns:tools = "http://schemas.android.com/tools"
    android:id = "@+id/frameLayout"
    android:layout_width = "match_parent"
    android:layout_height = "match_parent"
    android:background = "?attr/fullscreenBackgroundColor"
    android:orientation = "vertical"
    android:theme = "@style/ThemeOverlay.Ld.FullscreenContainer"
    tools:context = ".MainActivity">
    <GridLayout android:id = "@+id/lay"
```

```xml
android:layout_width = "match_parent"
android:layout_height = "match_parent"
android:layout_marginBottom = "40dp"
android:layout_weight = "1"
android:columnCount = "3"
android:rowCount = "4">
<LinearLayout android:id = "@+id/cv00"
    style = "@style/cardView"
    android:layout_row = "0"
    android:layout_column = "0"
    android:orientation = "vertical" />
<LinearLayout android:id = "@+id/cv01"
    style = "@style/cardView"
    android:layout_row = "0"
    android:layout_column = "1"
    android:orientation = "vertical" />
<LinearLayout android:id = "@+id/cv02"
    style = "@style/cardView"
    android:layout_row = "0"
    android:layout_column = "2"
    android:orientation = "vertical" />
<LinearLayout android:id = "@+id/cv10"
    style = "@style/cardView"
    android:layout_row = "1"
    android:layout_column = "0"
    android:orientation = "vertical" />
<LinearLayout android:id = "@+id/cv11"
    style = "@style/cardView"
    android:layout_row = "1"
    android:layout_column = "1"
    android:orientation = "vertical" />
<LinearLayout android:id = "@+id/cv12"
    style = "@style/cardView"
    android:layout_row = "1"
    android:layout_column = "2"
    android:orientation = "vertical" />
<LinearLayout android:id = "@+id/cv20"
    style = "@style/cardView"
    android:layout_row = "2"
    android:layout_column = "0"
    android:orientation = "vertical" />
<LinearLayout android:id = "@+id/cv21"
    style = "@style/cardView"
    android:layout_row = "2"
    android:layout_column = "1"
    android:layout_columnSpan = "2"
```

```xml
            android:orientation = "vertical" />
        <LinearLayout android:id = "@+id/cv30"
            style = "@style/cardView"
            android:layout_row = "3"
            android:layout_column = "0"
            android:orientation = "vertical" />
        <LinearLayout android:id = "@+id/cv31"
            style = "@style/cardView"
            android:layout_row = "3"
            android:layout_column = "1"
            android:orientation = "vertical" />
        <LinearLayout android:id = "@+id/cv32"
            style = "@style/cardView"
            android:layout_row = "3"
            android:layout_column = "2"
            android:orientation = "vertical" />
    </GridLayout>
    <TextView android:id = "@+id/fullscreen_content"
        android:layout_width = "match_parent"
        android:layout_height = "40dp"
        android:gravity = "center_vertical"
        android:keepScreenOn = "true"
        android:text = "唯众 - 让教学实训更简单"
        android:textColor = "@android:color/white"
        android:textSize = "10sp"
        android:textStyle = "bold" />
</LinearLayout>
```

其中@style/cardView 在前面样式里的定义，是为了统一样式、方便修改、减少代码重复。

布局外围为 LinearLayout，里面放一个 GridLayout 和一个 TextView，即可垂直方向上排列。

TextView 用于显示 HTTP 交互信息且便于查看交互文字以及交互结果；GridLayout 用于对应各个节点，如 4 行 3 列，对应实训设备的一个位置，基本上一个设备对应一个格子，但要注意的是 cv21 横向占 2 列，其继电器控制设备和它的外接风扇各占一个格子。

（三）创建各节点设备布局文件

1. 仪表盘类 DashboardView3.java

在本次实训的设备中有温湿度和光照度界面，除正常显示返回数值外，为了美观还加上了仪表盘。

在源码目录新建一个 Java 类，方法是在源码目录中，右击弹出快捷菜单，在快捷菜单里选择"New"→"Java Class"选项，并输入类的名称，如图 4-1-40 所示。

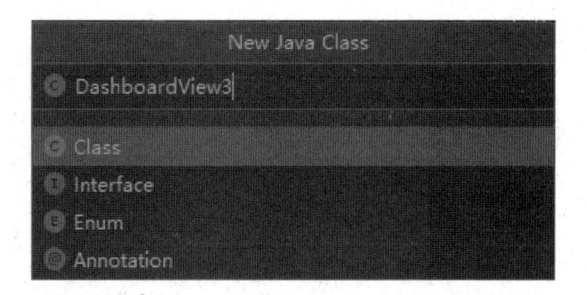

图 4-1-40 创建 Class

仪表盘 DashboardView3.java 是一个自定义类,继承 View,代码如下。

```java
package com.wz.xwh.linkage;

import android.content.Context;
import android.content.res.Resources;
import android.graphics.Canvas;
import android.graphics.Color;
import android.graphics.Matrix;
import android.graphics.Paint;
import android.graphics.Path;
import android.graphics.RadialGradient;
import android.graphics.Rect;
import android.graphics.RectF;
import android.graphics.Shader;
import android.graphics.SweepGradient;
import android.util.AttributeSet;
import android.util.TypedValue;
import android.view.View;

import androidx.core.content.ContextCompat;

import java.sql.Timestamp;
import java.text.SimpleDateFormat;
import java.util.Date;
import java.util.Locale;

public class DashboardView3 extends View {
    private int mRadius;                             // 画布边缘半径(去除padding后的半径)
    private int mStartAngle = 150;                   // 起始角度
    private int mSweepAngle = 240;                   // 绘制角度
    private int mMin = 0;                            // 最小值
    private int mMax = 1000;                         // 最大值
    private double mCreditValue = 0;                 // 信用分
    private int mSparkleWidth;                       // 亮点宽度
    private int mProgressWidth;                      // 进度圆弧宽度
    private float mLength1;                          // 刻度顶部相对边缘的长度
    private float mLength2;                          // 信用值指示器顶部相对边缘的长度
    private int mPadding;
```

```java
    private float mCenterX, mCenterY;                    // 圆心坐标
    private Paint mPaint;
    private RectF mRectFProgressArc;
    private Rect mRectText;
    private Path mPath;
    private int[] mBgColors;
    private int[] mVaules;
    private Timestamp ts;
    private SimpleDateFormat mDateFormat;

    public DashboardView3(Context context) {
        this(context, null);
    }

    public DashboardView3(Context context, AttributeSet attrs) {
        this(context, attrs, 0);
    }

    public DashboardView3(Context context, AttributeSet attrs, int defStyleAttr) {
        super(context, attrs, defStyleAttr);
        init();
    }

    public void setmMin(int mMin) {
        this.mMin = mMin;
    }

    public void setmMax(int mMax) {
        this.mMax = mMax;
    }

    private void init() {
        mSparkleWidth = dp2px(10);
        mProgressWidth = 4;
        mPaint = new Paint();
        mPaint.setAntiAlias(true);
        mPaint.setStrokeCap(Paint.Cap.SQUARE);
        mPaint.setColor(Color.WHITE);
        mRectFProgressArc = new RectF();
        mRectText = new Rect();
        mPath = new Path();
        mBgColors = new int[]{
                ContextCompat.getColor(getContext(), R.color.color_dark),
                ContextCompat.getColor(getContext(), R.color.color_green),
                ContextCompat.getColor(getContext(), R.color.color_blue),
                ContextCompat.getColor(getContext(), R.color.color_yellow),
```

```java
            ContextCompat.getColor(getContext(), R.color.color_red)};
    mVaules = new int[]{700, 500, 300, 100, 0};
}


public void setmBgColors(int[] mBgColors) {
    this.mBgColors = mBgColors;
}


public void setmVaules(int[] mVaules) {
    this.mVaules = mVaules;
}


@Override
protected void onMeasure(int widthMeasureSpec, int heightMeasureSpec) {
    super.onMeasure(widthMeasureSpec, heightMeasureSpec);
    mPadding = Math.max(
            Math.max(getPaddingLeft(), getPaddingTop()),
            Math.max(getPaddingRight(), getPaddingBottom())
    );
    setPadding(mPadding, mPadding, mPadding, mPadding);
    mLength1 = mPadding + mSparkleWidth / 2f + dp2px(8);
    mLength2 = mLength1 + mProgressWidth + dp2px(4);
    int width = resolveSize(dp2px(220), widthMeasureSpec);
    mRadius = (width - mPadding * 2) / 2;
    //      setMeasuredDimension(width, width);
    mCenterX = mCenterY = getMeasuredWidth() / 2f;
    mRectFProgressArc.set(
            mPadding + mSparkleWidth / 2f,
            mPadding + mSparkleWidth / 2f,
            getMeasuredWidth() - mPadding - mSparkleWidth / 2f,
            getMeasuredWidth() - mPadding - mSparkleWidth / 2f
    );
    mPaint.setTextSize(sp2px(10));
    mPaint.getTextBounds("0", 0, "0".length(), mRectText);
}


@Override
protected void onDraw(Canvas canvas) {
    super.onDraw(canvas);
    canvas.drawColor(Color.TRANSPARENT);
    /**
     * 画进度圆弧背景
     */
    mPaint.setStyle(Paint.Style.STROKE);
```

```java
            mPaint.setStrokeWidth(mProgressWidth);
            mPaint.setAlpha(80);
            canvas.drawArc(mRectFProgressArc, mStartAngle, mSweepAngle, false, mPaint);
            mPaint.setAlpha(255);
            /**
             * 画进度圆弧(起始到信用值)
             */
            mPaint.setShader(generateSweepGradient());
            canvas.drawArc(mRectFProgressArc, mStartAngle,
                    calculateRelativeAngleWithValue(mCreditValue), false, mPaint);
            /**
             * 画信用值指示亮点
             */
            float[] point = getCoordinatePoint(
                    mRadius - mSparkleWidth / 2f,
                    mStartAngle + calculateRelativeAngleWithValue(mCreditValue)
            );
            mPaint.setStyle(Paint.Style.FILL);
            mPaint.setShader(generateRadialGradient(point[0], point[1]));
            canvas.drawCircle(point[0], point[1], mSparkleWidth / 2f, mPaint);
            /**
             * 画刻度
             */
            int cnt = (mMax - mMin) / 2 / 10;
            float degree = mSweepAngle / ((mMax - mMin) / 10);
            float a = calculateRelativeAngleWithValue(mCreditValue);
            float b = mSweepAngle / 2f;
            mPaint.setShader(null);
            mPaint.setAlpha(a >= b ? 200 : 80);
            canvas.save();
            canvas.drawLine(mCenterX, mPadding + mLength1, mCenterX, mPadding + mLength1 - 1, mPaint);
                                                            // 逆时针旋转
            for (int i = 0; i < cnt; i++) {
                canvas.rotate(-degree, mCenterX, mCenterY);
                b -= degree;
                mPaint.setAlpha(a >= b ? 200 : 80);
                canvas.drawLine(mCenterX, mPadding + mLength1, mCenterX, mPadding + mLength1 - 1, mPaint);
            }
            canvas.restore();
            canvas.save();
                                                            // 顺时针旋转
            b = mSweepAngle / 2f;
            for (int i = 0; i < cnt; i++) {
                canvas.rotate(degree, mCenterX, mCenterY);
```

```
                    b += degree;
                    mPaint.setAlpha(a >= b ? 200 : 80);
                    canvas.drawLine(mCenterX, mPadding + mLength1, mCenterX, mPadding + mLength1
- 1, mPaint);
                }
                canvas.restore();
                /**
                 * 画信用分指示器
                 */
                canvas.save();
                b = mSweepAngle / 2f;
                canvas.rotate(a - b, mCenterX, mCenterY);
                mPaint.setAlpha(255);
                mPaint.setStyle(Paint.Style.FILL);
                mPath.reset();
                mPath.moveTo(mCenterX, mPadding + mLength2);
                mPath.rLineTo(-dp2px(2), dp2px(5));
                mPath.rLineTo(dp2px(4), 0);
                mPath.close();
                canvas.drawPath(mPath, mPaint);
                mPaint.setStrokeWidth(dp2px(1));
                mPaint.setStyle(Paint.Style.STROKE);
                canvas.drawCircle(mCenterX, mPadding + mLength2 + dp2px(6) + 1, dp2px(2), mPaint);
                canvas.restore();
                /**
                 * 画实时度数值
                 */
                int y = (int) (mCenterY + dp2px(20));
                mPaint.setStyle(Paint.Style.FILL);
                mPaint.setTextSize(sp2px(15));
                mPaint.setTextAlign(Paint.Align.CENTER);
                String value = String.valueOf(mCreditValue);
                canvas.drawText(value, mCenterX, y, mPaint);
                mPaint.setAlpha(160);
                mPaint.setTextSize(sp2px(9));
                canvas.drawText(getFormatTimeStr(), mCenterX, y + dp2px(15), mPaint);
            }

        private int dp2px(int dp) {
            return (int) TypedValue.applyDimension(TypedValue.COMPLEX_UNIT_DIP, dp,
                    Resources.getSystem().getDisplayMetrics());
        }

        private int sp2px(int sp) {
            return (int) TypedValue.applyDimension(TypedValue.COMPLEX_UNIT_SP, sp,
                    Resources.getSystem().getDisplayMetrics());
```

```java
}

private SweepGradient generateSweepGradient() {
    SweepGradient sweepGradient = new SweepGradient(mCenterX, mCenterY,
            new int[]{Color.argb(0, 255, 255, 255), Color.argb(200, 255, 255, 255)},
            new float[]{0, calculateRelativeAngleWithValue(mCreditValue) / 360}
    );
    Matrix matrix = new Matrix();
    matrix.setRotate(mStartAngle - 1, mCenterX, mCenterY);
    sweepGradient.setLocalMatrix(matrix);
    return sweepGradient;
}

private RadialGradient generateRadialGradient(float x, float y) {
    return new RadialGradient(x, y, mSparkleWidth / 2f,
            new int[]{Color.argb(255, 255, 255, 255), Color.argb(80, 255, 255, 255)},
            new float[]{0.4f, 1},
            Shader.TileMode.CLAMP
    );
}

private float[] getCoordinatePoint(float radius, float angle) {
    float[] point = new float[2];
    double arcAngle = Math.toRadians(angle);      //将角度转换为弧度
    if (angle < 90) {
        point[0] = (float) (mCenterX + Math.cos(arcAngle) * radius);
        point[1] = (float) (mCenterY + Math.sin(arcAngle) * radius);
    } else if (angle == 90) {
        point[0] = mCenterX;
        point[1] = mCenterY + radius;
    } else if (angle > 90 && angle < 180) {
        arcAngle = Math.PI * (180 - angle) / 180.0;
        point[0] = (float) (mCenterX - Math.cos(arcAngle) * radius);
        point[1] = (float) (mCenterY + Math.sin(arcAngle) * radius);
    } else if (angle == 180) {
        point[0] = mCenterX - radius;
        point[1] = mCenterY;
    } else if (angle > 180 && angle < 270) {
        arcAngle = Math.PI * (angle - 180) / 180.0;
        point[0] = (float) (mCenterX - Math.cos(arcAngle) * radius);
        point[1] = (float) (mCenterY - Math.sin(arcAngle) * radius);
    } else if (angle == 270) {
        point[0] = mCenterX;
        point[1] = mCenterY - radius;
    } else {
        arcAngle = Math.PI * (360 - angle) / 180.0;
```

```java
            point[0] = (float) (mCenterX + Math.cos(arcAngle) * radius);
            point[1] = (float) (mCenterY - Math.sin(arcAngle) * radius);
        }
        return point;
    }

    /**
     * 相对起始角度计算信用分所对应的角度大小
     */
    private float calculateRelativeAngleWithValue(double value) {
        return (float) (mSweepAngle * value * 1f / mMax);
    }

    public Timestamp getTs() {
        return ts;
    }

    public void setTs(Timestamp ts) {
        this.ts = ts;
    }

    private String getFormatTimeStr() {
        if (mDateFormat == null) {
            mDateFormat = new SimpleDateFormat("yy-MM-dd hh:mm:ss", Locale.CHINA);
        }
        if (ts == null)
            ts = new Timestamp(new Date().getTime());
        return String.format("%s", mDateFormat.format(ts));
    }


    /**
     * 设置信用值
     *
     * @param creditValue 信用值
     */
    public void setCreditValue(double creditValue) {
        if (creditValue < mMin) creditValue = mMin;
        if (creditValue > mMax) creditValue = mMax;
        if (mCreditValue == creditValue || creditValue < mMin || creditValue > mMax) {
            return;
        }
        mCreditValue = creditValue;
        postInvalidate();
    }
}
```

其中 mVaules 用于显示仪表盘的当前数值，仪表盘就是在当前界面绘制一个圆弧，在圆弧上加上刻度，用于显示当前数值。

2. 温湿度界面

在资源目录中的"layout"文件夹下，创建一个新的布局文件，并将其命名为"lay_30008"，如图 4-1-41 所示。

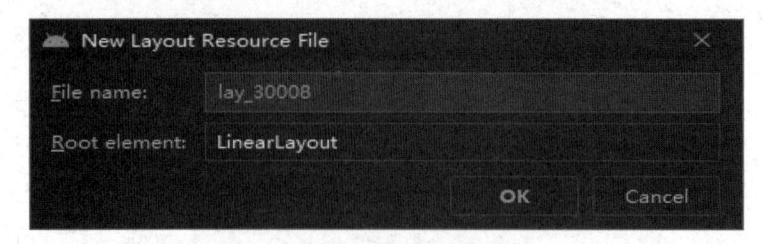

图 4-1-41　创建温湿度布局文件

大致显示效果如图 4-1-42 所示。

图 4-1-42　温湿度界面

其内容需遵循以下结构进行编写。

```xml
<?xml version="1.0" encoding="utf-8"?>
<LinearLayout xmlns:android = "http://schemas.android.com/apk/res/android"
    android:id = "@+id/linearLayout"
    android:layout_width = "match_parent"
    android:layout_height = "match_parent"
    android:layout_weight = "1"
    android:background = "@drawable/bg_01"
    android:orientation = "vertical"
    android:padding = "4dp">
    <TextView android:id = "@+id/title"
        android:layout_width = "match_parent"
        android:layout_height = "wrap_content"
        android:text = "温湿度 30008"
        android:textAlignment = "center" />
    <LinearLayout android:layout_width = "match_parent"
        android:layout_height = "wrap_content"
        android:orientation = "horizontal">
```

```xml
<TextView style = "@style/txtView1"
    android:text = "温度: " />
<TextView android:id = "@+id/tv_t"
    style = "@style/txtView1"
    android:layout_weight = "1"
    android:hint = "温度值" />
<TextView style = "@style/txtView1"
    android:text = "湿度: " />
<TextView android:id = "@+id/tv_h"
    style = "@style/txtView1"
    android:layout_weight = "1"
    android:hint = "湿度值" />
</LinearLayout>
<com.wz.xwh.linkage.DashboardView3 android:id = "@+id/dv2"
    android:layout_width = "match_parent"
    android:layout_height = "wrap_content"
    android:padding = "4dp" />
</LinearLayout>
```

此布局外面为 LinearLayout，呈垂直分布，里面分别放了 3 个文本用来显示标题、温湿度和数据时间同步的，下面是一个仪表盘用来显示温度，最下面的文本显示数据同步的时间。

3. 光照度界面

在资源目录中的"layout"文件夹下，创建一个新的布局文件，将其命名为"lay_30009"，如图 4-1-43 所示。

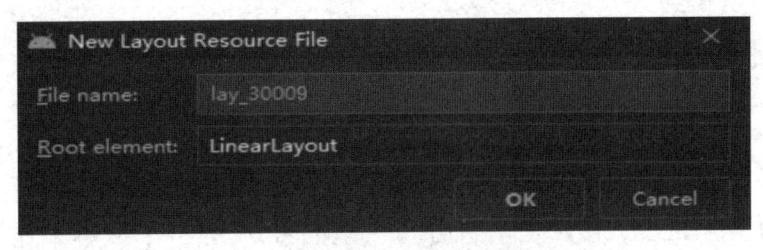

图 4-1-43 创建光照度布局文件

大致显示效果如图 4-1-44 所示。

图 4-1-44 光照度界面

其内容需遵循以下结构进行编写。

```xml
<?xml version="1.0" encoding="utf-8"?>
<LinearLayout xmlns:android = "http://schemas.android.com/apk/res/android"
    android:id = "@+id/linearLayout"
    android:layout_width = "match_parent"
    android:layout_height = "match_parent"
    android:layout_weight = "1"
    android:background = "@drawable/bg_01"
    android:orientation = "vertical"
    android:padding = "4dp">
    <TextView android:id = "@+id/title"
        android:layout_width = "match_parent"
        android:layout_height = "wrap_content"
        android:text = "光敏 30009"
        android:textAlignment = "center" />
    <LinearLayout android:layout_width = "match_parent"
        android:layout_height = "wrap_content"
        android:orientation = "horizontal">
        <TextView style = "@style/txtView1"
            android:text = "照度: " />
        <TextView android:id = "@+id/tv_t"
            style = "@style/txtView1"
            android:layout_weight = "1"
            android:hint = "照度值" />
    </LinearLayout>
    <com.wz.xwh.linkage.DashboardView3 android:id = "@+id/dv3"
        android:layout_width = "match_parent"
        android:layout_height = "match_parent"
        android:padding = "4dp" />
</LinearLayout>
```

此布局外面为 LinearLayout，呈垂直分布，里面分别放 3 个文本来显示标题、光照度和数据同步的时间，中间是一个仪表盘用来显示光照度。

4. 人体红外检测界面

在资源目录中的"layout"文件夹下，创建一个新的布局文件，将文件夹命名为"lay_30011"，如图 4-1-45 所示。

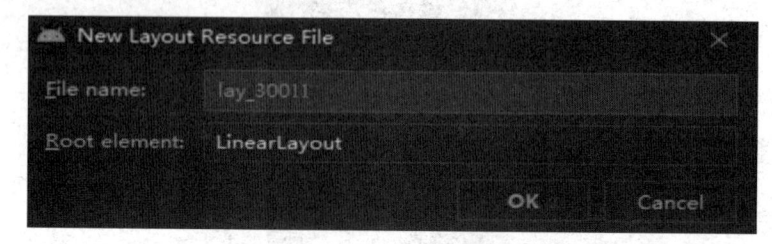

图 4-1-45 创建人体红外检测布局文件

大致显示效果如图 4-1-46 所示。

图 4-1-46 人体红外检测界面

其内容需遵循以下结构进行编写。

```xml
<?xml version="1.0" encoding="utf-8"?>
<LinearLayout xmlns:android = "http://schemas.android.com/apk/res/android"
    android:id = "@+id/linearLayout"
    android:layout_width = "match_parent"
    android:layout_height = "match_parent"
    android:layout_weight = "1"
    android:background = "@drawable/bg_01"
    android:orientation = "vertical"
    android:padding = "4dp">
    <TextView android:id = "@+id/title"
        android:layout_width = "match_parent"
        android:layout_height = "wrap_content"
        android:gravity = "center"
        android:text = "人体红外 30011" />
    <LinearLayout android:layout_width = "wrap_content"
        android:layout_height = "wrap_content"
        android:orientation = "horizontal">
        <TextView android:layout_width = "wrap_content"
            android:layout_height = "wrap_content"
            android:text = "双监: " />
        <TextView android:id = "@+id/tv_t"
            android:layout_width = "wrap_content"
            android:layout_height = "wrap_content"
            android:hint = "状态值" />
    </LinearLayout>
    <ImageView android:id = "@+id/imageView"
        android:layout_width = "match_parent"
        android:layout_height = "match_parent"
        android:layout_weight = "1"
        android:src = "@mipmap/sj" />
    <TextView android:id = "@+id/tv_time"
        android:layout_width = "match_parent"
        android:layout_height = "wrap_content"
        android:text = ""
        android:textAlignment = "center"
```

```
        android:textSize = "8sp" />
</LinearLayout>
```

此布局外面为 LinearLayout，呈垂直分布，上面分别放 2 个文本来显示标题、双监，中间是一个图片用来显示人体红外传感器状态，最下面的 1 个文本用来显示数据同步的时间。

5. 风扇界面

在资源目录"layout"下，创建一个新的布局文件，将文件命名为"lay_30012"，如图 4-1-47 所示。

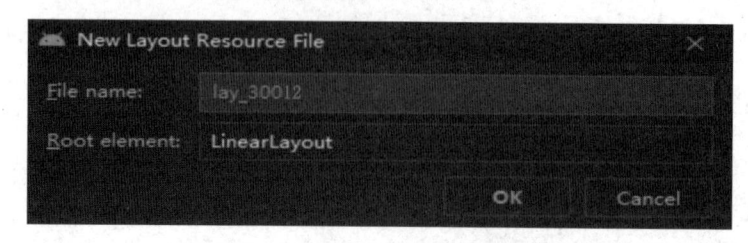

图 4-1-47　创建风扇布局文件

大致显示效果如图 4-1-48 所示。

图 4-1-48　风扇界面

其内容需遵循以下结构进行编写。

```xml
<?xml version="1.0" encoding="utf-8"?>
<LinearLayout xmlns:android = "http://schemas.android.com/apk/res/android"
    android:id = "@+id/linearLayout"
    android:layout_width = "match_parent"
    android:layout_height = "match_parent"
    android:layout_weight = "1"
    android:background = "@drawable/bg_01"
    android:orientation = "vertical"
    android:padding = "4dp">
    <TextView android:id = "@+id/title"
        android:layout_width = "match_parent"
        android:layout_height = "wrap_content"
        android:gravity = "center"
        android:text = "风扇 30012" />
    <LinearLayout android:layout_width = "match_parent"
        android:layout_height = "match_parent"
        android:orientation = "horizontal">
        <LinearLayout android:layout_width = "200dp"
            android:layout_height = "match_parent"
            android:layout_weight = "1"
```

```xml
            android:orientation = "vertical">
        <LinearLayout android:layout_width = "wrap_content"
            android:layout_height = "wrap_content"
            android:orientation = "horizontal">
            <TextView android:layout_width = "wrap_content"
                android:layout_height = "wrap_content"
                android:text = "风扇: " />
            <TextView android:id = "@+id/tv_t"
                android:layout_width = "wrap_content"
                android:layout_height = "wrap_content"
                android:hint = "状态值" />
        </LinearLayout>
        <Space android:layout_width = "match_parent"
            android:layout_height = "match_parent"
            android:layout_weight = "1" />
        <TextView android:id = "@+id/tv_time"
            android:layout_width = "match_parent"
            android:layout_height = "wrap_content"
            android:text = ""
            android:textAlignment = "center"
            android:textSize = "8sp" />
    </LinearLayout>
    <ImageView android:id = "@+id/imageView"
        android:layout_width = "200dp"
        android:layout_height = "match_parent"
        android:layout_gravity = "right"
        android:layout_weight = "1"
        android:src = "@mipmap/fengshan" />
</LinearLayout>
</LinearLayout>
```

此布局外面为 LinearLayout,呈垂直分布,里面有 3 个文本,上面放置标题栏,左侧放 2 个文本用来显示风扇和数据同步的时间。右侧则显示风扇图片,由于此布局在主界面里横向占 2 列,是其他宽度的 2 倍的,最终运行时会显示图 4-1-48 的效果。

6. RFID 界面

在资源目录 "layout" 下,创建一个新的布局文件,将其命名为 "lay_30013",如图 4-1-49 所示。

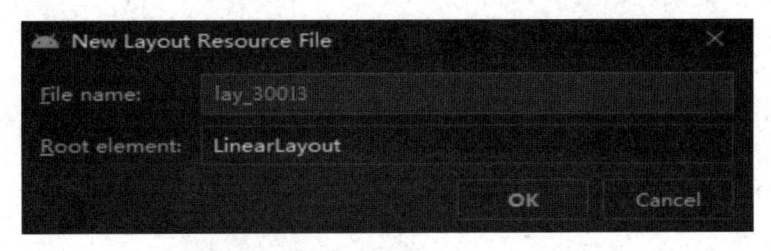

图 4-1-49 创建 RFID 布局文件

大致显示效果如图 4-1-50 所示。

图 4-1-50　RFID 界面

其内容需遵循以下结构进行编写。

```xml
<?xml version="1.0" encoding="utf-8"?>
<LinearLayout xmlns:android = "http://schemas.android.com/apk/res/android"
    android:id = "@+id/linearLayout"
    android:layout_width = "match_parent"
    android:layout_height = "match_parent"
    android:layout_weight = "1"
    android:background = "@drawable/bg_01"
    android:orientation = "vertical"
    android:padding = "4dp">
    <TextView android:id = "@+id/title"
        android:layout_width = "match_parent"
        android:layout_height = "wrap_content"
        android:text = "RFID 30013"
        android:textAlignment = "center" />
    <LinearLayout android:layout_width = "wrap_content"
        android:layout_height = "wrap_content"
        android:orientation = "horizontal">
        <TextView android:layout_width = "wrap_content"
            android:layout_height = "wrap_content"
            android:text = "RFID: " />
        <TextView android:id = "@+id/tv_r"
            android:layout_width = "wrap_content"
            android:layout_height = "wrap_content"
            android:hint = "RFID值" />
    </LinearLayout>
    <ImageView android:id = "@+id/imageView"
        android:layout_width = "match_parent"
        android:layout_height = "0dp"
        android:layout_weight = "1"
        android:src = "@drawable/ic_rfid" />
    <TextView android:id = "@+id/tv_time"
        android:layout_width = "match_parent"
```

```
        android:layout_height = "wrap_content"
        android:text = ""
        android:textAlignment = "center"
        android:textSize = "8sp" />
</LinearLayout>
```

此布局外面为 LinearLayout，呈垂直分布，上面分别放了 2 个文本显示标题、RFID 卡号，中间是一个图片用来显示 RFID，最下面的文本显示时间。

7. RGB 三色灯界面

在资源目录"layout"下，创建一个新的布局文件，将其命名为"lay_30018"，如图 4-1-51 所示。

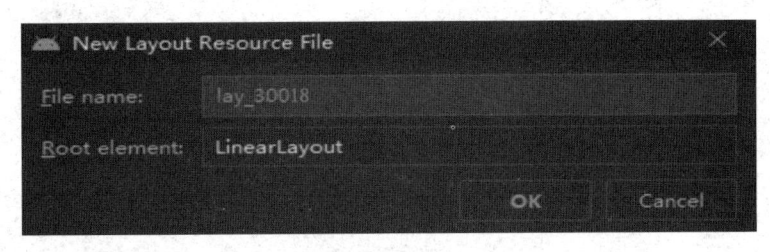

图 4-1-51 创建 RGB 三色灯布局文件

大致显示效果如图 4-1-52 所示。

图 4-1-52 指示灯界面

其内容需遵循以下结构进行编写。

```xml
<?xml version="1.0" encoding="utf-8"?>
<LinearLayout xmlns:android = "http://schemas.android.com/apk/res/android"
    android:id = "@+id/linearLayout"
    android:layout_width = "match_parent"
    android:layout_height = "match_parent"
    android:layout_weight = "1"
    android:background = "@drawable/bg_01"
    android:orientation = "vertical"
    android:padding = "4dp">
    <TextView android:id = "@+id/title"
        android:layout_width = "match_parent"
        android:layout_height = "wrap_content"
        android:text = "RGB 30018"
        android:textAlignment = "center" />
```

```xml
<LinearLayout android:layout_width = "match_parent"
    android:layout_height = "wrap_content"
    android:orientation = "horizontal">
    <TextView android:id = "@+id/tv_r"
        style = "@style/txtView2"
        android:text = "红" />
    <TextView android:id = "@+id/tv_g"
        style = "@style/txtView2"
        android:text = "绿" />
    <TextView android:id = "@+id/tv_b"
        style = "@style/txtView2"
        android:text = "蓝" />
</LinearLayout>
<ImageView android:id = "@+id/img"
    android:layout_width = "match_parent"
    android:layout_height = "match_parent"
    android:layout_weight = "1"
    android:padding = "4dp"
    android:src = "@drawable/ic_rgb" />
<TextView android:id = "@+id/tv_time"
    android:layout_width = "match_parent"
    android:layout_height = "wrap_content"
    android:text = ""
    android:textAlignment = "center"
    android:textSize = "8sp" />
</LinearLayout>
```

此布局外面为 LinearLayout，呈垂直分布，上面分别放了 2 个文本显示标题和 RGB 值状态，中间是一个图片显示 RGB 灯矢量，最下面的文本显示数据同步的时间。

RGB 指示灯的颜色，是在程序中用代码改变的，根据不同的代码显示不同的颜色。

8. 点阵界面

在资源目录"layout"下，创建一个新的布局文件，将其命名为"lay_30021"，如图 4-1-53 所示。

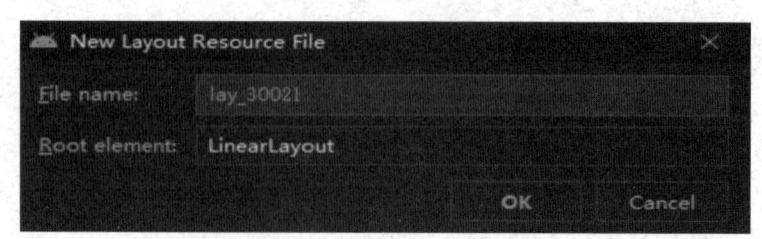

图 4-1-53　创建点阵布局文件

大致显示效果如图 4-1-54 所示。

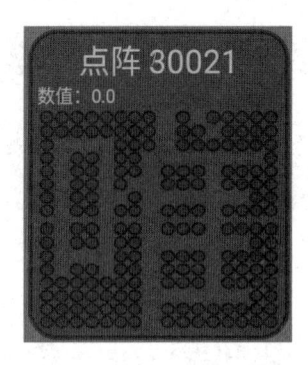

图 4-1-54 点阵界面

其内容需遵循以下结构进行编写。

```xml
<?xml version="1.0" encoding="utf-8"?>
<LinearLayout xmlns:android = "http://schemas.android.com/apk/res/android"
    android:id = "@+id/linearLayout"
    android:layout_width = "match_parent"
    android:layout_height = "match_parent"
    android:layout_weight = "1"
    android:background = "@drawable/bg_01"
    android:orientation = "vertical"
    android:padding = "4dp">
    <TextView android:id = "@+id/title"
        android:layout_width = "match_parent"
        android:layout_height = "wrap_content"
        android:gravity = "center"
        android:text = "点阵 30021" />
    <LinearLayout android:layout_width = "wrap_content"
        android:layout_height = "wrap_content"
        android:orientation = "horizontal">
        <TextView android:layout_width = "wrap_content"
            android:layout_height = "wrap_content"
            android:text = "数值："
            android:textSize = "8sp" />
        <TextView android:id = "@+id/tv_r"
            android:layout_width = "wrap_content"
            android:layout_height = "wrap_content"
            android:hint = "值"
            android:textSize = "8sp" />
    </LinearLayout>
    <LinearLayout android:layout_width = "match_parent"
        android:layout_height = "match_parent"
        android:layout_weight = "1">
        <include android:id = "@+id/dz00"
            layout = "@layout/lay_dz_8x8" />
        <include android:id = "@+id/dz01"
            layout = "@layout/lay_dz_8x8" />
    </LinearLayout>
```

```xml
    <LinearLayout android:layout_width = "match_parent"
        android:layout_height = "match_parent"
        android:layout_weight = "1">
        <include android:id = "@+id/dz10"
            layout = "@layout/lay_dz_8x8" />
        <include android:id = "@+id/dz11"
            layout = "@layout/lay_dz_8x8" />
    </LinearLayout>
    <TextView android:id = "@+id/tv_time"
        android:layout_width = "match_parent"
        android:layout_height = "wrap_content"
        android:text = ""
        android:textAlignment = "center"
        android:textSize = "8sp"
        android:visibility = "gone" />
</LinearLayout>
```

此布局文件放置了 2 行 2 列共 4 个 8×8 点阵，如图 4-1-55 所示。

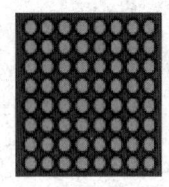

图 4-1-55　4 个 8×8 点阵效果

引用其他布局文件 @layout/lay_dz_8x8 代码如下。

```xml
<?xml version="1.0" encoding="utf-8"?>
<LinearLayout xmlns:android = "http://schemas.android.com/apk/res/android"
    android:layout_width = "match_parent"
    android:layout_height = "match_parent"
    android:layout_weight = "1"
    android:orientation = "vertical"
    android:padding = "1dp">
    <include android:id = "@+id/dz_c0"
        layout = "@layout/lay_dz_8" />
    <include android:id = "@+id/dz_c1"
        layout = "@layout/lay_dz_8" />
    <include android:id = "@+id/dz_c2"
        layout = "@layout/lay_dz_8" />
    <include android:id = "@+id/dz_c3"
        layout = "@layout/lay_dz_8" />
    <include android:id = "@+id/dz_c4"
        layout = "@layout/lay_dz_8" />
    <include android:id = "@+id/dz_c5"
        layout = "@layout/lay_dz_8" />
    <include android:id = "@+id/dz_c6"
        layout = "@layout/lay_dz_8" />
```

```
        <include android:id = "@+id/dz_c7"
            layout = "@layout/lay_dz_8" />
</LinearLayout>
```

此布局文件放置 8 行 8 点阵，如图 4-1-56 所示。

图 4-1-56　8 行 8 点阵效果

引用其他布局@layout/lay_dz_8 代码如下。

```
<?xml version="1.0" encoding="utf-8"?>
<LinearLayout xmlns:android = "http://schemas.android.com/apk/res/android"
    android:layout_width = "match_parent"
    android:layout_height = "match_parent"
    android:layout_weight = "1"
    android:orientation = "horizontal">
    <View android:id = "@+id/d_00"
        android:layout_width = "match_parent"
        android:layout_height = "match_parent"
        android:layout_weight = "1"
        android:background = "@drawable/ic_dz0" />
    <View android:id = "@+id/d_01"
        android:layout_width = "match_parent"
        android:layout_height = "match_parent"
        android:layout_weight = "1"
        android:background = "@drawable/ic_dz0" />
    <View android:id = "@+id/d_02"
        android:layout_width = "match_parent"
        android:layout_height = "match_parent"
        android:layout_weight = "1"
        android:background = "@drawable/ic_dz0" />
    <View android:id = "@+id/d_03"
        android:layout_width = "match_parent"
        android:layout_height = "match_parent"
        android:layout_weight = "1"
        android:background = "@drawable/ic_dz0" />
    <View android:id = "@+id/d_04"
        android:layout_width = "match_parent"
        android:layout_height = "match_parent"
        android:layout_weight = "1"
        android:background = "@drawable/ic_dz0" />
    <View android:id = "@+id/d_05"
        android:layout_width = "match_parent"
        android:layout_height = "match_parent"
        android:layout_weight = "1"
        android:background = "@drawable/ic_dz0" />
    <View android:id = "@+id/d_06"
```

```
        android:layout_width = "match_parent"
        android:layout_height = "match_parent"
        android:layout_weight = "1"
        android:background = "@drawable/ic_dz0" />
    <View android:id = "@+id/d_07"
        android:layout_width = "match_parent"
        android:layout_height = "match_parent"
        android:layout_weight = "1"
        android:background = "@drawable/ic_dz0" />
</LinearLayout>
```

其中使用的矢量图@drawable/ic_dz0 是一个圆点，如图 4-1-57 所示。

图 4-1-57　圆点

程序代码如下。

```
<?xml version="1.0" encoding="utf-8"?>
<shape
    xmlns:android="http://schemas.android.com/apk/res/android"
    android:shape="oval"
    android:useLevel="false" >
    <solid android:color="@android:color/darker_gray" />
    <padding
        android:left="2dp"
        android:top="1dp"
        android:right="2dp"
        android:bottom="1dp" />
    <stroke
        android:width="1dp"
        android:color="@android:color/black" />
    <size android:width="15dp"
        android:height="15dp" />
</shape>
```

9. 气体检测界面

在资源目录"layout"下，创建一个新的布局文件，将其命名为"lay_30022"，如图 4-1-58 所示。

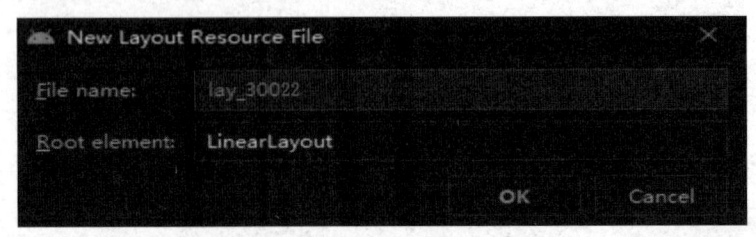

图 4-1-58　创建气体检测布局文件

大致显示效果如下图 4-1-59 所示。

图 4-1-59　气体检测界面

其内容需遵循以下结构进行编写。

```xml
<?xml version="1.0" encoding="utf-8"?>
<LinearLayout xmlns:android = "http://schemas.android.com/apk/res/android"
    xmlns:app = "http://schemas.android.com/apk/res-auto"
    android:id = "@+id/linearLayout"
    android:layout_width = "match_parent"
    android:layout_height = "match_parent"
    android:layout_weight = "1"
    android:background = "@drawable/bg_01"
    android:orientation = "vertical"
    android:padding = "4dp">
    <TextView android:id = "@+id/title"
        android:layout_width = "match_parent"
        android:layout_height = "wrap_content"
        android:text = "可燃气体 30010"
        android:textAlignment = "center" />
    <LinearLayout android:layout_width = "wrap_content"
        android:layout_height = "wrap_content"
        android:orientation = "horizontal">
        <TextView android:layout_width = "wrap_content"
            android:layout_height = "wrap_content"
            android:text = "浓度：" />
        <TextView android:id = "@+id/tv_t"
            android:layout_width = "wrap_content"
            android:layout_height = "wrap_content"
            android:hint = "浓度值" />
    </LinearLayout>
    <ImageView android:id = "@+id/imageView"
        android:layout_width = "match_parent"
        android:layout_height = "0dp"
        android:layout_weight = "1"
        android:src = "@drawable/ic_gas"
        app:layout_constraintBottom_toBottomOf = "parent"
        app:layout_constraintEnd_toEndOf = "parent"
        app:layout_constraintStart_toStartOf = "parent"
```

```
        app:layout_constraintTop_toTopOf = "parent" />
    <TextView android:id = "@+id/tv_time"
        android:layout_width = "match_parent"
        android:layout_height = "wrap_content"
        android:text = ""
        android:textAlignment = "center"
        android:textSize = "8sp" />
</LinearLayout>
```

10. 语音播放界面

在资源目录"layout"下，创建一个新的布局文件，将其命名为"lay_30023"，如图 4-1-60 所示。

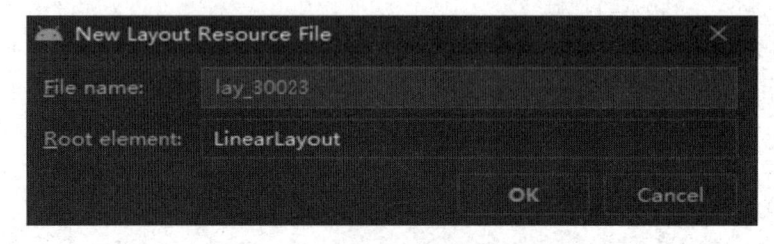

图 4-1-60　创建语音播放布局文件

大致显示效果如图 4-1-61 所示。

图 4-1-61　语音播放界面

其内容需遵循以下结构进行编写。

```
<?xml version="1.0" encoding="utf-8"?>
<LinearLayout xmlns:android = "http://schemas.android.com/apk/res/android"
    android:id = "@+id/linearLayout"
    android:layout_width = "match_parent"
    android:layout_height = "match_parent"
    android:layout_weight = "1"
    android:background = "@drawable/bg_01"
    android:orientation = "vertical"
    android:padding = "4dp">
    <TextView android:id = "@+id/title"
        android:layout_width = "match_parent"
        android:layout_height = "wrap_content"
        android:text = "语音播放 30023"
        android:textAlignment = "center" />
    <ImageView android:id = "@+id/imageView"
```

```
            android:layout_width = "match_parent"
            android:layout_height = "match_parent"
            android:layout_weight = "1"
            android:padding = "4dp"
            android:src = "@drawable/sp" />
    <TextView android:id = "@+id/tv_time"
            android:layout_width = "match_parent"
            android:layout_height = "wrap_content"
            android:text = ""
            android:textAlignment = "center"
            android:textSize = "8sp" />
</LinearLayout>
```

11. 五孔插座界面

在资源目录"layout"下，创建一个新的布局文件，将其命名为"lay_cz"，如图 4-1-62 所示。

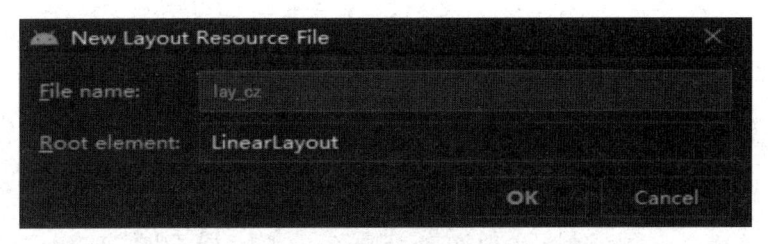

图 4-1-62　创建五孔插座布局文件

大致显示效果如图 4-1-63 所示。

图 4-1-63　五孔插座界面

其内容需遵循以下结构进行编写。

```
<?xml version="1.0" encoding="utf-8"?>
<ImageView xmlns:android = "http://schemas.android.com/apk/res/android"
    android:layout_width = "match_parent"
    android:layout_height = "match_parent"
    android:background = "@drawable/bg_01"
    android:padding = "12dp"
    android:src = "@mipmap/cz5" />
```

12. 物联网网关界面

在资源目录"layout"下，创建一个新的布局文件，将其命名为"lay_gw"，如图 4-1-64 所示。

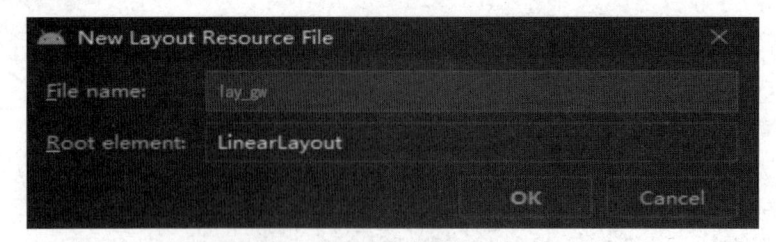

图 4-1-64　创建物联网网关布局文件

大致显示效果如图 4-1-65 所示。

图 4-1-65　物联网网关界面

其内容需遵循以下结构进行编写。

```xml
<?xml version="1.0" encoding="utf-8"?>
<LinearLayout xmlns:android = "http://schemas.android.com/apk/res/android"
    android:layout_width = "match_parent"
    android:layout_height = "match_parent"
    android:background = "@drawable/bg_01"
    android:orientation = "vertical"
    android:padding = "4dp">
    <TextView android:id = "@+id/title"
        android:layout_width = "match_parent"
        android:layout_height = "wrap_content"
        android:text = "项目名称" />
    <TextView android:id = "@+id/tv_id"
        android:layout_width = "match_parent"
        android:layout_height = "wrap_content"
        android:text = "项目 ID"
        android:textSize = "8sp" />
    <TextView android:id = "@+id/tv_sn"
        android:layout_width = "match_parent"
        android:layout_height = "wrap_content"
        android:text = "设备 SN" />
    <CheckBox android:id = "@+id/cb_isCreate"
        android:layout_width = "wrap_content"
        android:layout_height = "wrap_content"
        android:checked = "true"
        android:enabled = "false"
        android:textColor="@color/color_blue"
        android:text = "是否创建" />
    <CheckBox android:id = "@+id/cb_isStart"
```

```
            android:layout_width = "wrap_content"
            android:layout_height = "wrap_content"
            android:checked = "true"
            android:enabled = "false"
            android:text = "是否启动" />
    <TextView android:id = "@+id/tv_time"
            android:layout_width = "match_parent"
            android:layout_height = "wrap_content"
            android:text = ""
            android:textAlignment = "center"
            android:textSize = "8sp" />
</LinearLayout>
```

所有布局文件完成后，布局目录显示如图 4-1-66 所示。

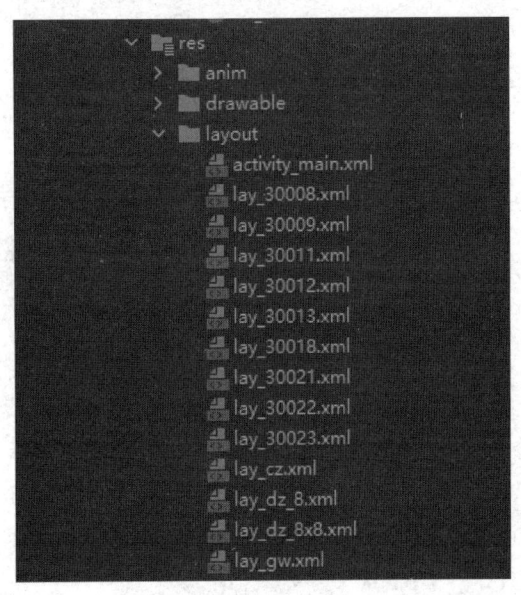

图 4-1-66　布局目录

（四）分类

1. 统一界面分类

由于各界面在后续操作中有几个相同的操作：初始化界面、根据获取值修改界面并触发联动、界面按下进行操作，因此在此先创建出几个基本的类，如表 4-1-3 所示。

表 4-1-3　基本类

文件名	说明
I_wz.java	接口类，定义统一的接口方法
wz_Project.java	项目类
wz_Res.java	项目设备资源类
wz_Passage.java	节点传感器类
wz_SensorData.java	节点传感器数据类
enum_Type.java	传感器类型枚举类
wz_dev.java	设备抽象类

为所有节点控制器生成统一接口 I_wz.java，代码如下。

```java
package com.wz.xwh.linkage;

import android.app.Activity;
import android.view.View;

public interface I_wz {
    //初始化显示组件
    View init(Activity activity,Passage p);

    //    设置值
    void setValue(SensorData data);

    //    执行联动
    void doKey(int key);
}
```

wz_Project.java 代码定义如下。

```java
package com.wz.xwh.linkage;

import org.json.JSONException;
import org.json.JSONObject;

import java.util.ArrayList;

public class wz_Project {
    public String projrctId;
    public String projectName;
    public Boolean isCreate;
    public Boolean isStart;
    public ArrayList<wz_Res> ress =new ArrayList<>();

    public static wz_Project parse(JSONObject j) {
        wz_Project p = new wz_Project();
        try {
            if(j.getInt("code")==203) {
                JSONObject o=j.getJSONObject("object");
                p.projrctId = o.getString("projrctId");
                p.projectName = o.getString("projectName");
                p.isCreate = o.getBoolean("isCreate");
                p.isStart = o.getBoolean("isStart");
            }
        } catch (JSONException e) {
            e.printStackTrace();
        }
        return p;
```

```java
    }

    public void AddPassage(ArrayList<wz_Passage> ps) {
        for ( wz_Passage p:ps){
            for (wz_Res res:ress){
                if(res.sn.equals(p.gatewaySn)){
                    res.passages.add(p);
                    break;
                }
            }
        }
    }
}
```

wz_Res.java 代码定义如下。

```java
package com.wz.xwh.linkage;

import org.json.JSONArray;
import org.json.JSONException;
import org.json.JSONObject;

import java.util.ArrayList;

public class wz_Res {
    public String ip;
    public String equipmentName;
    public String sn;
    public Integer equipmenttype;
    public Boolean isonline;

    public ArrayList<wz_Passage> passages=new ArrayList<>();

    public static ArrayList<wz_Res> parse(JSONObject j) {
        ArrayList<wz_Res> ls = new ArrayList<>();
        try {
            if (j.getInt("code") == 203) {
                JSONArray a = j.getJSONArray("res");
                for (int i = 0; i < a.length(); i++) {
                    JSONObject o = a.getJSONObject(i);
                    wz_Res res = new wz_Res();
                    res.ip = o.getString("ip");
                    res.equipmentName = o.getString("equipmentName");
                    res.sn = o.getString("sn");
                    res.equipmenttype = o.getInt("equipmenttype");
                    res.isonline = o.getBoolean("isonline");
                    ls.add(res);
```

```
            }
        }
    } catch (JSONException e) {
        e.printStackTrace();
    }
    return ls;
  }
}
```

wz_Passage.java 代码定义如下。

```java
package com.wz.xwh.linkage;

import org.json.JSONArray;
import org.json.JSONException;
import org.json.JSONObject;

import java.util.ArrayList;

public class wz_Passage {
    String projectId;
    String gatewaySn;
    int    id;
    int    passageNum;
    String sensordesc;
    String sensorname;
    int    uuid;

    public wz_Passage(JSONObject j) {
        try {
            projectId  = j.getString("projectId");
            gatewaySn  = j.getString("gatewaySn");
            id         = j.getInt("id");
            passageNum = j.getInt("passageNum");
            sensordesc = j.getString("sensordesc");
            sensorname = j.getString("sensorname");
            uuid       = j.getInt("uuid");
        } catch (JSONException e) {
            e.printStackTrace();
        }
    }

    public static ArrayList<wz_Passage> parse(JSONObject jsonObject) {
        ArrayList<wz_Passage> ps = new ArrayList<>();
        try {
            JSONArray a = jsonObject.getJSONArray("res");
            for (int i = 0; i < a.length(); i++) {
                JSONObject o = a.getJSONObject(i);
```

```
                    wz_Passage p = new wz_Passage(o);
                    ps.add(p);
                }
            } catch (JSONException e) {
                e.printStackTrace();
            }
            return ps;
    }
}
```

wz_SensorData.java 代码定义如下。

```java
package com.wz.xwh.linkage;

import org.json.JSONException;
import org.json.JSONObject;

import java.sql.Timestamp;

public class wz_SensorData {
    String str;
    int passGatewayNum;
    Timestamp doTime;
    int uuid;
    double value;

    public wz_SensorData(JSONObject j) {
        try {
            str = j.getString("str");
            uuid = j.getInt("uuid");
            passGatewayNum = j.getInt("passGatewayNum");
            doTime = new Timestamp(j.getLong("time"));
            value = j.getDouble("value");
        } catch (JSONException e) {
            e.printStackTrace();
        }
    }
}
```

wz_dev.java 为抽象类，子类继承需实现未完成的接口，代码定义如下。

```java
package com.wz.xwh.linkage;

import java.io.Serializable;
import java.text.SimpleDateFormat;
import java.util.Locale;

public abstract class wz_dev implements I_wz, Serializable {
```

```java
    public enum_Type type;
    public int nowAction = -1;
    public static SimpleDateFormat sdf = new SimpleDateFormat("yy-MM-dd HH:mm:ss", Locale.CHINA);
    double value = 0;

    public wz_dev(enum_Type type) {
        this.type = type;
    }

    @Override
    public void setValue(wz_SensorData data) {
        value = data.value;
    }
}
```

在源码里新增枚举类 enum_Type.java，代码如下。

```java
public enum enum_Type {
    D00000(0, 0, ""),
    D30008(30008, 1, "温湿度"),    // 温湿度      30008
    D30009(30009, 2, "光敏"),      // 光敏        30009
    D30010(30010, 1, "气体"),      // 可燃气体    30010
    D30011(30011, 1, "红外"),      // 人体红外    30011
    D30012(30012, 1, "风扇"),      // 风扇        30012
    D30013(30013, 1, "RFID"),      // RFID        30013
    D30014(30014, 1, "门锁"),      // 门锁        30014
    D30015(30015, 1, "电灯"),      // 电灯        30015
    D30016(30016, 1, "继电器"),    // 继电器      30016
    D30018(30018, 1, "指示灯"),    // RGB 指示灯  30018
    D30021(30021, 1, "点阵"),      // 点阵        30021
    D30022(30022, 1, "气体"),      // 雨滴检测    30022？？可燃气体
    D30023(30023, 1, "语音"),      // 语音播放    30023
    ;
    int uuid;
    int num;                       // 通道数
    String name;

    enum_Type(int value, int num, String name) {
        this.uuid = value;
        this.num = num;
        this.name = name;
    }

    public static enum_Type get(int tag) {
        for (enum_Type e : enum_Type.values()) {
            if (e.uuid == tag)
```

```
            return e;
        }
        return D00000;
    }

    public static enum_Type get(String name) {
        for (enum_Type e : enum_Type.values()) {
            if (e.name.equalsIgnoreCase(name))
                return e;
        }
        return D00000;
    }
}
```

枚举类定义节点传感器有标识、通道，以及中文名称。本次设计的节点中只有温湿度传感器有 2 个通道，1 为温度，2 为湿度，其他的均只有一个通道，数值为 1。

2. 子类继承分类

各节点传感器除自身显示形式和动作不同外，其对外的交互方式是一样的，因此对所有节点进行类继承 wz_dev 分类。

在源码目录添加子类，继承 wz_dev，如 **wz_30008.java**：代码如下。

```
import android.app.Activity;
import android.view.View;

import com.wz.xwh.linkage.databinding.Lay30008Binding;

import java.util.ArrayList;

public class wz_30008 extends wz_dev {
    Lay30008Binding l = null;

    public wz_30008(enum_Type type) {
        super(type);
    }

    @Override
    public View init(Activity context, Passage p) {
        if (l == null) {
            String title = String.format("%s %s", type.name, type.uuid);
            l = Lay30008Binding.inflate(context.getLayoutInflater());
            l.title.setText(title);
        }
        return l.getRoot();
    }

    @Override
    public void setValue(SensorData data) {
```

```
    }

    @Override
    public void doKey(int key) {

    }
}
```

基本文件里 **setValue** 和 **doKey** 暂时留空,在下一个实验中来具体实现,除 init 里布局文件定义不同外,其他均相同,子类说明如表 4-1-4 所示。

表 4-1-4 子类说明表

文件	说明	方法
wz_30008.java	温湿度	Lay30008Binding
wz_30009.java	光敏	Lay30009Binding
wz_30011.java	人体红外	Lay30011Binding
wz_30012.java	风扇	Lay30012Binding
wz_30013.java	RFID	Lay30013Binding
wz_30018.java	RGB 指示灯	Lay30018Binding
wz_30021.java	点阵	Lay30021Binding
wz_30022.java	可燃气体	Lay30022Binding
wz_30023.java	语音播放	Lay30023Binding

在源码下分别添加所对应的子类,在 init 里将绑定的显示控件改为对应的名称即可。完成后,源码目录如图 4-1-67 所示。

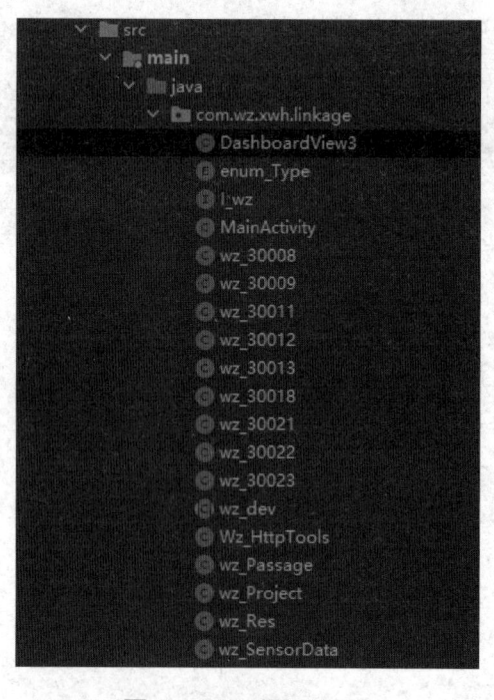

图 4-1-67 源码目录

3. 基本界面呈现

在 **MainActivity** 的 onCreate 方法中,添加界面初始化函数 **InitPassage**(),部分代码如下。

```java
    public static ArrayList<wz_dev> devs = new ArrayList<wz_dev>() {{
        add(new wz_30008(enum_Type.D30008));
        add(new wz_30009(enum_Type.D30009));
        add(new wz_30011(enum_Type.D30011));
        add(new wz_30012(enum_Type.D30012));
        add(new wz_30013(enum_Type.D30013));
        add(new wz_30018(enum_Type.D30018));
        add(new wz_30021(enum_Type.D30021));
        add(new wz_30022(enum_Type.D30022));
        add(new wz_30023(enum_Type.D30023));
    }};

    @Override
    protected void onCreate(Bundle savedInstanceState) {
        super.onCreate(savedInstanceState);
        getWindow().setFlags(WindowManager.LayoutParams.FLAG_FULLSCREEN,
WindowManager.LayoutParams.FLAG_FULLSCREEN);
        b = ActivityMainBinding.inflate(getLayoutInflater());
        setContentView(b.getRoot());
        InitPassage();
    }

    private void setView(int uuid, Passage passage) {
        wz_dev d = Wz_Project.getByUUID(uuid);
        View v = d.init(this, passage);
        if (uuid == enum_Type.D30008.uuid && b.cv00.getChildCount() == 0) b.cv00.addView(v);
        if (uuid == enum_Type.D30009.uuid) b.cv01.addView(v);
        if (uuid == enum_Type.D30021.uuid) b.cv02.addView(v);
        if (uuid == enum_Type.D30022.uuid) b.cv10.addView(v);
        if (uuid == enum_Type.D30018.uuid) b.cv11.addView(v);
        if (uuid == enum_Type.D30023.uuid) b.cv12.addView(v);
        if (uuid == enum_Type.D30011.uuid) b.cv20.addView(v);
        if (uuid == enum_Type.D30012.uuid) b.cv21.addView(v);
        if (uuid == enum_Type.D30013.uuid) b.cv32.addView(v);
    }

    //初始化传感器的显示
    private void InitPassage() {
        for (wz_dev dev : devs) {
            setView(dev.type.uuid, null);
        }

        v30 = LayCzBinding.inflate(getLayoutInflater());
```

```
        b.cv30.addView(v30.getRoot());
        v31 = LayGwBinding.inflate(getLayoutInflater());
        v31.tvId.setText(Wz_Project.ID_PROJECT);
        b.cv31.addView(v31.getRoot());
    }
```

此时若运行 Android 应用程序，将显示基本的程序界面如图 4-1-68 所示。

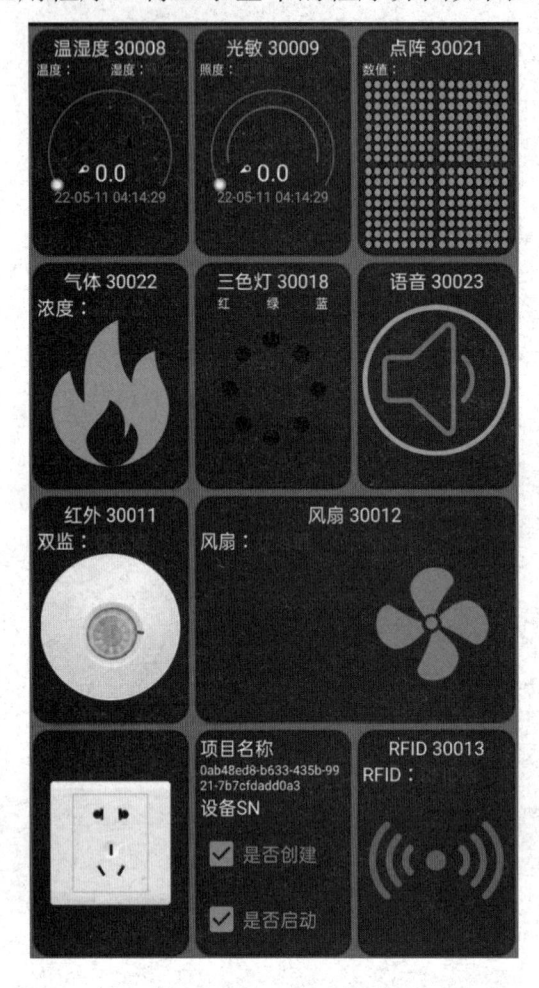

图 4-1-68　程序界面

此时各界面正常显示，当然现在都没有显示具体的数据值，下一步将采集数据并进行展示。

三、获取设备相关信息

【实验内容】

通过 HTTP 方式，从唯众®物联网平台获取设备相关信息，按不同节点的呈现方式进行展示。

1．了解唯众®物联网平台 API。
2．了解 Android HTTP 交互方式。
3．了解 Android Handler 数据传递。
4．了解 JSON 的数据格式及解析。
5．实现节点数据的呈现。

【实验目的】

利用唯众®物联网的融合云平台,获取项目对应的设备及节点传感器、获取设备当前的运行状态、熟悉 HTTP 方式的 API 调用。学习如何在 Android 应用程序中与服务器进行数据交互。

【实验步骤】

(一)API 物联网平台

1. API 接口简介

唯众®融合云平台提供 HTTP 访问接口,在上一模块中完成搭建虚拟机并启动后,用户可用浏览器查看 API 描述,也可在网页内进行调用测试。

登录唯众®融合云平台,进入实训界面,选择已经建立的项目,如图 4-1-69 所示。

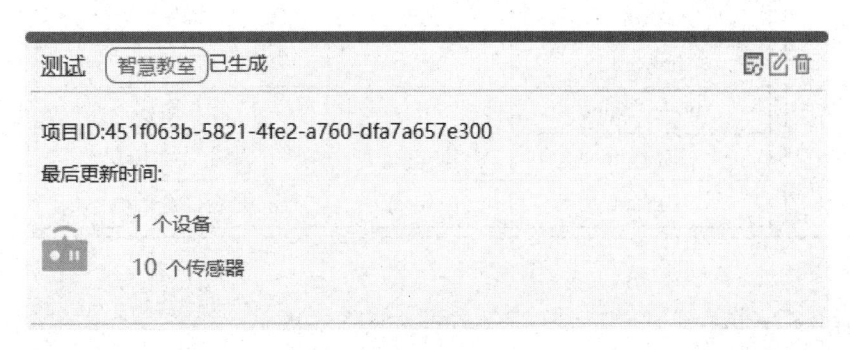

图 4-1-69 云平台中的项目

用户需要注意实训项目的 ID,此 ID 为程序中唯一可以与唯众硬件进行交互的数值,单击项目名称可进入 API 说明及在线调试页。

本项目使用的 API 列表如表 4-1-5 所示。

表 4-1-5 API 列表

HTTP	API 地址	描述
GET	getProjectState/{projectId}	查看项目当前状态
GET	getDevs/{projectId}	查看项目下的设备
GET	getSensorsOfDev/{projectId}/{devId}	获取设备下的传感器信息
GET	getSensorData/{projectId}/{sn}	批量查询设备下的传感器最新数据
GET	controlSensorByKey/{projectId}/{sn}?uuid={uuid}&key={key}	通过键值控制执行器

{projectId}表示项目的 ID,{devId}表示设备的 ID,{uuid}表示传感器的 ID,{key}为控制值,不同的模块根据模块的嵌入式程序有不同的设置,{uuid}的值参见 enum_Type 的定义。

以虚拟机 IP 地址为 192.168.0.183 的项目为例,其 ID 为 451f063b-5821-4fe2-a760-dfa7a657e300。

(1)查看项目当前状态。

请求方式及地址。

```
GET
http://192.168.0.183:8080/wziot/wzIotApi/getProjectState/{projectId}
```

URL 请求参数如表 4-1-6 所示。

表 4-1-6　URL 请求参数

参数	类型	描述
projectId	String	项目 ID

响应参数如表 4-1-7 所示。

表 4-1-7　响应参数

参数	类型			描述
code	int			返回状态码
msg	String			返回的消息
res	参数	类型	描述	返回的项目信息
	projectId	String	项目 ID	
	projectName	String	项目名称	
	isCreate	Boolean	是否已经生成	
	isStart	Boolean	是否已经启动	

请求示例。

```
http://192.168.0.183:8080/wziot/wzIotApi/getProjectState/451f063b-5821-4fe2-a760-dfa7a657e300
```

响应示例。

```
{
    "code":203,
    "msg":"查询数据成功",
    "object":{
        "isCreate":true,
        "isStart":false,
        "projectName":"测试",
        "projrctId":"451f063b-5821-4fe2-a760-dfa7a657e300"
    }
}
```

（2）查看项目下的设备。

请求方式及地址。

```
GET
http://192.168.0.183:8080/wziot/wzIotApi/getDevs/{projectId}
```

URL 请求参数如表 4-1-8 所示。

表 4-1-8　URL 请求参数

参数	类型	描述
projectId	String	项目 ID

响应参数如表 4-1-9 所示。

表 4-1-9　响应参数

参数	类型			描述
code	int			返回状态码
msg	String			返回的消息
res	参数	类型	描述	返回的设备信息
	equipmentName	String	设备名称	
	ip	String	设备 IP 地址	
	sn	String	设备序列号	
	equipmentType	String	设备类型	
	isonline	Boolean	是否在线	

请求示例。

```
http://192.168.0.183:8080/wziot/wzIotApi/getDevs/451f063b-5821-4fe2-a760-dfa7a657e300
```

响应示例。

```
{
    "code":203,
    "msg":"查询数据成功",
    "res":[
        {
            "ip":"192.168.0.58",
            "equipmentName":"268520330",
            "sn":"268520330",
            "equipmentType":3,
            "isonline":true
        }
    ]
}
```

（3）获取设备下的传感器信息。

请求方式及地址。

```
GET
http://192.168.0.183:8080/wziot/wzIotApi/getSensorsOfDev/{projectId}/{devId}
```

URL 请求参数如表 4-1-10 所示。

表 4-1-10　URL 请求参数

参数	类型	描述
projectId	String	项目 ID
devId	String	设备 ID

响应参数如表 4-1-11 所示。

表 4-1-11　响应参数

参数	类型	描述
code	int	返回状态码

续表

参数	类型				描述
msg	String				返回的消息
res	参数	类型	描述		
	gatewaySn	String	网关序列号		
	id	int	传感器 ID		
	uuid	String	传感器 UUID		
	passageNum	int	传感器通道号		
	projectId	String	项目 ID		
	sensordesc	String	传感器描述		
	sensorname	String	传感器名称		

请求示例。

http://192.168.0.183:8080/wziot/wzIotApi/getSensorsOfDev/451f063b-5821-4fe2-a760-dfa7a657e300/268520330

响应示例。

```
{
    "code":203,
    "msg":"查询数据成功",
    "res":[
        {
            "gatewaySn":"268520330",
            "id":186,
            "passageNum":1,
            "projectId":"451f063b-5821-4fe2-a760-dfa7a657e300",
            "sensordesc":"",
            "sensorname":"",
            "uuid":30013
        },
        {
            "gatewaySn":"268520330",
            "id":187,
            "passageNum":1,
            "projectId":"451f063b-5821-4fe2-a760-dfa7a657e300",
            "sensordesc":"",
            "sensorname":"",
            "uuid":30012
        },
        {
            "gatewaySn":"268520330",
            "id":188,
            "passageNum":1,
            "projectId":"451f063b-5821-4fe2-a760-dfa7a657e300",
            "sensordesc":"",
```

```
            "sensorname":"",
            "uuid":30023
   },
   {
            "gatewaySn":"268520330",
            "id":189,
            "passageNum":1,
            "projectId":"451f063b-5821-4fe2-a760-dfa7a657e300",
            "sensordesc":"",
            "sensorname":"",
            "uuid":30011
   },
   {
            "gatewaySn":"268520330",
            "id":190,
            "passageNum":1,
            "projectId":"451f063b-5821-4fe2-a760-dfa7a657e300",
            "sensordesc":"",
            "sensorname":"",
            "uuid":30022
   },
   {
            "gatewaySn":"268520330",
            "id":191,
            "passageNum":1,
            "projectId":"451f063b-5821-4fe2-a760-dfa7a657e300",
            "sensordesc":"",
            "sensorname":"",
            "uuid":30021
   },
   {
            "gatewaySn":"268520330",
            "id":192,
            "passageNum":1,
            "projectId":"451f063b-5821-4fe2-a760-dfa7a657e300",
            "sensordesc":"",
            "sensorname":"",
            "uuid":30009
   },
   {
            "gatewaySn":"268520330",
            "id":193,
            "passageNum":1,
            "projectId":"451f063b-5821-4fe2-a760-dfa7a657e300",
            "sensordesc":"室内温度，单位℃，精度0.1",
            "sensorname":"温度",
```

```
            "uuid":30008
        },
        {
            "gatewaySn":"268520330",
            "id":194,
            "passageNum":2,
            "projectId":"451f063b-5821-4fe2-a760-dfa7a657e300",
            "sensordesc":"",
            "sensorname":"",
            "uuid":30008
        },
        {
            "gatewaySn":"268520330",
            "id":195,
            "passageNum":1,
            "projectId":"451f063b-5821-4fe2-a760-dfa7a657e300",
            "sensordesc":"",
            "sensorname":"",
            "uuid":30018
        }
    ]
}
```

(4) 批量查询设备下传感器的最新数据。

请求方式及地址。

```
GET
http://192.168.0.183:8080/wziot/wzIotApi/getSensorData/{projectId}/{sn}
```

URL 请求参数如表 4-1-12 所示。

表 4-1-12　URL 请求参数

参数	类型	描述	其他
projectId	String	项目 ID	Required

响应参数如表 4-1-13 所示。

表 4-1-13　响应参数

参数	类型				描述
code	int				返回状态码
msg	String				返回的消息
res		参数	类型	描述	
		uuid	String	传感器 UUID	
		passGatewayNum	String	传感器通道号	
		value	String	传感器当前通道的值	
		time	String	数据上传时间戳	

请求示例。

```
http://192.168.0.183:8080/wziot/wzIotApi/getSensorData/451f063b-5821-4fe2-a760-dfa7a657e300/268520330
```

响应示例。

```
{"code":201,"msg":"获取数据成功","res":[
{"passGatewayNum":"1","time":"1651804653059","uuid":"30013","value":"0.0"},
{"passGatewayNum":"1","time":"1651806393605","uuid":"30012","value":"1.0"},
{"passGatewayNum":"1","time":"1651804653103","uuid":"30023","value":"206.0"},
{"passGatewayNum":"1","time":"1651804653017","uuid":"30011","value":"0.0"},
{"passGatewayNum":"1","time":"1651804653193","uuid":"30022","value":"0.2"},
{"passGatewayNum":"1","time":"1651804653161","uuid":"30021","value":"0.0"},
{"passGatewayNum":"1","time":"1651806552921","uuid":"30009","value":"283.3"},
{"passGatewayNum":"1","time":"1651806568072","uuid":"30008","value":"27.0"},
{"passGatewayNum":"2","time":"1651806601841","uuid":"30008","value":"50.9"},
{"passGatewayNum":"1","time":"1651806599574","uuid":"30018","value":"15.0"}
]}
```

（5）通过键值控制执行器。

请求方式及地址。

```
GET
http://192.168.0.183:8080/wziot/wzIotApi/controlSensorByKey/{projectId}/{sn}?uuid={uuid}&key={key}
```

URL 请求参数如表 4-1-14 所示。

表 4-1-14　URL 请求参数

参数	类型	描述
projectId	String	项目 ID
uuid	String	传感器 UUID
key	int	键值

响应参数如表 4-1-15 所示。

表 4-1-15　响应参数

参数	类型	描述
code	int	返回状态码
msg	String	返回的消息

请求示例。

```
http://192.168.0.183:8080/wziot/wzIotApi/controlSensorByKey/451f063b-5821-4fe2-a760-dfa7a657e300/268520330?uuid=30012&key=1
```

响应示例。

```
{"code":206,"msg":"设备控制成功"}
```

（二）Android 发起 HTTP 请求

使用 Android 发起 HTTP 请求，并将程序封装成对应的工具类以备之后的项目使用。

Android 发起 HTTP 请求的方式有很多，本次项目中使用 HttpURLConnection。

发起 HTTP 请求分四步。

1．创建 HttpURLConnection 对象；
2．设置属性；
3．获取输入流，并保存结果；
4．关闭输入流和连接。

项目中应新建工具类 Wz_HttpTools.java。需要注意的是，*ID_PROJECT* 为项目 ID，*IP_HOST* 为虚拟机的 IP，可同时把 API 对应的功能封装为几个函数便于调用，代码如下。

```java
import android.os.Handler;
import android.os.Message;

import java.io.BufferedReader;
import java.io.IOException;
import java.io.InputStream;
import java.io.InputStreamReader;
import java.net.HttpURLConnection;
import java.net.URL;

public class Wz_HttpTools {
    public static Wz_HttpTools wht;
    public static String ID_PROJECT = "451f063b-5821-4fe2-a760-dfa7a657e300";
    public static String SN;
    public static String IP_HOST = "http://192.168.0.183:8080/wziot/wzIotApi/";
    private final Handler handler;

    public Wz_HttpTools(Handler handler) {
        this.handler = handler;
    }

    static String getConnn(String httpURL) {
        HttpURLConnection connection = null;
        BufferedReader reader = null;
            //第一步建立 HttpURLConnection 实例
        try {
            URL url = new URL(httpURL);
            connection = (HttpURLConnection) url.openConnection();
            //自由定制
            connection.setRequestMethod("GET");
            connection.setConnectTimeout(8000);
            connection.setReadTimeout(8000);
            //使用 getInputStream 获取服务器返回的输入流
            InputStream stresm = connection.getInputStream();
            //对返回的输入流进行读取
```

```java
            reader = new BufferedReader(new InputStreamReader(stresm));
            StringBuilder response = new StringBuilder();
            String line;
            while ((line = reader.readLine()) != null) {
                response.append(line);
            }
            return response.toString();
        } catch (IOException e) {
            e.printStackTrace();
        } finally {
            if (reader != null) {
                try {
                    reader.close();
                } catch (IOException e) {
                    e.printStackTrace();
                }
            }
            if (connection != null) {
                connection.disconnect();
            }
        }
        return null;
    }

    public void sendControl(final String httpURL, int what) {
        new Thread(() -> {
            System.out.println(httpURL);
            String s = getConnn(httpURL);
            Message message = new Message();
            message.what = what;
            message.obj = s;
            handler.sendMessage(message);
        }).start();
    }

    public void GetProjectState() {
        String url = IP_HOST + "getProjectState/" + ID_PROJECT;
        sendControl(url, 1);
    }

    public void GetDevs() {
        String url = IP_HOST + "getDevs/" + ID_PROJECT;
        sendControl(url, 2);
    }

    public void GetSensorsOfDev() {
```

```
        String url = IP_HOST + "getSensorsOfDev/" + ID_PROJECT + "/" + SN;
        sendControl(url, 3);
    }

    public void GetSensorData() {
        String url = IP_HOST + "getSensorData/" + ID_PROJECT + "/" + SN;
        sendControl(url, 4);
    }

    public void ControlSensorByKey(int uuid, int key) {
        String url = IP_HOST + "controlSensorByKey/" + ID_PROJECT + "/" + SN + "?uuid="
+ uuid + "&key=" + key;
        sendControl(url, uuid);
    }
}
```

项目中 Wz_HttpTools 工具类应在新建线程后进行 API 访问，获取数据后用 Handler 把数据发送出去，主界面接收后再进行处理。

（三）Handler 消息接收处理

主界面调用工具类的方法及获取的相关信息代码如下。

```
wht = new Wz_HttpTools(new MyHandler(this));
wht.GetProjectState();
```

在 Wz_HttpTools 工具类中，线程无法与 UI 界面交互，需要采用 Handler 将 HTTP 通信结果发送出来，再由主界面接收后进行对应的处理。

```
private static class MyHandler extends Handler {
    WeakReference<MainActivity> w;

    public MyHandler(MainActivity activity) {
        super();
        w = new WeakReference<>(activity);
    }

    @Override
    public void handleMessage(@NonNull Message msg) {
        super.handleMessage(msg);
        MainActivity m = w.get();
        if (m == null) return;
        if (msg.obj == null) {
            if (msg.what == 1)
                m.b.fullscreenContent.setText("获取项目数据失败！");
            else if (msg.what == 2)
                m.b.fullscreenContent.setText("获取项目设备失败！");
            else if (msg.what == 3)
                m.b.fullscreenContent.setText("获取设备传感器信息失败！");
            else if (msg.what == 4)
```

```
                    m.b.fullscreenContent.setText("获取设备传感器数据失败！");
            else
                    m.b.fullscreenContent.setText("发送键值控制命令失败！");
            return;
        }
        try {
            JSONObject jsonObject = new JSONObject((String) msg.obj);
            switch (msg.what) {
                case 1://GetProjectState
                    wzProject = wz_Project.parse(jsonObject);
                    wht.GetDevs(wzProject.projrctId);
                    break;
                case 2://GetDevs
                    wzProject.ress = wz_Res.parse(jsonObject);
                    for (wz_Res res : wzProject.ress) {
                        wht.GetSensorsOfDev(wzProject.projrctId, res.sn);
                    }
                    break;
                case 3://GetSensorsOfDev
                    wzProject.AddPassage(wz_Passage.parse(jsonObject));
                    for (wz_Res res : wzProject.ress) {
                        wht.GetSensorData(wzProject.projrctId, res.sn);
                    }
                    break;
                case 4://GetSensorData
                    if (jsonObject.getInt("code") == 201) {
                        w.get().parseSensorData(jsonObject);
                    }
                    new doCmd(w.get()).execute();
                    break;
                default://ControlSensorByKey
            }
        } catch (JSONException e) {
            e.printStackTrace();
        }
    }
}
```

在 MyHandler 回调的 handleMessage 中，根据 msg.what 可确定是哪个函数的回调。在主程序启动时，执行 wht.GetProjectState 获取项目信息，获取成功后逐步执行 wht.GetDevs 获取项目设备信息，wht.GetSensorsOfDev 可获取设备下的传感器信息，获取到传感器信息后由异步任务使用 wht.GetSensorData 查询传感器最新数据。

唯众®物联网平台的 API 已经介绍了返回数据为 JSON 格式，所以 HTTP 请求返回的数据需要转换为 JSON 格式。

```
JSONObject jsonObject = new JSONObject((String) msg.obj);
```
正确获取节点传感器的数据后,启用后台异步任务,不停地去获取最新的节点数据值。
```
                    new doCmd(w.get()).execute();
```
后台任务代码如下。
```
public static class doCmd extends AsyncTask<Void, Void, Void> {
WeakReference w;

public doCmd(MainActivity mainActivity) {
   w = new WeakReference(mainActivity);
}

@Override
protected Void doInBackground(Void... voids) {
   SystemClock.sleep(1000);
   if (w.get() != null) {
      for (wz_Res res : wzProject.ress) {
         wht.GetSensorData(wzProject.projrctId, res.sn);
      }
   }
   return null;
}
}
```

如果同样在构造函数里建立弱引用,任务就会先延时 1 秒,再去获取节点传感器的最新数据。

(四) JSON 格式的数据解析

在 MyHandler 的回调 handleMessage 中,HTTP 请求返回的数据都是 JSON 格式。根据 API 定义,返回是一个对象,其中有 code 和 msg 字段。code 字段为返回代码,不同的数据代表不同的含义,这里要与 HTTP 的返回代码 "200" 区分开;msg 字段描述 code 的含义,具有更直观的特点。此时返回的 JSON 格式的数据由自己处理,由于在前面的代码中已经处理过,所以主程序可直接调用,分工更明确。

例如 wz_Project.java 中的 parse 方法。

```
   public static wz_Project parse(JSONObject j) {
wz_Project p = new wz_Project();
try {
   if(j.getInt("code")==203) {
      JSONObject o=j.getJSONObject("object");
      p.projrctId = o.getString("projrctId");
      p.projectName = o.getString("projectName");
      p.isCreate = o.getBoolean("isCreate");
      p.isStart = o.getBoolean("isStart");
   }
} catch (JSONException e) {
   e.printStackTrace();
```

```
        }
        return p;
    }
}
```

本项目返回 JSON 格式的数据有 JSONObject 和 JSONArray 两种类型，JSONObject 为 key-value 结构，通过对应的 key 可以获取对应的值。

如示例代码所示，j.getInt("code") 是获取字段 code 的值，它是一个整数值；getJSONObject("object")是获取字段 object 的值，它是一个 JSONObject 类型。

JSONArray 是由多个 JSONObject 组成的数组形式，如 wz_Passage 的 parse 方法。

```java
public wz_Passage(JSONObject j) {
    try {
        projectId  = j.getString("projectId");
        gatewaySn  = j.getString("gatewaySn");
        id         = j.getInt("id");
        passageNum = j.getInt("passageNum");
        sensordesc = j.getString("sensordesc");
        sensorname = j.getString("sensorname");
        uuid       = j.getInt("uuid");
    } catch (JSONException e) {
        e.printStackTrace();
    }
}

public static ArrayList<wz_Passage> parse(JSONObject jsonObject) {
    ArrayList<wz_Passage> ps = new ArrayList<>();
    try {
        JSONArray a = jsonObject.getJSONArray("res");
        for (int i = 0; i < a.length(); i++) {
            JSONObject o = a.getJSONObject(i);
            wz_Passage p = new wz_Passage(o);
            ps.add(p);
        }
    } catch (JSONException e) {
        e.printStackTrace();
    }
    return ps;
}
```

获取节点传感器返回的过程是一个 JSONObject，其字段 res 是一个 JSONArray，里面罗列的是许多 JSONObject，每一条 JSONObject 表示一个节点传感器的具体数据值。

代码中用 for 循环把每一条节点传感器的信息取出来，再放到数组中去。

此时已经获取了项目的具体设备信息，但是界面并没有进行相对应的显示，接下来要对每个节点传感器进行个性化赋值与显示。

（五）界面赋值呈现

MyHandler 在 wht.GetSensorData 中查询传感器的最新数据回调情况，应调用主界面的 parseSensorData 方法进行数据处理。

修改 MyHandler 中的 GetSensorData 返回数据的处理程序如下。

```java
            case 4://GetSensorData
            if (jsonObject.getInt("code") == 201) {
                w.get().parseSensorData(jsonObject);
            }
            new doCmd(w.get()).execute();
            break;
```

添加的代码要先判断 code 是否等于 201，也就是在正确获取数据后，立即开始数据处理，处理函数代码如下。

```java
private void parseSensorData(JSONObject jsonObject) {
    try {
        JSONArray a = jsonObject.getJSONArray("res");
        for (int i = 0; i < a.length(); i++) {
            JSONObject o = a.getJSONObject(i);
            wz_SensorData d=new wz_SensorData(o);
            wz_dev dev = getByUUID(d.uuid);
            if(dev!=null){
                dev.setValue(d);
            }
        }
    } catch (JSONException e) {
        e.printStackTrace();
    }
}
```

函数将获取的数据解析为 wz_SensorData 类型，再根据 uuid 值将对应的设备类的 setValue 接口进行赋值，此接口在之前没有得到具体实现，现在逐步实现各设备的接口赋值。

1. 温湿度：wz_30008

温湿度有仪表盘显示，因此 init 接口需设置其对应的参数，在 setValue 里设置显示值。

```java
@Override
public View init(Activity context, wz_Passage p) {
    if (l == null) {
        String title = String.format("%s %s", type.name, type.uuid);
        l = Lay30008Binding.inflate(context.getLayoutInflater());
        l.title.setText(title);
        l.dv2.setmMin(0);
        l.dv2.setmMax(50);
        l.dv2.setmVaules(new int[]{13,18,28,35,50});
    }
    return l.getRoot();
}
```

```
@Override
public void setValue(wz_SensorData data) {
    if (data.passGatewayNum == 1) {
        l.tvT.setText(String.valueOf(data.value));
        l.dv2.setCreditValue(data.value);
    } else if (data.passGatewayNum == 2) {
        l.tvH.setText(String.valueOf(data.value));
    }
    l.tvT.setText(sdf.format(data.doTime));
}
```

赋值温湿度首先要在 init 中设置仪表盘的最大值和最小值，其次要修改分割点的值。最后在 setValue 里根据通道号决定是给温度赋值还是给湿度赋值，温度设置为文本显示和仪表盘显示，湿度设置为文本显示。

最后一行设置文本显示获取数据的时间。

2. 光照度：wz_30009

光照度和温湿度的界面大致相同，但它只有 1 个值。

```
@Override
public View init(Activity context, wz_Passage p) {
    if (l == null) {
        String title = String.format("%s %s", type.name, type.uuid);
        l = Lay30009Binding.inflate(context.getLayoutInflater());
        l.title.setText(title);
        l.dv3.setmMin(0);
        l.dv3.setmMax(1000);
        l.dv3.setmVaules(new int[]{700, 500, 300, 80, 0});
    }
    return l.getRoot();
}

@Override
public void setValue(wz_SensorData data) {
    l.tvT.setText(String.valueOf(data.value));
    l.dv3.setCreditValue(data.value);
    l.tvT.setText(sdf.format(data.doTime));
}
```

赋值光照度首先要在 init 中设置仪表盘的最大值和最小值，其次要修改分割点的值。最后在 setValue 设置光照度的显示值和仪表盘显示值。

最后一行设置文本显示获取数据的时间。

3. 人体红外：wz_30011

```
@Override
public void setValue(wz_SensorData data) {
    boolean alarm = (((int) data.value) & 0b0001) != 0;
    l.imageView.setImageResource(alarm ? R.mipmap.sj1 : R.mipmap.sj);
```

```
l.tvTime.setText(sdf.format(data.doTime));
}
```

判断整数值最低位是否为1，为1则是感应到了人体，设置感应区域为红色的图片，为0则设置感应区域为白色的图片。

4. 风扇：wz_30012

```
@Override
public View init(Activity context, wz_Passage p) {
    if (l == null) {
        oaAnimator = AnimationUtils.loadAnimation(context, R.anim.img_animation);
        LinearInterpolator lin = new LinearInterpolator();//设置动画匀速运动
        oaAnimator.setInterpolator(lin);
        String title = String.format("%s %s", type.name, type.uuid);
        l = Lay30012Binding.inflate(context.getLayoutInflater());
        l.title.setText(title);
    }
    return l.getRoot();
}


@Override
public void setValue(wz_SensorData data) {
    boolean isRun = (((int) data.value) & 1) != 0;
    if (isRun && l.imageView.getAnimation() == null) {
        l.imageView.startAnimation(oaAnimator);
        l.imageView.getDrawable().setTint(Color.GREEN);
    }
    if (!isRun && l.imageView.getAnimation() != null) {
        l.imageView.clearAnimation();
        l.imageView.getDrawable().setTint(Color.GRAY);
    }
    l.tvT.setText(String.valueOf(data.value));
    l.tvTime.setText(sdf.format(data.doTime));
}
```

在初始化函数中，系统为了实现风扇转动时，图像能够同步旋转增强视觉效果，可创建一个动画对象。在setValue函数中，系统通过判断获取值的最低位是否为1，决定是启动还是清除旋转动画，风扇效果如图4-1-70所示。

图4-1-70　风扇效果

```
RFID: wz_30013
@Override
    public void setValue(wz_SensorData data) {
        l.tvR.setText(data.str);
        l.tvTime.setText(sdf.format(data.doTime));
    }
```

RFID 节点里的数据在 str 字段里，分别设置了卡号和读取时间。

5. RGB 指示灯：wz_30018

```
@Override
public void setValue(wz_SensorData data) {
    int rgb= (int) data.value;
    boolean hasR=(rgb &1)>0;
    boolean hasG=(rgb &2)>0;
    boolean hasB=(rgb &4)>0;
    l.tvR.setBackgroundColor(hasR? Color.RED:0);
    l.tvG.setBackgroundColor(hasG? Color.GREEN:0);
    l.tvB.setBackgroundColor(hasB? Color.BLUE:0);
    String c = "#";
    c += (hasR ? "FF" : "00");
    c += (hasG ? "FF" : "00");
    c += (hasB ? "FF" : "00");
    l.img.getDrawable().setTint(Color.parseColor(c));
    l.tvTime.setText(sdf.format(data.doTime));
}
```

指示灯返回值的整数值决定着当前灯显示的颜色状态。

在颜色编码中，第一位代表红色，第二位代表绿色，第三位代表蓝色。按照这一编码规则，依次提取相应的颜色状态，进而设定文本的背景颜色。同理，对矢量图形的颜色进行相应设置。指示灯效果如图 4-1-71 所示。

图 4-1-71　指示灯效果

6. 点阵显示：wz_30021

点阵显示在 setValue 中没有具体的代码，因为点阵显示只接收命令，并没有数据上传，且从 API 获取的数据总是保持不变的。

7. 气体传感器：wz_30022

```
@Override
public void setValue(wz_SensorData data) {
    l.tvT.setText(String.valueOf(data.value));
    if (data.value > 3.0)
        l.imageView.getDrawable().setTint(Color.RED);
    else
        l.imageView.getDrawable().setTint(Color.GRAY);
    l.tvTime.setText(sdf.format(data.doTime));
}
```

气体传感器显示检测的气体浓度值，若值大于 3.0 就会显示报警图标。

8. 语音播放：wz_30023.java

语音播放同点阵显示相同，在 setValue 中没有具体的代码，只接收命令显示，并没有数据上传，且从 API 获取的数据总是保持不变的。

四、主动控制设备动作

【实验内容】

控制唯众®物联网的融合云平台执行对应的动作。

1. 控制风扇的转动和停止。
2. 控制 RGB 指示灯变化各种颜色。
3. 控制点阵显示不同的文字。
4. 控制语音播放不同的语音。

【实验目的】

利用唯众®物联网的融合云平台控制相关节点设备，使其能够响应上级命令，并执行对应的动作，为下一步联动控制做准备。学习如何在 Android 应用程序中与服务器进行数据交互。

【实验步骤】

在系统能够显示出所有传感器采集数据的状态后，用户需要控制部分节点传感器的状态。

1. 设置风扇开关：wz_30012.java

在 init 中添加单击事件。

```
@Override
public View init(Activity context, wz_Passage p) {
    if (l == null) {
        oaAnimator = AnimationUtils.loadAnimation(context, R.anim.img_animation);
        LinearInterpolator lin = new LinearInterpolator();//设置动画匀速运动
        oaAnimator.setInterpolator(lin);
        String title = String.format("%s %s", type.name, type.uuid);
        l = Lay30012Binding.inflate(context.getLayoutInflater());
        l.title.setText(title);
        l.getRoot().setOnClickListener(new View.OnClickListener() {
            @Override
            public void onClick(View view) {
```

```
                doKey(-1);
            }
        });
    }
    return l.getRoot();
}
```

蓝色部分是新增加的代码，为单击事件里调用的 dokey 方法，若 key 值为-1，此方法将根据当前状态判断执行。

实现 dokey 方法如下。

```
@Override
public void doKey(int key) {
    if (key == -1) {
        if (sensorData == null) {
            sensorData       = new wz_SensorData();
            sensorData.value = 0;
        }
        boolean isRun = (((int) sensorData.value) & 1) != 0;
        key = isRun ? 2 : 1;
    }
    Wz_HttpTools.wht.ControlSensorByKey(wzProject.projrctId,
wzProject.ress.get(0).sn, type.uuid, key);
}
```

判断传入的 key 值是否为-1，若为-1 将翻转当前状态。如采集的值为 1，函数发送键值 2（停止），否则发送键值 1（运转）。若 key 为其他值，直接按 key 值发送。这个方法可以联动命令控制对应的状态。

2. 设置 RGB 指示灯变色：wz_30018.java

```
@Override
public void doKey(int key) {
    if (key == -1) {
        if (sensorData == null) {
            sensorData       = new wz_SensorData();
            sensorData.value = 0;
        }
        int value = (int) sensorData.value;
        key = (value + 1) & 7;
    }
    Wz_HttpTools.wht.ControlSensorByKey(wzProject.projrctId,
wzProject.ress.get(0).sn, type.uuid, key);
}
```

RGB 指示灯同风扇一样，在 init 里添加单击事件，在 dokey 方法里将值加 1 取低三位，循环实现 RGB 的点亮，如表 4-1-16 所示。

表 4-1-16　RGB 指示灯颜色

值	R	G	B	颜色
0	0	0	0	黑
1	1	0	0	红
2	0	1	0	绿
3	1	1	0	黄
4	0	0	1	蓝
5	1	0	1	粉
6	0	1	1	青
7	1	1	1	白

3. 设置点阵显示：wz_30021.java

先在 init 里添加单击事件，接着实现 dokey 方法。

```java
@Override
public void doKey(int key) {
    if (key == -1) {
        if (sensorData == null) {
            sensorData     = new wz_SensorData();
            sensorData.value = 0;
        }
        int value = (int) sensorData.value;
        if(value==0) key=1;
        else if(value==1) key=2;
        else if(value==2) key=3;
        else if(value==3) key=4;
        else if(value==4) key=5;
        else if(value==5) key=6;
        else if(value==6) key=7;
        else if(value==7) key=8;
        else if(value==8) key=9;
        else if(value==9) key=99;
        else if(value==99) key=1;
    }
    sensorData.value=key;
    Wz_HttpTools.wht.ControlSensorByKey(wzProject.projrctId, wzProject.ress.get(0).sn, type.uuid, key);
}
```

点阵用多个字符串显示，分别由以下键值控制，如表 4-1-17 所示。

表 4-1-17　键值对应表

键值	操作	说明
0	不显示	

续表

键值	操作	说明
1	显示"技能大赛"	
2	显示"唯众智创"	
3	显示"开风扇"	温度高时联动
4	显示"关风扇"	温度低时联动
5	显示"注意:有人进入"	人体红外传感器检测到信号时联动
6	显示"开灯"	光照度低时联动
7	显示"关灯"	光照度高时联动
8	显示"有效卡,开门"	RFID 读到卡有效时联动
9	显示"无效卡"	RFID 读到卡无效时联动
99	显示"测试中"	
其他	显示"无效指令"	接收命令未在程序中定义时显示

传入键值为-1时，循环显示下一条，非-1时按传入值显示。

4. 设置语音播放：wz30023.java

语音播放的代码和功能与点阵显示一样。唯一的区别在于单击时播放本地声音。

```java
@Override
public void doKey(int key) {
    if (key == -1) {
        if (sensorData == null) {
            sensorData     = new wz_SensorData();
            sensorData.value = 0;
        }
        int value = (int) sensorData.value;
        if(value==0) key=1;
        else if(value==1) key=2;
        else if(value==2) key=3;
        else if(value==3) key=4;
        else if(value==4) key=5;
        else if(value==5) key=6;
        else if(value==6) key=7;
        else if(value==7) key=8;
        else if(value==8) key=9;
        else if(value==9) key=99;
        else if(value==99) key=1;
    }
    sensorData.value=key;
    Wz_HttpTools.wht.ControlSensorByKey(wzProject.projrctId, wzProject.ress.get(0).sn, type.uuid, key);


    MediaPlayer mMediaPlayer;
    if(key==1) mMediaPlayer = MediaPlayer.create(context, R.raw.mp3_01);
```

```
    else if(key==2) mMediaPlayer = MediaPlayer.create(context, R.raw.mp3_02);
    else if(key==3) mMediaPlayer = MediaPlayer.create(context, R.raw.mp3_03);
    else if(key==4) mMediaPlayer = MediaPlayer.create(context, R.raw.mp3_04);
    else if(key==5) mMediaPlayer = MediaPlayer.create(context, R.raw.mp3_05);
    else if(key==6) mMediaPlayer = MediaPlayer.create(context, R.raw.mp3_06);
    else if(key==7) mMediaPlayer = MediaPlayer.create(context, R.raw.mp3_07);
    else if(key==8) mMediaPlayer = MediaPlayer.create(context, R.raw.mp3_08);
    else if(key==9) mMediaPlayer = MediaPlayer.create(context, R.raw.mp3_09);
    else if(key==99)mMediaPlayer = MediaPlayer.create(context, R.raw.mp3_99);
    else mMediaPlayer = MediaPlayer.create(context, R.raw.mp3_aa);
    mMediaPlayer.start();
}
```

对应的语音文件存放在 raw 资源文件夹下，分别与 key 值对应，可直接从源码目录下复制过去使用，如图 4-1-72 所示。

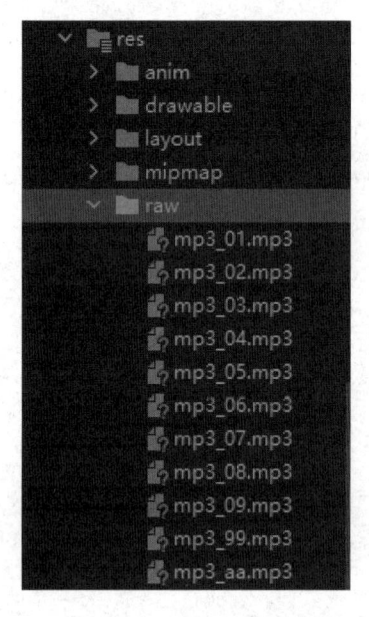

图 4-1-72　语音文件存放位置

在有的 Android 应用程序中，会直接采用文字转语音功能播放，有的则采用第三方平台进行语音播放，有兴趣的同学可以自行搜索了解。

对于其他几个节点传感器，由于没有控制值，因此可以在单击事件里加上随机数据模拟值来模拟数值变化，也是对界面变化的一种检测方式，在这里不进行展示，留给同学们自行发挥。

五、实现联动控制

【实验内容】

按预定条件联动控制设备动作。

1．了解联动的含义。
2．了解联动参数的定义。
3．了解温度联动风扇的定义。

4. 了解光照联动灯光的定义。

5. 了解人体探测联动语音的定义。

6. 了解 RFID 联动点阵的定义。

【实验目的】

了解物联网在智能家居环境下的联动控制的意义，利用唯众®物联网的融合云平台及节点设备实现联动控制，最终完成整个项目。

【实验步骤】

1. 联动条件和动作参数介绍

联动的原理是根据传感器的值，判断它是否符合一定的条件，然后向对应的设备发送控制命令，这里就有几个关键点。

（1）数据源。产生联动的起源设备，如人体红外传感器、温湿度传感器等。

（2）数据值。设备触发的值，如人体红外传感器检测到人时上传的值为 1。

（3）联动条件。满足的条件，这里定义简单点：等于、大于、小于、不等于、大于或等于、小于或等于。

（4）联动对象。需要执行动作的设备，如语音播放。

（5）联动动作。指定设备需要执行的具体动作，如语音播放"请注意，有人进入。"的中文语音。

联动的源和目标可以是多对多的关系，如人体红外检测，可以联动点阵显示、语音播放、开灯等。

在源码目录新建一个类，代码如下。

```java
package com.wz.xwh.linkage;

public class wz_Action {
    int    index;
    int    ch;
    String condition;
    double value;
    int    uuid;
    int    key;

    public wz_Action(int index, int ch, String condition, double value, int target, int key) {
        this.index     = index;
        this.ch        = ch;
        this.condition = condition;
        this.value     = value;
        this.uuid      = target;
        this.key       = key;
    }
}
```

此类中 index 为动作的序号，如同一条件触发几条动作，序号一致。

2. 各设备联动条件和动作参数设置

（1）温湿度传感器。

在温湿度传感器里定义几个联动条件。

```
wz_30008.java
    ArrayList<wz_Action> actions = new ArrayList<wz_Action>() {{
        add(new wz_Action(0, 1, ">", 28.0, 30012, 1));
        add(new wz_Action(1, 1, "<", 27.0, 30012, 2));
    }};
```

注意：这里有 2 条联动设置。

第一条设置是 1 通道温度值大于 28.0 ℃时，联动 30012（风扇），执行 key 值为 1 的动作（打开）。

第二条设置是 1 通道温度值小于 27.0 ℃时，联动 30012（风扇），执行 key 值为 2 的动作（关闭）。

这里特意在打开和关闭之间设置一定的差值。若设置相同或差值不大，如 28.0 ℃，那么当温度在 28 ℃上下浮动时将来回开关设备，这样会影响设备的使用寿命。

然后在 setValue 方法里直接调用联动动作。

```
nowAction = wht.doAction(nowAction, actions, data.passGatewayNum, data.value);
```

这个动作的执行，将在下个步骤去实现。

（2）光照度传感器。

光照度传感器根据光照度也设置了 2 个联动条件。

```
wz_30009.java
    ArrayList<wz_Action> actions = new ArrayList<wz_Action>(){{
        add(new wz_Action(0,1,">",200,30018,8));
        add(new wz_Action(1,1,"<",200,30018,7));
    }};
```

当光照度超过 200 lx 时，系统应自动调整 RGB 灯光模式；而当光照度低于 200 lx 时，则将 RGB 灯光设定为白色模式。

（3）人体红外传感器。

人体红外传感器设置联动条件如下。

```
wz_30011.java
    ArrayList<wz_Action> actions = new ArrayList<wz_Action>() {{
        add(new wz_Action(0,1, "==", 1.0, 30023, 5));
        add(new wz_Action(0,1, "==", 1.0, 30021, 5));
        add(new wz_Action(1,1, "!=", 1.0, 30021, -1));
    }};
```

当人体红外传感器检测到信号值为 1.0 时，联动语音播放，联动点阵显示。

最后一条定义为报警信号消失时的切换序号，key 为 -1 时不去实际联动设备动作。这条联动的含义是把状态切换回来，不然触发后状态不变下次触发将不产生动作。

（4）RFID 读卡器。

RFID 读卡器设置联动条件如下。

```
wz_30013.java
   ArrayList<wz_Action> actions = new ArrayList<wz_Action>() {{
      add(new wz_Action(0,0, "==", 12345, 30023, 9));
      add(new wz_Action(1,0, "==", 88888, 30023, 8));
      add(new wz_Action(2,0, "==", 88888, 30023, 8));
   }};
```

注意：这里触发的通道是 0，在联动处理时将使用 str 字段的值进行判断。这里条件只能是等于。

当卡号为 88888 时联动播放"有效卡"，为 12345 时播放"无效卡"。

（5）气体检测。

气体检测设置联动条件如下。

```
wz_30022.java
   ArrayList<wz_Action> actions = new ArrayList<wz_Action>() {{
      add(new wz_Action(1, ">", 3.0, 30012, 1));
   }};
```

当燃气浓度大于 3.0 时开风扇通风。

3．联动条件的判断和执行

上一步设置好了联动的触发条件和相应的联动设备的动作。可用联动的处理函数 **doAction** 来实现它，在这里判断接收数据是否满足触发条件，满足的话将控制相应的设备去执行动作。

在 **Wz_HttpTools** 里添加处理方法 **doAction**，代码如下。

```
zpublic int doAction(int nowAction, ArrayList<wz_Action> actions, int passGatewayNum, wz_SensorData data) {
    int needAction = -1;
    for (int i = 0; i < actions.size(); i++) {
        wz_Action action = actions.get(i);
        if (nowAction == action.index) continue;//已经执行过此动作不重复执行
        if (action.ch == passGatewayNum) {
            boolean needDo = false;
            if (action.ch == 0) {
                if(TextUtils.isEmpty(data.str) || data.str.equals("null"))
                    data.str="0";
                if (action.condition.equals("==") && String.valueOf(action.value).equals(data.str))
                    needDo = true;
            } else {
                if ((action.condition.equals("==") && action.value == data.value)
                    || (action.condition.equals(">=") && data.value >= action.value)
                    || (action.condition.equals(">") && data.value > action.value)
                    || (action.condition.equals("<") && data.value < action.value)
                    || (action.condition.equals("<=") && data.value <= action.value)
                    || (action.condition.equals("!=") && data.value != action.value))
                    needDo = true;
```

```
            }
        if (needDo) {
            needAction = action.index;
            if (action.key > 0)
                wht.ControlSensorByKey(wzProject.projrctId,
wzProject.ress.get(0).sn, action.uuid, action.key);
            break;
        }
    }
}
if (needAction != -1) return needAction;
return nowAction;
}
```

此联动的处理函数是根据通道 passGatewayNum 参数来区分是使用 data 的 str 字段还是使用 value 字段进行判断。若通道为 0，则使用 str 字段，注意 RFID 上传的字符串数据在没有读到卡号时是 NULL，这里把它转换为 0 去处理。若通道不为 0，则去判断 value 值，根据不同的条件去判断 value 值是否满足条件，若满足条件则执行动作，并将当前的序号返回给节点设备类保存。

4. 设置设防和撤防状态

在现实生活中，智能家居系统在白天有人活动的过程中，会频繁触发人体红外传感器等报警类设备动作，因此会设有设防和撤防状态。在设防状态下，设防的设备报警时会立即触发动作，在撤防状态下，设备即使报警也不触发动作，就是为了避免在已知安全的情况下触发报警。

比如白天主人在家时，不需要系统频繁发出"注意，有人进入"的语音播报，只有在主人睡觉或外出的时候，才会让系统进入设防状态，当主人回家或起床后进行撤防。

在主界面下方，加入一个按钮，令其初始状态为已设防，单击按钮可在设防和撤防间切换，如图 4-1-73 所示。

图 4-1-73 设防、撤防按钮

在主界面的布局代码 activity_main.xml 里加上一个图片，在 GridLayout 下 TextView 上，默认显示未设防图片。

```xml
<ImageView android:id="@+id/b_sf"
    android:layout_width = "wrap_content"
    android:layout_height = "40dp"
    android:layout_gravity = "center"
    android:src = "@mipmap/cf" />
```

在 Wz_HttpTools.java 中加上变量，默认 False 代表撤防。

```
public       boolean      isSF     = false;
```

在方法 doAction 最开始加上代码。

```
if (!isSF) return -1;
```

即没有设防的话,不执行下面的联动动作。

在 MainActivity.java 的 onCreate 方法尾部,加上以下代码。

```java
b.bSf.setOnClickListener(new View.OnClickListener() {
    @Override
    public void onClick(View view) {
        if (wht.isSF) {
            b.bSf.setImageResource(R.mipmap.cf);
            wht.isSF = false;
        } else {
            b.bSf.setImageResource(R.mipmap.sf);
            wht.isSF = true;
        }
    }
});
```

代码的含义是为图片添加一个单击监听,单击时可根据是否设防进行切换。

若为设防状态,则设置为撤防状态,图片也切换为撤防;若为设防状态,则设置为设防状态,图片也变为设防。

5. 设置设防和撤防定时切换

在实际应用中,有的地方是按时间进行设防和撤防之间状态的改变,如工厂、公司、学校等有工作时间段的地方,可以根据系统时间来进行设防和撤防操作,如晚上 8 点开始设防,早上 7 点撤防。

在这里也可实现以下定时设防撤防的功能。

在 Wz_HttpTools.java 加上变量,分别代表是否启动定时设防功能、设防时间、撤防时间。

```java
public boolean isDS = false;
public int startHour=20;
public int endHour=7;
```

在 MainActivity.java 内的 **MyHandler** 的 handleMessage 处可根据时间来判断是否切换设防状态。

```java
//判断定时设防
if (wht.isDS) {
    Calendar c = Calendar.getInstance();
    int h = c.get(Calendar.HOUR);
    if (wht.startHour > wht.endHour) {
        wht.isSF = h >= wht.startHour || h < wht.endHour;
    } else {
        wht.isSF = h >= wht.startHour && h < wht.endHour;
    }
    m.b.bSf.setImageResource(wht.isSF ? R.mipmap.sf : R.mipmap.cf);
}
```

在主界面的布局文件里的设防和撤防按钮旁加上选择按钮,以此启用或禁用定时设防功能。

```xml
<CheckBox android:id = "@+id/c_ds"
android:layout_width = "wrap_content"
android:layout_height = "wrap_content"
```

```
android:checked = "false"
android:text = "定时设防"
android:textColor = "@color/white" />
```

在 MainActivity.java 的 onCreate 方法尾部，添加代码。

```
b.cDs.setOnClickListener(new View.OnClickListener() {
    @Override
    public void onClick(View view) {
        wht.isDS = b.cDs.isChecked();
        b.bSf.setEnabled(! wht.isDS);
    }
});
```

完成定时设防的功能后，在选择定时设防时，用户将按设防时间决定是否设防，在取消定时设防时，用户可以再次通过按键选择是否设防。

全部实验完成后，程序最终界面大致如图 4-1-74 所示。

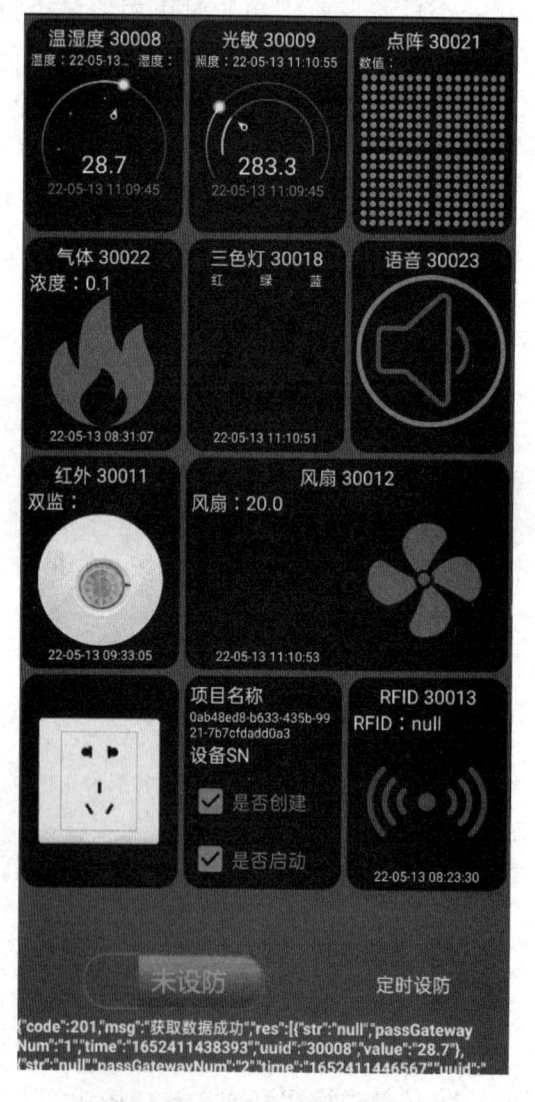

图 4-1-74　程序最终界面

任务评价

智慧教室系统集成与实施任务评分表

评价项目	评价指标	评价标准	自评	互评	教师评价
过程性评价	学习能力	1. 学习过程中对新知识的接受与理解能力 2. 对所遇问题的解决策略 3. 学习方法的运用			
	协作能力	1. 在小组中的沟通与交流 2. 分享知识与经验 3. 团队协作完成任务的情况			
	工作态度	1. 对任务的认真程度 2. 参与活动的积极性 3. 遵守实验室规则与安全操作			
终结性评价	工具使用	1. 是否正确选择和使用工具 2. 工具使用的熟练程度			
	布线合理性	1. 布线是否整齐、合理 2. 是否考虑了电路的优化			
	检测方法	1. 是否采用了正确的检测方法 2. 检测结果的准确性			
	操作顺序	1. 操作步骤是否合理 2. 是否遵循了操作规范			
	预期效果达成	1. 是否达到学习目标 2. 实际操作效果与预期的一致性			
综合评价	综合表现	1. 综合考虑学生在整个任务过程中的表现 2. 学生对评价反馈的接受与改进情况			

评价等级：

- A：优秀

- B：良好

- C：一般

- D：需要改进

评价说明：

- 自评：学生根据自身完成任务的情况进行自我评价。

- 互评：学生之间相互评价，促进互相学习与提高。

- 教师评价：教师根据学生的表现给予客观、公正的评价。

项目总结

本项目成功集成了物联网系统，实现了设备间高效互联与数据交互，还通过对工程精准规划与实施，克服了其中的技术难题，确保了系统稳定运行。本项目不仅提升了管理效率、优化了用户体验,还为物联网应用提供了宝贵经验。

思考与练习题

一、单选题

1. 物联网系统中,以下哪项不是端一边一云三层处理应用模式的一部分?(   )
   A. 传感器　　　　B. 边缘计算　　　　C. 云计算　　　　D. 互联网
2. 在物联网工程实施中,以下哪个步骤通常在需求分析之后进行?(   )
   A. 可行性研究　　B. 物理网络设计　　C. 逻辑网络设计　　D. 施工方案设计
3. 以下哪种网络协议在物联网通信中应用最广泛?(   )
   A. HTTP　　　　B. MQTT　　　　C. TCP/IP　　　　D. FTP
4. 物联网系统中,以下哪个设备用于收集环境数据?(   )
   A. 传感器　　　　B. 执行器　　　　C. 服务器　　　　D. 网关
5. 在物联网安全方面,以下哪项措施最为关键?(   )
   A. 数据加密　　　B. 访问控制　　　C. 网络隔离　　　D. 设备认证
6. 物联网工程实施中,以下哪个阶段需要进行需求分析?(   )
   A. 可行性研究阶段　　　　　　B. 设计阶段
   C. 实施阶段　　　　　　　　　D. 运维阶段
7. 以下哪种技术不是物联网系统中的数据传输技术?(   )
   A. Wi-Fi　　　　B. 4G/5G　　　　C. ZigBee　　　　D. NFC
8. 在物联网系统中,以下哪个组件负责将数据从传感器传输到服务器?(   )
   A. 网关　　　　　B. 传感器　　　　C. 执行器　　　　D. 云计算平台
9. 物联网系统中,以下哪种协议用于设备之间的通信?(   )
   A. HTTP　　　　B. CoAP　　　　C. FTP　　　　D. SMTP
10. 以下哪个是物联网系统中的边缘计算设备?(   )
    A. 传感器　　　　B. 网关　　　　C. 服务器　　　　D. 执行器

二、填空题

1. 物联网系统由_____、_____、_____和_____组成。
2. 物联网工程设计与实施的第一步是_____。
3. 物联网系统中的数据管理和分析包括_____、_____和_____等方面。
4. 物联网工程实施中,物理网络设计包括_____、_____、_____等内容。
5. 物联网工程开发实施中,需求分析的主要目的是确定_____和_____。
6. 物联网工程通常有两种组织方式:_____和_____。
7. 物联网工程中的数据感知系统主要由_____组成。
8. 物联网系统中的数据传输主要基于_____和_____。
9. 物联网工程实施中,安全系统主要包括_____、_____和_____。

10. 物联网工程实施中，网络管理系统主要负责_____和_____。

三、简答题

1. 简述物联网工程设计与实施的一般步骤。
2. 简述物联网工程实施中，物理网络设计的主要内容。
3. 简述物联网工程实施中，数据管理和分析的重要性。
4. 简述物联网工程实施中，安全系统的关键作用。
5. 简述物联网工程实施中，网络管理系统的主要职责。

反侵权盗版声明

电子工业出版社依法对本作品享有专有出版权。任何未经权利人书面许可，复制、销售或通过信息网络传播本作品的行为，歪曲、篡改、剽窃本作品的行为，均违反《中华人民共和国著作权法》，其行为人应承担相应的民事责任和行政责任，构成犯罪的，将被依法追究刑事责任。

为了维护市场秩序，保护权利人的合法权益，我社将依法查处和打击侵权盗版的单位和个人。欢迎社会各界人士积极举报侵权盗版行为，本社将奖励举报有功人员，并保证举报人的信息不被泄露。

举报电话：（010）88254396；（010）88258888
传　　真：（010）88254397
E-mail：dbqq@phei.com.cn
通信地址：北京市海淀区万寿路173信箱
　　　　　电子工业出版社总编办公室
邮　　编：100036